图书在版编目(CIP)数据

临床静脉用药集中调配技术/刘皈阳,孙艳主编.—北京:人民军医出版社,2011.4
ISBN 978-7-5091-4761-0

Ⅰ.①临… Ⅱ.①刘…②孙… Ⅲ.①静脉—注射剂 Ⅳ.①R944.1

中国版本图书馆 CIP 数据核字(2011)第 052408 号

策划编辑:高玉婷　　**文字编辑:**张秀菊　吴　倩　　**责任审读:**吴　然

出 版 人:石　虹

出版发行:人民军医出版社　　　　　　　　**经销:**新华书店

通信地址:北京市 100036 信箱 188 分箱　　**邮编:**100036

质量反馈电话:(010)51927290;(010)51927283

邮购电话:(010)51927252

策划编辑电话:(010)51927300-8020

网址:www.pmmp.com.cn

印刷:京南印刷厂　　**装订:**桃园装订有限公司

开本:787mm×1092mm　1/16

印张:17.5　　**字数:**420 千字

版、印次:2011 年 4 月第 1 版第 1 次印刷

印数:0001～4000

定价:69.00 元

临床静脉用药
集中调配技术

LINCHUANG JINGMAI YONGYAO

JIZHONG TIAOPEI JISHU

主　审　郭代红

主　编　刘皈阳　孙　艳

副主编　柴　栋　朱　曼　裴保香　任浩洋

　　　　　陈　超

编　者（以姓氏汉语拼音为序）

　　　　柴　栋　陈　超　陈海滨　董圣惠

　　　　郭晓辉　胡　静　黄翠丽　刘东杰

　　　　刘皈阳　刘生杰　裴　斐　裴保香

　　　　任浩洋　单文治　施振国　孙　艳

　　　　王　瑾　王东晓　王丽华　王伟兰

　　　　谢牧牧　谢婷婷　辛海莉　杨　洁

　　　　尹　红　朱　曼

人民军医出版社

PEOPLE'S MILITARY MEDICAL PRESS

北　京

内 容 提 要

本书重点介绍静脉用药集中调配中心的建设、运营与管理，以及静脉药物调配医嘱审核、安全防护与质量控制，并对静脉用药集中调配技术信息系统的深层细节化、流程化、智能化研发设计与应用进行了详细论述。本书还配有 DVD-ROM，将静脉用药集中调配的整个工作流程清晰地展现在读者面前，增强了可视性和可操作性。本书适合于医疗机构静脉用药集中调配工作人员阅读参考。

前　言

　　为提高静脉用药质量,促进静脉用药合理使用,保障静脉用药安全,2010 年 4 月卫生部出台了《静脉用药集中调配质量管理规范》(以下简称《规范》),对医疗机构应当设置静脉用药集中调配中心(室)(pharmacy intravenous admixture service,PIVAS)和实行全静脉营养液(肠外营养液)、危害药品静脉用药集中调配与供应提出了明确要求,并制定了《静脉用药集中调配操作规程》,使我国的静脉药物治疗工作进入了有规可循、有章可循的新阶段。

　　目前国内多家医院已先后建立 PIVAS,从医院新建 PIVAS 的过程来看,硬件建设相对容易,而配套软件建设包括信息系统、流程管理等则是长期的,需要依据国家标准结合自身特点进行持续性探索和改进。伴随现代化调剂技术、静脉药物治疗技术、药学信息化技术的快速发展,配合临床药师工作的全面展开,我国已有大型综合医院尝试建立集信息化物流保障与专业型技术保障为一体的全方位现代化药学服务模式,以静脉用药集中调配中心作为开展药学服务的工作基地和切入点,采用精细化管理手段,以信息化和自动化技术为平台,形成药品流、信息流、人员流、业务流合一的整体链式防控体系,从而实现高效、优质、安全的 PIVAS 运营。

　　本书编者均为大型综合性医院 PIVAS 建设的一线管理者和实践者,他们在《规范》试行阶段就对照卫生部标准化的业务流程运营积累了大量成熟的经验,结合扎实的理论知识合力编撰集结成本书。全书以静脉用药集中调配为主线,顺序系统地介绍了医嘱接收与审核、排药与贴签、核对与加药混合、成品复核与包装配送环节的标准操作程序,以及如何进行安全防护、质量控制、应急处置突发事件等链式防控的关键点,并特别就 PIVAS 信息系统的深层细节化、流程化、智能化研发设计与应用进行了详尽阐述,在国内尚属首例。本书注重实用,配有大量的实例列举、流程说明和图表资料,实施细节和注意事项贯穿全书,此外,还附配套教学光盘,增加了可视性和可操作性,是从 PIVAS 的建设、运营到管理的全场景再现。

　　希望本书的出版能够为新建的医院建设者提供指导,成为开展医院静脉用药集中调配工作的实用教材。限于编写人员的学识和经验,书中不足之处恳请读者批评指正。

编　者

2011 年 1 月

目 录

第1章 静脉药物治疗与现代医院药学服务

第一节 静脉药物治疗的发展

一、注射剂与静脉药物治疗

目前全球有药品近 3 万种，注射剂占 1/3；据报道每年全球要进行注射 120 亿人次以上，安全合理地使用注射剂已成为实现临床治疗效果的关键环节。

注射剂亦称为针剂，是指药物与适宜的溶剂或分散介质制成的、供注入体内的溶液、乳状液、混悬液、粉末的无菌制剂，其吸收快、作用迅速、血药浓度高、起效快，尤其适合于危重患者及不适宜通过消化道系统给药的药物治疗或提供能量，分为注射液、注射用无菌粉末、注射用浓溶液，可用于皮内注射、皮下注射、肌内注射、静脉注射、静脉滴注、脊髓腔注射等。

静脉药物治疗是将有治疗和营养支持作用的药物，如电解质液、抗菌药物、细胞毒药物、血液、血液制品、代血浆制剂、中药注射剂、营养物质等通过静脉注射或静脉滴注方式，使疾病得以治疗，达到缓解、好转或痊愈，它是临床药物治疗的重要方式之一。静脉药物治疗按照给药途径分为静脉滴注和静脉注射两种主要方式，两种方式在药物的起效时间和药物作用的持续时间上有区别，可根据患者疾病的治疗需要进行选择。静脉滴注时，常将一种或数种药物溶解稀释于适当体积载体输液中给予；静脉注射时，药物通过注射器给予。

我们通常把静脉药物滴注的治疗方法称为输液治疗。输液是指供静脉滴注用的大体积注射液（除另有规定外，一般不小于 100ml），包括电解质类输液、酸碱平衡类输液、营养型类输液、血容量扩张剂类输液、治疗型小输液等。输液治疗经过几百年的发展，无论是调整机体水电解质平衡、补充体液，还是作为给药载体或是维持补充营养、用于诊断治疗等，都为提高临床救治水平发挥了重要作用。

静脉药物治疗按照药物的种类分为全静脉营养治疗、细胞毒药物治疗、抗菌药物治疗、普通输液药物治疗和中药注射剂静脉输液治疗等。需要强调的是，化疗药物类注射剂、中药注射剂、多组分生化类注射剂等高风险药物，应谨慎使用。

二、国外静脉药物治疗简史

静脉输液治疗技术的应用历史是一个漫长的发展过程，可以追溯到 17 世纪，发展至今已逐渐形成一套完整体系，成为最常用、最直接有效的临床治疗手段之一。William Harvey 于 1628 年提出关于血液循环的理论，为后人开展静脉药物治疗奠定了理论基础，被称为静脉药物治疗的鼻祖。1656 年，将药物用羽毛管做针头注入狗的静脉内的英国医师 Chistopher 和 Robert，开创了静脉药物治疗的先河。1831 年，正当霍乱肆虐西欧之际，苏格兰人 Thomas Latta 用煮沸后的食盐水注入患者静脉，补充因霍乱上吐下泻而丢失的体液，因此

Thomas Latta 理应被认为是第一位成功地奠定人体静脉药物治疗模式的医师,随后人体静脉输液进入了快速发展时期。其后,1883 年 Stadelmann 在 NaCl 溶液中配伍 Ca^{2+} 和 K^+,开发出林格液,治疗糖尿病昏迷患者,获得良好疗效,开创了输注高张液的新纪元。1907 年,捷克人 John Jansky 确定 ABO 血型系统,使得静脉输血成为安全的急救手段。但是,当时困扰医师、药师的是静脉药物治疗当中的感染和热原反应问题。输液疗法效果最深刻的是1915 年儿科医生 Marriott 等给腹泻小儿输液,使患儿病死率从 90% 下降到 10%。1931 年,美国人 Dr. Baxter 与同伴合作在改造后的汽车库内生产出世界上第一瓶商业用输液产品——5% 葡萄糖注射液,这种工业生产化生产的输液产品在第二次世界大战中被大量应用于伤病员的抢救。1932 年,Harvey 开发出使用乳酸林格注射液,现在仍广泛使用。随着麻醉领域的不断发展,开始进行各种各样的手术,根据术中输液管理的研究成果,又开发出各种糖质液、氨基酸液、维持液类。1967 年,Dudrick 等开发出的肠外营养疗法(简称 TPN疗法)。给输液营养疗法带来了划时代的成果,这与 Wretlind 等开发出的脂肪乳剂高能量输液疗法得到了广泛的应用。TPN 疗法正式使用电解质和高浓度糖溶液装入软袋中的TPN 用基本液,后来开发出 GFX(葡萄糖、果糖、木糖醇)复合糖输液等。随着 TPN 的普及,其并发症也相应地增加,使营养疗法正在朝着周围静脉、中心静脉与胃肠道途径的综合性营养管理的方向发展。至此,静脉药物治疗作为独立的治疗技术已趋成熟,并发展为治疗学的分支学科。

此外,静脉输液产品的发展与静脉药物治疗技术发展是同步的,其容器演变过程经历了玻璃瓶、塑料瓶、PVC 软袋、非 PVC 软袋的变革,总体上经历了三个阶段的变迁。第一代静脉输液系统。20 世纪 50 年代之前,全开放式静脉输液系统一直广泛应用于临床,它是由广口玻璃瓶和天然橡胶材质制造的输液管路所组成的系统。第二代静脉输液系统:第二代静脉输液产品属于半开放式静脉输液系统,它是由玻璃或硬塑料容器与带有滤膜的一次性输液管路构成的。它改进了输液管路,减少了污染机会,溶液的生产变得集中,工业化程度高,质量和安全性得到很大提高。第三代静脉输液系统:又名全密闭静脉输液系统。它是将输液容器替换为塑料材质的软袋,在重力滴注过程中软袋受外界大气压力会逐渐变扁,不必用进气针使袋内外气体相连,同时软袋一次成型,进针和加药阀均为双层结构,避免了溶液与外界或橡胶的直接接触,因而具有非常优越的防止污染作用。同时由于它是一个封闭系统,无外界空气进入,避免了玻璃瓶和塑料瓶输液滴注时必须导入空气而可能引起的污染。

20 世纪 30 年代前,约 50% 的药物是在药房调配的,到了 50—60 年代,随着制药工业的发展,药物在药房中的工作已经大大减少。虽然药厂生产的药物在大多数情况下可直接用于临床,但仍有一些患者需要个体化给药,这就需要单独调配药物。

1969 年,世界上第一个静脉用药集中调配中心(pharmacy intravenous admixture service,PIVAS)建于美国俄亥俄州州立大学医院,随后美国及欧洲各国医院纷纷建立静脉用药调配中心(室)。迄今为止,美国 93% 的营利性医院和 100% 的非营利性医院都建有规模不等的调配中心(室),欧洲、澳大利亚和日本的医院也大多建有自己的调配中心(室)。

三、国内静脉药物治疗概况

我国注射剂的使用率远远超过国际平均水平,据资料显示,输液是我国 70% 以上住院患者的治疗手段。纵观国内静脉药物治疗发展史,大致可分为四个阶段。

（一）新中国成立前

20 世纪 20 年代以后，特效化疗药物和抗生素及有效的疫苗相继问世，防治感染性疾病研究在不发达国家广泛开展，使注射在这些国家逐渐开展，中国也开始接触注射药物的使用。在旧中国，由于合格的医师极少，即使城市的开业医师也大都把输液作为纯粹营业方式，其本质是追求金钱为目的，输液治疗只是手段。

（二）新中国成立初期

在中华人民共和国成立以后相当长时间里，由于历史及其他方面原因，缺医少药情况一直存在。当时政府交给医院药学部门和药师的最大任务是千方百计解决、保障预防和治疗药物的需求，医院制剂就是在此背景下建立和发展起来的，当时研究开发并生产了大量的口服、外用制剂，为我国医药卫生事业做出了重要贡献。我国的静脉输液，在 20 世纪 50 年代初、中期也首先是由医院药剂科和医院药师研究调配的。当时的条件十分困难，装置瓶用的是三脚烧瓶，瓶盖是用两层油纸和两层纱布再用棉线绳包扎，药液过滤用的是精制棉及滤纸加上减压过滤装置，但生产了可供临床使用的输液，推动了我国临床输液治疗的发展，治愈和挽救了很多抗美援朝的伤病员和广大患者。

（三）改革开放后

改革开放后，医疗机构的管理体制开始转型，国家财经拨款逐年减少，医疗机构生存的外部环境有了很大变化，医疗资源供求的矛盾开始显现乃至突变。我国制药工业的快速发展和外企的大量进入，药品供应情况迅速改善，直至大多数药品供大于求。药企间出现了无序的竞争，医务人员合理用药知识的不足也越来越明显，加之医务人员与患者对医疗观念认识的变化过度使用静脉输液治疗的现象逐渐严重，静脉滴注葡萄糖液成为一般疾患的普遍治疗方式。抗生素、解热镇痛药、维生素以及激素等注射药物过度使用现象严重。

与此同时，由于患者大量增加，医院人流密度也大大提高，静脉药物混合调配环境条件差的问题也变得突出，国内基本上都是在护士治疗室这样的开放环境中进行的。更值得重视的是，改革开放以来，国内出现不重视药师作用的现象，医院领导对药学部门的定位和药师的作用普遍缺乏正确认识。药师有责，但无实质的用药干预权，在医院，药师成了药品数量、金额的管理者与分发者，医院安全、有效使用药物的职能长期缺位。因此在药物尤其是抗菌药物和输液过多使用的背景下，给药不正确、不适宜无人干预，静脉药物给患者造成的危害远比其他药物严重得多，因此医院因用药，尤其是应用静脉药物而引起的医疗纠纷时有发生，加剧了医患矛盾。

（四）规范静脉药物调配

当今，在发达国家医院中 PIVAS 已广泛开展，并成为临床药学的重要工作基地，但国内医院 PIVAS 的建设则刚进入起步阶段。2002 年 1 月我国出台了《医疗机构药事管理暂行规定》，其中特别指出："医疗机构要根据临床需要逐步建立全肠外营养和肿瘤化疗药物等静脉液体调配中心，实行集中调配和供应。"1999 年我国第一家静脉药物集中调配中心在上海诞生。十年来，在上海、北京、江苏、福建、广东、云南、陕西等许多地区的 200 余家医院陆续建立了静脉用药调配中心（室）。

2010 年 4 月，卫生部办公厅出台了《静脉用药集中调配质量管理规范》，这是我国第一个规范的、权威的国家级静脉用药调配质量标准和操作规范。

第二节　现代医院药学服务的工作内容与特点

近年来，医院药学发展出现了质的飞跃，已从以保障供应为中心任务的传统阶段进入到以药学服务为主题内容的新时期。世界卫生组织（WHO）对药学服务的定义是：以患者的利益为药师活动中心的行为哲学。随着我国医疗卫生体制的改革，"临床药师"试点工作的开展以及群众对健康意识的增强，促使医疗水平向着更高的标准发展，对药学服务也提出了更高的要求。药学服务不再是一种简单的药品调配、发放；而是以患者的保健、生活质量和完全达到治疗效果为目的；以实施药物治疗时药师的姿态、行为、参与、关心、伦理、知识、责任及技能为焦点；以确保就诊患者使用的药物安全、有效、稳定的服务行为；以了解患者用药的合理性、依从性及药物的不良反应为核心，为得到改善患者生命质量的最终结果而向患者提供负责任的药物治疗，与医疗、护理服务共同完成提高患者生命质量这一既定目标。

一、药学服务的发展历程

20世纪60年代，药房功能迅速膨胀和专业多样化，药师的功能不再是采购、制备和供应药品，他们开始发挥新的功能，如药动学给药、治疗监测和药物信息等，大大提高了药师的专业形象，但是这些工作的开展还是将焦点集中在药物和药物的生物转化上，而不是针对患者个体。人们意识到只有明确药师工作是保护患者免受药物不良反应的损害，才是药师以良好的状态履行职责的方法，才能更好地树立起临床药师的专业形象。这促进了临床药学实践及药学服务的发展。

1987年，在美国药学协会（American Association of Colleges of Pharmacy，AACP）年会上，Hepler在"药学正经历着第三次浪潮"的报告中提出：在未来20年中，药师应该在整个卫生保健体系中表明自己在药物控制方面的能力，特别应该标明由于药师的参与可以减少整个医疗服务费用，如缩短住院期和减少其他昂贵的服务等。1990年他正式提出了药学服务（pharmaceutical care）的概念，这标志着药师工作新革命的到来，药学服务的实施代表了医院药学作为一个临床专业正逐步走向成熟。为了更好地实施药学服务，美国的药学会制定了一系列政策来保证药师开展药学服务工作，尽管在发达国家对此项工作从接受到实施大约10年的时间，尚处于探索的过程，但人们已感觉到药学服务对整个社会带来的利益是无限的。

2008年9月，在瑞士巴塞尔举行的第68届世界药学大会上呼吁药学工作要适应世界的变化，重新构建药学服务的模式，提升药师在公共健康中的作用，使医院药学真正由以药品为中心的保障供应型转向以患者为中心、确保安全、有效、合理用药为主要任务的专业服务型。此次会议还提出了"优良药学实践"（good pharmacy practice，GPP）的新概念，即药师在药品供应、促进健康、强化公众自我保健意识和改善处方质量等活动中贯彻"药学服务"的具体实施准则。

二、国内医院药学服务的工作现况

中国药学界在20世纪90年代初就接受了"pharmaceutical care"这一概念，虽然当时各种翻译的名词不同（药学保健、药学监护、药疗保健、药学服务、药师照顾、药学关怀等），但是其内涵是一致的。

为加快医院药学服务模式向专业技术型的转变,2002 年卫生部在《医疗机构药事管理暂行规定》中明确提出医疗机构要建立临床药师制的规定,并为推行临床药师制建设做了一系列工作。

从 2005 年开始,卫生部又启动了两个临床药师试点工作。首先是启动临床药师培训试点基地建设,遴选批准 50 家医院作为试点基地,3 年中培养了临床药师约 600 名,其次是启动了临床药师制建设试点,探索临床药师参与药物治疗的工作模式,确定了其工作职责、定位、流程等,多数试点单位建立了临床药师工作和管理制度。

2009 年度国家《医药卫生体制改革近期重点实施方案(2009—2011 年)》的发布,加快了医院药学工作向精湛技术服务转型的步伐。该方案在第五项重点改革内容中指出:推进公立医院补偿机制改革,逐步将公立医院补偿由服务收费、药品加成收入和财政补助 3 个渠道,改为服务收费和财政补助 2 个渠道;医院由此减少的收入或形成的亏损通过增设药事服务费、调整部分技术服务收费标准和增加政府投入等途径解决。至此,"取消药品加成收入,增设药事服务费"正式提上日程。

在上述政策制度的指导下,伴随现代化调剂技术、静脉药物治疗技术、药学信息化技术的快速发展,配合临床药师工作地全面展开,我国已有大型综合医院尝试建立集信息化物流保障与专业型技术保障为一体的全方位现代化药学服务保障模式,并遵循优良药学实践的准则扩展了传统药学服务的内涵。具体体现在如下几方面。

(一)药物治疗学是开展药学服务的工作基础

20 世纪中叶以来,医药工业迅速发展,新药层出不穷,药物治疗学也从原来公式化的常规用药、经验用药向个体化用药方向发展,就是要根据患者的具体病情和个体差异选择药物,制定给药方案,进行安全、有效的治疗。具体包括:①根据疾病的临床表现、分类和药物作用的特点制订相应治疗方案,对应患者结合其疾病危险程度、伴随疾病和社会经济因素等选择药物,进行个体化治疗。②了解药物作用机制及特点,依据药物选用原则进行安全、有效的药物选择。③把握药物应用中的注意事项及不良反应。④治疗药物的疗效评价。通常在药物治疗过程中,医师根据患者的临床表现进行疾病的诊断,确定病因、病症和治疗方案;而临床药师则根据诊断结果、患者的病情以及通过对患者个体差异的判断、用药史的了解,结合不同药物的作用机制等因素来确定给药方案。这一环节中,医师和临床药师的合作对治疗结果将产生显著影响。

(二)临床药学是开展药学服务的工作主题

临床药学的主要任务是运用现代医学和药学科学知识,围绕合理用药这个核心问题,不断提高临床药物治疗水平,以保证患者用药安全、有效、适宜和经济,因此研究和指导合理用药是其核心。其具体任务包括:药师深入临床,参与给药治疗;治疗药物监测(therapeutic drug monitoring,TDM);提供药学信息服务;药物不良反应(adverse drug reactions,ADRs)监测;开展处方分析;药物利用研究(studies of drug utilization);新制剂、新剂型等结合临床的基础研究。

(三)静脉用药集中调配中心是开展药学服务的工作基地

静脉用药集中调配是指医疗机构药学部门根据医师的用药医嘱,经药师审核其正确性与适宜性,杜绝用药错误;再经由专业培训的药学技术人员按照无菌操作要求,在超净工作台上对静脉用药物进行集中调配,使之成为可供临床直接静脉注射药液的工作过程。全过程从医嘱下达、接收、审核、排药、调配、复核到成品输液下送形成了整体链式防控体系,能够有效地防范、防止静脉用药错误,包括溶媒选择不当造成对药物稳定性的影响、未审核医嘱造成给药剂量和浓度错误、药物间配伍禁忌、因污染与微粒引起的输液反应、药品调配过程中因浪费造成剂量不足等,所以静脉用药集中调配中心的建立能够有效规避风险,发挥药师的专业技术知识与能力,实现职业风险防护,切实保护患者用药权益,是实践药学服务的工作基地。

(四)信息化和自动化技术是开展药学服务的运行平台

随着医院信息系统(hospital information system,HIS)的日趋完善和自动化调剂设备的推广使用,加强了药品审核和配发环节的质量控制,促使药品物流保障和技术保障向现代化物流管理和精细化药学服务迈进。目前国内已有医院实现了药品保障工作全程实行集成化计算机控制,如将合理用药决策支持系统、PIVAS 管理系统联合入 HIS,实现药房集独立审核医嘱、口服自动摆药机摆药、针剂自动摆药机排药、PIVAS 药物调配流程审核等各种不同功能的整合,实现药师对药疗医嘱的实时监控、住院患者用药的全品种单剂量供应,为现代药学服务提供了实施和运行的配套环境。

(五)药事管理学是开展药学服务的工作保障

管理工作是任何组织进行有效协作的根本保障。管理学为医院开展药学服务提供了理论指导,同时也提供了开展药学服务的计划、组织、领导、控制、激励等技术手段。医院要有效开展药学服务,必须利用管理学所提供的手段和方法,建立有利于开展药学服务的人才培养与激励制度。具体包括:加强对医院开展药学服务的认识,转变药师观念和工作职能;建立健全医院药学服务的组织保障体系;加强药学服务的规章制度建设,制定开展药学服务的计划和措施;定制药学服务的岗位职责和工作标准;改变分配制度,建立有效开展药学服务的激励制度;变革医院药学工作的现状,增大专业技术型保障份额;加强医院药学人才培养与梯队建设;提高医院药学科研水平,为药学服务打下坚实的基础。

(六)药物经济学是开展药学服务的必备工具

近年来,随着社会医学模式的转变,人们对药物治疗评价越来越注重患者自身的感受,如经济承受能力和生活质量方面的改善。因此,药物治疗评价由开始仅注重有效和安全两个方面转向安全、有效、经济方面并重,即药物治疗的评价不应只体现在医疗质量上,还应该体现为医疗的价值。药学经济学是将经济学的原理和方法应用与评价药物利用过程,研究如何合理选择和利用药物,使药物安全、高效、经济、合理地应用于卫生服务项目,提高患者生活质量的学科。可见,药物经济学与药学服务在目标上具有高度的一致性,而且也为开展药学服务提供了方法学工具。同时,药物经济学通过经济分析的方法来评定和获得最佳药物治疗方案,合理地分配和利用有限的卫生资源和医疗经费。

第三节　安全应用静脉药物治疗是现代
医院药学服务的重要环节

一、安全应用静脉药物治疗在医院药学服务中的意义

不正当输液给临床带来严重后果,据文献报道,美国年手术量约 2 400 万例,死亡率达 1.5%,而这些死亡病例中有近 80% 死于输液治疗不当。在我国医院,诸如随便改变药品用法

用量、抗生素过度使用导致不合理用药的情况十分严重，此外还有使用频率过高、药物配伍不当、不安全注射、没有明确的适应证、注射剂用于口服、中药注射剂滥用等问题。曾有一项大型医疗机构不安全用药成因分析文献显示共计 4 910 名调研对象中 91.47％ 患者应用针剂，在14 项临床观察指标中，"给药浓度过高或低"发生频率最高，第二是"给药间隔过长或短"，排位第三、第四的分别是"无适应证选药"和"给药途径不适当"。国内亦有报道，在 210 名患肺血管肉芽肿死亡的小儿尸检中，发现有 19 名是由于纤维、微粒造成。第四军医大学西京医院樊代明院士曾撰文指出："临床上过于强调营养维持而忽视了输液中重要的配方组成，而且病房治疗室调配液体容易发生污染，易引起输液反应。"

所以说，安全应用静脉药物治疗是我国医疗服务中亟待解决的问题，也是适应我国现代医院药学服务的主要工作内容，更是药师职责的实践体现和潜能充分提升的平台，而现阶段医院药学服务的发展也为规范静脉药物治疗提供了良好的配套环境。

二、如何实现安全应用静脉药物治疗

(一)现状及存在的安全性问题

在我国现阶段，静脉用药物调配与使用中的污染和用药错误的存在是影响临床静脉药物安全使用的两大因素。静脉输液的调配目前多数是由临床护士完成的，由于临床护士数量不足，每天输液调配数量过大(有数据统计护士约 75％ 以上的时间用在配液、输液操作)，这就造成输液调配过程中不可避免地产生安全隐患。如治疗室的环境空气极不洁净，难以避免药液受到污染；护士在治疗室内加药随机性强；加药顺序不连贯，有时会因多种原因中断加药操作，使已打开包装的药物露置，从而留下安全隐患；由于临床护理班次和工作安排等因素，使摆药与查对经常是同一人完成，加错药极不容易被发现，查对制度缺乏严谨性，执行力不强；非专业人员调配药物(临床护士无药学背景，仅凭经验调配，难以发现药物混合后的稳定性、稀释浓度和不良反应问题)，增加了患者用药的危险性。

1. 异物叠加问题　在输液加药过程中，正规操作要求抽吸药液时手不可触及针栓，而临床上由于工作量较大，时间紧迫，护士在加药时，常用手握持注射器针栓、抽吸药液完成加药程序，且需反复抽吸、装卸针头，增加了院内交叉感染的机会；此外，胶塞微粒的问题和热原叠加也较常见。

2. 调配环境问题　空气污染是造成配药过程污染的主要原因之一。现在多数输液调配都是在医院无净化环境的治疗室中调配的，由于治疗室空气不够洁净，所以容易造成输液污染。

3. 配液器具问题及穿刺技术　配液加药器针头分为斜开孔与侧开孔两种，斜开孔若穿刺不当或者选择大号针头易产生胶塞掉屑而污染液体。

4. 配伍问题　有时临床医师考虑患者液体用量，常常将多种药物混合在同一输液袋或瓶中使用，而忽视了药物之间的配伍。因为药物的化学成分、pH 不同，混合后易发生理化性质的变化，有些变化肉眼很难发现。此外，药物混合后是否可以使用，应以实际配伍结果为依据。

5. 溶媒选择问题　药物配成溶液后，常因所用载体的影响，在一定的时间内，容易发生理化性质的改变，造成溶液的不稳定，从而影响药品的质量，严重者甚至发生颜色的改变或沉淀，所以应注意溶媒 pH 的选择、药物本身的结构、晶型、pH、溶剂的极性、pH、渗透压、药物与溶剂、多种药物之间的相互作用等。如葡萄糖注射液 pH 范围 3.2～5.5,葡萄糖氯化钠注射液 pH 范围 3.5～5.5,0.9%氯化钠注射液 pH 范围 4.5～7.0,复方氯化钠注射液 pH 范围 4.5～7.5(含 Ca^{2+}),乳酸林格注射液 pH 范围 6.0～7.5(含 Ca^{2+}),灭菌注射用水 pH 范围5.0～7.0。

6. 浓度问题　主要涉及加药量不足和给药次数过高问题,如时间依赖型抗生素和浓度依赖型抗生素就存在因给药时间和浓度而影响药物治疗效果。

7. 滴速问题　临床治疗对单位时间输入量和输注速度有严格要求。如果忽略输注速度的合理选择和设置,不但可能无法达到理想治疗效果,而且可能导致严重医疗事件。输注速度过快,可使循环血量突然增加,加重心脏负担,进而引发心力衰竭和肺水肿,此外,还可导致血药浓度突然升高,超过安全治疗范围,产生毒性。而输注速度过慢,血药浓度可能低于治疗浓度,影响救治。

(二)安全应用静脉药物治疗的主要环节

1. 严格审核　根据目前我国医院静脉药物治疗的现状,规范静脉药物调配已经刻不容缓。现阶段,参与专科药物治疗工作的临床药师可在医师下达医嘱前或下达后结合患者病情诊断协助医生制定适宜的药疗方案,或进行合理性审核。医嘱传至药房后,由住院药师或临床药师从理化性质、稳定性、药物相容性等角度对医嘱进行调配前的再次审核。在加药混合调配静脉用药前应考虑以下几点。

(1)这种药物是否有必要用注射方式给药?

(2)这种药物在所选的载体溶媒中的稳定性是否良好?

(3)若计划在载体溶媒中混合多种药物,这些药物之间是否能保持稳定?是否有配伍禁忌或相互作用?

(4)药物被稀释后,需要多少时间滴注完毕,在此过程中药物能否持久有效?

(5)药物被稀释到载体溶媒中可能会缓慢失活,必须考虑药物调配与使用之间的间隔如何能保证最短?确保药物的稳定性和保持其疗效?

(6)静脉滴注给药带来的液体量的增加与整体治疗方案是否一致?

2. 安全调配　建立静脉用药集中调配中心,使静脉用药调配从病区开放的环境转移到洁净的封闭环境中,并由受过严格培训的药学人员按无菌操作程序加药调配静脉用药,提高了输液的质量和安全性,排除了患者获得性感染的发生,输液反应发生率已降至零。具体包括规范配液操作,配套相关标准操作流程、设置洁净配液环境,以确保药品调配质量和静脉用药安全;同时通过上一环节的严格医嘱审核和本环节配液操作前、操作后的多次复核审查可有效解决不合理用药现象,确保药物相容性和稳定性,将给药错误降至最低。

3. 规范使用　静脉输液安全调配完成之后进入到临床使用环节,药师此时应充分发挥特长积极介入静脉药物的使用过程,从药学的角度指导静脉药物的使用。如输注速度、输注时长,给药间隔、给药顺序、稀释浓度、是否避光给药等问题。同时要注意收集药物的严重不良反应和要害事件,一旦发生应及时上报。

三、静脉用药集中调配是实现安全静脉药物治疗的基础技术平台

(一)静脉用药集中调配的意义

1. 确保药品调配质量和静脉用药安全　PIVAS 的调配室洁净度达万级,每个调配操作台的洁净度达百级,可以有效防止感染:药物注射造成的血液感染,即通常所说的输液反应。

国内文献曾报道,齐鲁医院是较早施行 PIVAS,对静脉药物治疗风险管理控制的单位,实践证明从其采取措施安全应用静脉药物治疗以来,两年间调配的输液已超过 150 多万袋,未引起一例输液反应。此外,严格的查对制度、调配操作规范、环节质控标准和全封闭输液系统的使用都有效地解决了传统静脉药物调配的弊端。

2. 促进药学服务的发展　建立 PIVAS 不仅将药物调配转移到净化间进行,也将仅由医师、护士接触患者的医疗模式改变为医师、药师、护士共同面对患者的新模式,由于卫生技术人员的知识技能是保证静脉药物调配质量的重要环节,多级多次的医嘱审查、提示、反馈使药师真正打破了与临床医护的思维沟通壁垒,体现了药师专业特长,挖掘了药师的职业潜能,提升了药学学科在医院中的地位。

3. 增强职业防护　对于细胞毒性药物的调配由开放环境转为职业防护环境操作,如在洁净安全的生物安全柜和水平层流工作台中完成,把药物微粒控制在有限范围内,且调配人员穿着隔离衣,戴橡胶手套、口罩和防护镜,大大减少了药物对医务人员的损害。

4. 提高药物治疗效果　PIVAS 建立后,使临床药师和住院药师充分融入到静脉药物治疗全过程,从药疗方案制定、医嘱下达、排药准备、药品调配、成品复核到指导使用,解决了影响静脉药物治疗效果的主要问题,尤其提升了抗肿瘤药物、抗菌药物、中药注射剂、全静脉营养液的液体治疗效果,规避了使用风险。

5. 减少药品浪费,降低医疗成本　PIVAS 在物流上可使药物集中贮存和管理,防止药品流失、变质失效和过期,还可通过合理的拼用,将多余的药品还给患者,减少治疗费用,降低住院成本。

6. 提高护理质量　PIVAS 强调专业分工,极大缩短护士用于药品调配的时间,节省人力和时间用来加强基础护理和危重患者护理工作。

(二)我国规范静脉用药集中调配的工作实践

近几年,PIVAS 已成为我国医院药学服务模式改革过程中探索的热门、前沿领域,为医院药学服务注入了新的内涵。我国第一个静脉药物调配中心于 1999 年在上海市静安区中心医院建立,此后,广东、上海及其他省市也相继建立静脉药物调配中心,至今全国已建立中心百余家。

静脉药物调配中心在我国开展的时间不长,在卫生部《静脉用药集中调配管理规范》出台之前,符合我国国情(国内静脉药物调配中心工作量远大于国外同行)的医院 PIVAS 的建置理论、规章制度、工作流程、管理模式、质量标准尚不健全,所以各医院只得根据自己的实际情况建立静脉用药调配质量标准和操作规范,开展静脉用药配伍、相容性、稳定性等研究,持续探索和改进。

目前国内多家医院先后建立的 PIVAS,集中对静脉用药物实行无菌调配,对于减少和避免配伍禁忌、控制不溶性微粒、避免输液污染、保证药品质量、保护工作人员健康起到积极作用,但与此同时,PIVAS 和住院药房的关系各有不同。

新出现的药房内置 PIVAS 模式,根据中国的实际情况作了适应性改变,考虑到了有限资源的共同利用和工作环境人性化设计,是调配中心内部建设经过多年的设计、消化、吸收的结果。据文献报道,解放军总医院是国内唯一一家采用药房内置 PIVAS 的医疗机构,依托其良好的医院信息管理系统、现代化的调剂设备、药学服务的深入开展,实现了集自动化调配、规范化调配、数字化管理、专业化服务为新模式的 PIVAS 内置型全方位一体化药房。通过对药房内部功能区域的合理规划和设置,将住院药房与PIVAS有机结合,建立起住院药房全品种单剂量自动化调剂、静脉输液药物集中调配、配送全方位一体化保障系统,并且职业防护全面、流程衔接合理,便于药剂科开展药品管理、贮存、人员配备等工作,可共用一个二级药库、共用一个摆药设备区域,有效实现药品安全风险链式防控和节约医疗资源,符合静脉药物集中调配中心的未来发展趋势。

（柴　栋　陈　超）

第2章 静脉用药集中调配中心(室)的建设

第一节 论证和设计

一、项目的论证与立项

建立一个适合各医疗机构实际情况的静脉用药集中调配中心(室),这对于从根本上改变医疗机构长期以来传统分散式的静脉输液配置模式,确保患者用药安全,具有非常重要的意义。静脉用药集中调配中心建设前的论证和设计,对于各医疗机构因地制宜至关重要。

开展此项工作,已经在国内及国外积累了大量经验。大量的文献资料中均不同程度地在静脉用药集中调配中心(室)的建设、实施、管理等各个方面给予报道,并通过诸多研究展示了各医疗机构开展静脉用药集中调配中心(室)这一项目的深远意义。

(一)医疗发展必然趋势

在2004年的《美国药典》797章节就正式出台了全球第一个强制执行并针对无菌制剂调配标准的法规性文件,该文件在2008年进一步修改后发布在第31版的美国药典中,已成为许多发达国家在进行无菌制剂调配时所参考的最高标准。在国内,受卫生部委托于2007年7月由中国医学会药事管理专业委员会制定并发布了《医疗机构静脉用药调配质量管理规范(试行)》,该试行文件的修订版本也已经于2009年初提交卫生部审批,并于2010年4月20日发布。国内外的形势都推动中国医疗机构静脉药物调配的趋势要向更加安全合理、优质的集中调配与管理方向发展,是医疗质量中的必然保证。

(二)提高药学服务水平

该项目的建立,是实现以患者为中心的全方位一体化的药学服务新模式,药品供应由以病区为单元向以患者为单元的转变,药学服务由以单纯物质保障向以技术服务型模式转变。为医疗机构药学专业人员搭建了参与临床用药的有效平台,充分发挥药学专业特长和专业潜能,药师实时全面药疗医嘱监控,减少用药错误,严格用药配伍,提升用药水平,体现了以患者为中心、预防为主的质量管理本质。同时能加强医疗机构药事管理,规范临床静脉用药,预防医疗纠纷的发生。由于静脉药物集中调配需经多次审核,采取了链式防控体系,也保证了患者的静脉用药安全,更使药学服务做到更精细化。

(三)优化人员配置管理

该项目的建立,无论是独立的,还是药房内置静脉用药集中调配中心,均由药学单位管理,在人员配置使用上也做到了最优化。这不仅将药品配送到病区,提高了临床救护效率,减轻了护士工作负担,节约人力成本,节省时间使护士更好地对患者进行整体护理、心理护理等工作,提高了护理质量,成功地实现了药学服务模式的转变。

(四)避免潜在职业危害

该项目的建立,由于将加药混合集中在有净化设备的密闭洁净空间内,大大改善了医疗机构护理人员的职业暴露与防护,避免细胞毒性药物及抗生素类药物对调配人员造成的潜在危害,保护了身体健康,更体现了人性化。

另外,该项目的建立,实现了药品及耗材的共享,大大减少了浪费,使节约与环保成为现实。

建设静脉用药集中调配中心,首先在论证设计上要满足医疗机构的治疗需要,房屋面积的大小主要取决于患者就诊治疗量和住院床位数,房屋使用性质的设计取决于治疗患者所用的药物及特点,内置设备按使用性质及功能引进,人员设置按调配量需求配备,所处地理位置按实际需求的便利性设置。根据我国卫生部相关规定和已经开展静脉药物集中调配医疗机构的实践经验,有以下几种类型。

(一)独立集中型

静脉用药集中调配中心(室),其设计是有独立二级库药品存放区、独立功能配置、独立封闭环境、独立人员管理、归属药剂科管辖的单位。

1. 全局型　如有的医疗机构以药学大楼或制剂室为依托,新建或改造建设静脉用药集中调配中心,在立项初期就将该调配中心定位,为全院提供静脉用药调配服务,归属药剂科管理。论证设计根据不同医疗机构性质和特点而建设。

(1)全面集中型:大型综合性医院一般根据临床需要,同时设计有抗生素和细胞毒药物调配室、全静脉营养液和普通药物调配室为全面集中的静脉用药集中调配中心(室),以满足全院临床抗感染治疗、抗肿瘤治疗、危重患者营养支持和一般药物治疗的不同需要。

(2)专科集中型:专科医院一般根据专科治疗特点,有针对性设计建设静脉用药集中调配中心(室),如肿瘤医院建设以单纯的抗生素和细胞毒药物为主的静脉用药集中调配中心,以满足肿瘤专科医院的静脉用药治疗需要。建设单纯的抗生素和细胞毒药物的静脉用药集中调配中心,这也是国家卫生部对三甲医院的最基本要求。

2. 门诊型　有的医疗机构在门诊楼内或门诊治疗室建设了门诊静脉用药集中调配中心(室),以方便前来就诊患者的静脉用药治疗。但规模小的调配中心不设独立二级药品库,药品是患者从药房领取后,交护士混合加药后完成输液。一般由门诊部直管,但这种模式正在转变为由药学部门建设或统管。

(二)药房内置型

随着社会的进步,医疗制度的改革,药学服务的快速发展,医院管理理念的不断更新,为满足患者需求,确保安全合理用药,药学发展未来面临着新的挑战。

为紧跟发展步伐,解放军总医院药品保障中心全面把握医院药学所肩负的职责使命,从2005 年起,逐步探索构建和实践了新体制下全方位一体化药品保障和药学服务新模式,并在国内首次建立并成功实践了全方位一体化住院药房,其药房内置 PIVAS 也同步建设并顺利投入使用。

该院住院药房实行内部开放、功能分区、各流程衔接合理的全方位一体化管理运作模式。内科、外科和肿瘤各大楼住院患者的用药实行属地区域对口保障,即每个住院楼均设住院药房和药房内置 PIVAS,以满足不同临床部、不同楼宇的个性化需求。属地保障科室用药,基本做到临床用药请领不出科、药品配送不出楼,药房通过专用的药品运送梯将药品送达各病区。

药房内置静脉用药集中调配中心,是建设在全方位一体化药房内、与药房共用二级药品库、排药区、复核区、加药混合调配仓与开放的药房镶嵌,形成一个整体,人员共享共用。虽分散在各楼宇内的药房，由药房直管，但由药品保障中心集中统管。

1. 细胞毒药物调配中心　该中心建立在肿瘤大楼药房内，主要以抗肿瘤药物和抗生素的调配为主，直接快速保障所在楼内各病区肿瘤住院患者的静脉用药。同时配备自动针剂摆药机，进行抗肿瘤药品的调剂摆药，来保护工作人员的健康。

2. 全静脉营养液和普通药物调配中心　该中心建立在内科和外科大楼药房内，主要以普通药物、全静脉营养液和一般抗生素调配为主，直接快速保障所在楼内各病区危重和普通住院患者的静脉用药。

药房内置 PIVAS 的建立，不仅在功能设施上共享集约，人员配置上共享，节省人力成本和空间，压低库存，还在患者用药的全过程中发挥药师全面审核医嘱的作用，在用药过程的每个环节进行防控，保证患者用药的质量和安全。

确立开展建设此项目，这与各医疗机构的实际情况、立项前的论证、各项关键因素的影响有着直接关系。

第一，得到认可。该项目建设的意义是否已经得到医疗机构决策层认可，甚至从上到下一致的认可，是否需要进一步的沟通，以便达成共识。

第二，设计方案。至于如何开展该项目，是否已经根据该医疗机构的实际情况进行了科学的分析和论证，并得出了合理的开展方案。

第三，场地选择。是否已经有现成的场地可以实施该项目，如果没有，何时可以完成适宜场地的准备工作。

第四，人员配备。是否安排有足够经验的专家从论证、设计、建设到使用全过程的参与和把关，是否按临床需求配备足够的药学专业人员、加药混合技术人员和工勤人员来满足建成后的调配中心工作任务。

在以上问题都得到满意的解决方案后，就应该有计划、按步骤、分阶段、快速有效地开展该项目。

静脉用药集中调配中心（室）项目，不管是已在国内开展一段时间的独立型设置，还是近年来药房内置型的临床药学实践，其不断发展前进的过程，也就是不断地发现问题、解决问题积累经验的过程。当然现在的静脉用药集中调配中心（室）还存在很多问题，如药学服务成本、静脉用药集中调配中心（室）人员编制配备、薪资福利分配等。但是，我们深信随着卫生部办公厅关于《静脉用药集中调配质量管理规范》的通知——卫办医政发〔2010〕62 号政策的发布，政府机构对该项目认识的逐渐深入，以及医改工作不断的推进，静脉用药集中调配服务也必将成为医疗机构中极具重要性的药学服务内容之一，我们所面临的难题也必定会逐步得到解决。

二、调　研

如何建立一个适合本医疗机构实际情况的静脉用药集中调配中心（室）是该项目立项的关键。要如何开展该项目，并不是医疗机构的管理人员或业务人员能选择和决定的。所有的决策都应该建立在科学的分析与研究的基础上。没有最好的项目，只有最适合的项目，建立一个适合本医疗机构现状及发展潜力的静脉用药集中调配中心（室）是该项目建设的核心理念。

调配中心设计过大或超配设施等会导致各种资源的浪费，设计过小或设施配备不全又不能满足需求及长远发展。那么，怎样设计才是最合适的，这与我们对本医疗机构调研密切相关。我们需要充分调研掌握并分析本医疗机构目前静脉用药的使用科室与使用量、静脉用药的使用对象(肿瘤患者、危重患者、一般患者等)与用药性质、从 PIVAS 接收医嘱到审核、排药、贴签、加药混合调配、成品复核、打包下送等工作流程、预出院和退药增补流程以及本单位信息系统建设现状等基本情况,目的是为了保证所设计的静脉用药集中调配中心(室)的场地面积、人员配备、设施设备等均能满足该医疗机构的配液需要。同时保证洁净间的规划以及对应需要准备的药物类型及工作量选择合适的设备,对预测到的服务高峰在起始阶段予以规划,数据的调研准确性将对该静脉用药集中调配中心(室)的合理性产生直接的影响。在此基础上要建立适用本单位的工作流程与模式,但都要在卫生部办公厅关于《静脉用药集中调配质量管理规范》的前提下执行。

下面向大家提供建立 1 300 张床位的静脉用药集中调配中心(室)有关静脉用药量、各批次用药时间与人员设置等实际调研数据,仅供参考。

(一)调研临床用药批次与用药时间

首先,在调研总床位数的情况同时,要了解临床护理规范中的长期医嘱开具医嘱时间、用药批次、用药时间的规定(表 2-1),并区分各批次用药的性质,来制定我们自己接收医嘱时间、调配医嘱时间和下送成品时间,一般医疗机构的长期医嘱静脉用药都是按以下安排执行的。

表 2-1　用药批次与用药时间调研

用药批次与用药时间				
时间	批次	00 批	01 批	02 批	03 批
开具医嘱时间	普通药	均在 9:30 之前			
	化疗药				
	抗生素				
	营养液				
接收医嘱时间	普通药	均在 9:30—10:30			
	化疗药				
	抗生素				
	营养液				
用药时间	普通药	9:00	9:00	10:00	15:00
	化疗药	9:00	9:00	10:00	—
	抗生素	9:00	9:00	—	15:00
	营养液	—	—	10:00	—
调配时间	普通药	—	7:00—8:00	8:00—9:30	13:00—14:30
	化疗药	—	7:00—8:00	8:00—9:30	—
	抗生素	—	7:00—8:00	—	13:00—14:30
	营养液	—	—	8:00—9:30	—

(二)调研静脉用药总量

经过 1 个月对每个病区的静脉用药的调研,汇总该医院 1 300 张编制床位,39 个病区,统计出日最大用量为 6 022 组静脉用药量,分析用药比例(表 2-2,表 2-3,表 2-4,表 2-5,表 2-6),确定需配备的操作台和人数(表 2-7)。

表 2-2 内科 14 个病区 500 张床位静脉用药日工作量调研

批次	工作量(组)
00 批	474
01 批	760(抗生素 456)
02 批	55(营养袋 16)
03 批	648(抗生素 518)
退药	280
总数	1 937

表 2-3 外科 14 个病区 500 张床位静脉用药日工作量调研

批次	工作量(组)
00 批	474
01 批	760(抗生素 456)
02 批	89(营养袋 60)
03 批	648(抗生素 518)
退药	285
总数	1 971

表 2-4 肿瘤 6 个病区 200 张床位静脉用药日工作量调研

批次	工作量(组)
00 批	211
01 批	340(化疗药 60、抗生素 168)
02 批	32(营养袋 10)
03 批	290(抗生素 232)
退药	140
总数	873

表 2-5 监护 5 个病区 100 张床位静脉用药日工作量调研

批次	工作量(组)
00 批	106
01 批	167(抗生素 100)
02 批	31(营养袋 20)
03 批	143(抗生素 114)
退药	89
总数	447

表 2-6　39 个病区 1 300 张床位静脉用药日批次总量调研

批次	批次总量（组）
00 批	1 265
01 批	2 027
02 批	207
03 批	1 729
退药	794
总数	6 022

表 2-7　39 个病区 1 300 张床位静脉用药调配中心配置

批次	批次总量（组）	配液时长	配液量/人	配液人数
00 批	1 265	/	打包不配	/
01 批	2 027（抗生素 1 108 组，化疗药 60，占 57%）	1h	50 组	40 人
02 批	104（营养袋 103）	1.5h	3（营养袋 3）组	/
03 批	1 729（抗生素 1 382 组，占 80%）	1h	50 组	34 人（含在 40 人中）
退药	794	/	/	/
总数	6 022 组（其中 5 228 需配液、794 打包不配、抗生素 2 490 组、化疗药 100 组）			
操作台	20 台 双人单面 （40 个工位）	其中：抗生素和化疗药用量比例为 49%，共 2 590 种（2 490＋100＝2 590） 生物安全柜 20 台×49%＝10 台 水平层流台 20－10＝10 台		

　　以上调研的是实际工作量，综上 39 个病区，1 300 张床位，日最高工作量 6 022 组，即排药 6 022 组。其中配液 5 288 组、打包 794 组。抗生素和化疗药配液比例为 49%，肠外营养液和普通化疗药配液比例为 51%，故需配备 20 个工位双人单面生物安全柜 10 台或单人单面生物安全柜 20 台，20 个工位的双人单面水平层流台 10 台或单人单面水平层流台 20 台，配液人员 40 人来满足当日配液正常工作。另外，对打包不配液的药品需配备工勤人员 2 人，成品打包下送 3 人，药师复核 6 人才能完成当日工作运转。

　　需要说明的是每小时每人配制 50 组中充分考虑到抗生素的难容。抗生素等是指抗病毒药、抗生素、抗肿瘤药物、免疫抑制药及其他致癌、致突变的药物。普通药物是指对人体无伤害的药物，诸如电解质、中药针剂、营养、心血管药物。化疗药物是指对病原微生物、寄生虫、某些自身免疫性疾病、恶性肿瘤所致疾病的治疗药物。

　　配液前的排药也需配备排药台，按 2% 排药量的比例设排药流水线 10 条，药师 10 名。若床位数增加，相应的配置均需增加，否则满足不了治疗需要，因为临床的药疗时间节点是固定的。

　　除上述调研所提供的数据外，还应考虑到 7 天工作制，每周 5 天，2 天补休的要求，故应设配液人员 40 人×7/5＝56 人，药师 10 人×7/5＝14 人，工勤人员 5 人×7/5＝7 人，才能满足工作、节假日补休和病事假特殊情况的需要。

项目实施后，还要关注运行成本，如保养维护以及突发事件应急处置等运行管理。

三、场地选择

完成调研后充分考虑各项因素，经过专业的计算，便可以初步确定所需要建立的静脉用药集中调配中心（室）的规模和形式。不管是独立集中型还是药房内置型的静脉用药集中调配中心（室），均各有所长，需要根据本医疗机构的实际情况判断哪种形式更加合适。具体的来说，建立独立集中型静脉用药集中调配中心（室）需要医疗机构提供较大的面积；建立药房内置静脉用药集中调配中心（室）可以利用药房功能，共享二级库及部分不同区域，人、物共享，节约成本，这是今后 PIVAS 发展的又一趋势。不论是何种模式，场地选择设置的地点均应远离各种污染源，禁止设置于地下室或半地下室，周围的环境、路面、植被等不会对静脉用药调配过程造成污染。根据医疗机构实际情况，应因地制宜。

（一）就地取址

将医疗机构新建的医疗大楼、药学大楼内设计静脉用药集中调配中心（室），建议静脉用药集中调配中心（室）的地址最好选在一楼，建筑设计和功能使用上使人流、物流分行，这样既可以保证便利的人流、物流通畅，不发生冲突，又可以解决地面承重的问题。

（二）旧房改造

对于医疗机构所提供建立静脉用药集中调配中心的场地，在目前旧大楼内的，如制剂楼（室），可考虑改造其灭菌制剂室，用于建立静脉用药集中调配中心（室），或根据 PIVAS 工作量将制剂楼（室）全部改造。因为原来的灭菌制剂室也是净化级别设计，无论从结构还是层高方面该场地都更容易改造，符合未来静脉用药集中调配中心净化设计的需要。

（三）专项建设

对于病区大楼较分散的医疗机构，可考虑根据病区分布情况建立一个以上的静脉用药集中调配中心（室）或设在药房内。这样可为临床提供更为方便、快捷、高效的静脉用药服务。在建立多个独立 PIVAS 时，要充分考虑项目建设成本和后期运作的人力成本与建立一个大型静脉用药集中调配中心（室）的合理性。还要考虑在条件允许的情况下应将静脉用药集中调配中心（室）设置在病区药房内，这样可共用一个二级库，缩减库存，增加资金周转，并在功能布局、合理使用、岗位人员配置和分配上实现一定程度上的最优化共享，最大化发挥。

四、设计与设计参数

在确定了所要建立静脉用药集中调配中心（室）的模式后，便可开始 PIVAS 内部功能布局各项设计，设计是否合理，关系静脉用药集中调配中心（室）展开使用能否顺利进行，流程是否顺畅，更是关系能否保证调配质量，并能按临床治疗节点顺利送达病区。

PIVAS 设计应执行卫生部办公厅发布的《静脉用药集中调配质量管理规范》，并满足以下条件。

（一）设计

目前无菌药物配置参照国际相关标准设计。在美国，2004 年 1 月 1 日正式实施的药典中明确规定了无菌配置的相关要求,并在 2008 年进一步修改后发布在第 31 版《美国药典》中,已成为许多发达国家在进行无菌药物配置时所参考的最高标准。该标准共有 13 部分的内容,其中在环境质量与监控部分针对场地设计及硬件设备提出了相应的规定。国际医药品稽查协约组织 PIC/S 也在 2007 年 9 月发布了第 3 版的无菌配置规范,其"附件一"中也对调配环境的洁净级别以及核心设备提出了具体的要求。在澳大利亚,1994 年就更新了 2 386 条无菌配置标准。在这些标准规定中,均明确提出了无菌配置环境的洁净度要求。

在国内,目前参照执行的卫生部办公厅 2010 年 4 月 20 日发布的《静脉用药集中调配质量管理规范》和《静脉用药集中调配操作规程》,该规范和规程将为医疗机构进行静脉用药集中调配中心(室)的建设和运作提供有力和明确的指导。

鉴于我国静脉用药的使用以及调配的现状,创建洁净的调配环境以及使用相适宜的设施设备极为必要,PIVAS 的设计和使用,要根据医疗机构调配药品的类型、预期调配的规模、中长期发展规划和患者对医院的需求来进行。单纯强调更高的洁净级别而设计出的静脉用药集中调配中心(室)不一定就是最好的,而且还可能会在以后的运行、维护、管理等方面为医院造成沉重的负担。因此,针对静脉用药集中调配中心(室)不同区域的功能作用来设计合理的洁净级别、适宜的设备才是最正确的选择。

根据《静脉用药集中调配操作规范》,静脉用药集中调配中心(室)的房屋、设施和布局基本要求如下。

1. 静脉用药集中调配中心(室)总体区域设计布局、功能室的设置和面积应当与工作量相适应,并能保证洁净区、辅助工作区和生活区的划分,不同区域之间的人流和物流出入走向合理,不同洁净级别区域间应当有防止交叉污染的相应设施。

2. 静脉用药集中调配中心(室)应当设于人员流动少的安静区域,且便于与医护人员沟通和成品的运送。设置地点应远离各种污染源,禁止设置于地下室或半地下室,周围的环境、路面、植被等不会对静脉用药调配过程造成污染。洁净区采风口应当设置在周围 30m 内环境清洁、无污染地区,离地面高度不低于 3m。

3. 静脉用药集中调配中心(室)的洁净区、辅助工作区应当有适宜的空间摆放相应的设施与设备;洁净区应当含一次更衣、二次更衣及调配操作间;辅助工作区应当含有与之相适应的药品与物料贮存、审方打印、摆药准备、成品核查、包装和普通更衣等功能室。

4. 静脉用药集中调配中心(室)室内应当有足够的照明度,墙壁颜色应当适合人的视觉;顶棚、墙壁、地面应当平整、光洁、防滑,便于清洁,不得有脱落物;洁净区房间内顶棚、墙壁、地面不得有裂缝,能耐受清洗和消毒,交界处应当成弧形,接口严密;所使用的建筑材料应当符合环保要求。

5. 静脉用药集中调配中心(室)洁净区应当设有温度、湿度、气压等监测设备和通风换气设施,保持静脉用药调配室温度 18～26℃,相对湿度 40%～65%,保持一定量新风的送入。

6. 静脉用药集中调配中心(室)洁净区的洁净标准应当符合国家相关规定,经法定检测部门检测合格后方可投入使用。

各功能室的洁净级别要求。

(1)一次更衣室、洗衣洁具间为十万级;

(2)二次更衣室、加药混合调配操作间为万级;

（3）层流操作台为百级。

其他功能室应当作为控制区域加强管理，禁止非本室人员进出。洁净区应当持续送入新风，并维持正压差；抗生素类、危害药品静脉用药调配的洁净区和二次更衣室之间应当呈 5～10Pa 负压差。

7. 静脉用药集中调配中心（室）应当根据药物性质分别建立不同的送、排（回）风系统。排风口应当处于采风口下风方向，其距离不得小于 3m 或者设置于建筑物的不同侧面。

8. 药品、物料贮存库及周围的环境和设施应当能确保各类药品质量与安全储存，应当分设冷藏、阴凉和常温区域，库房相对湿度 40％～65％。二级药库应当干净、整齐，门与通道的宽度应当便于搬运药品和符合防火安全要求。有保证药品领入、验收、贮存、保养、拆外包装等作业相适宜的房屋空间和设备、设施。

9. 静脉用药集中调配中心（室）内安装的水池位置应当适宜，不得对静脉用药调配造成污染，不设地漏；室内应当设置有防止尘埃和鼠、昆虫等进入的设施；淋浴室及卫生间应当在中心（室）外单独设置，不得设置在静脉用药集中调配中心（室）内。

目前，国内静脉用药集中调配中心（室）基本功能区的设计划分及净化级别参照《静脉用药集中调配操作规范》和中国 GMP 修订版。按工作流程划分设计其功能使用区域。

1. 医嘱审核区

（1）功能：由临床药师或责任药师接收病区的静脉用药医嘱，让药师可在安静的环境内，集中精力审核医嘱用药的相容性、稳定性及合理性，确保患者用药的安全有效；打印生成标签。

（2）要求：无洁净级别要求，作为控制区域加强管理。

（3）形式：有独立的封闭式医嘱审核或开放式医嘱审核区，有药房内置与药房共用的封闭式医嘱审核区。

2. 排药放置区

（1）功能：由药师按病区、批次、患者静脉用药的单组次排筐，并以病区为单位按指定位置依照不同批次放置。要设计排药台位，将电脑、扫描系统设计其中，要根据排药量设计排药台数（即流水线），排药台的大小要满足台面放置拆除外包装的不同药品、批次筐、批次标签、电脑、扫描枪等排药物品，还要满足流水线上工作人员的操作。

（2）要求：无洁净级别要求，作为控制区域加强管理，有条件的可加设缓冲级别，但要在排药区设置冷藏柜，存放各批次需冷藏药品的排药筐。

（3）形式：PIVAS 专用拆包、排药。但药房内置型的拆除包装药品放置在药房药架中。

3. 成品复核区

（1）功能：由药师核对已调配好的药品，确认标签所显示的药品与该组次加药混合药品的一致性，抽药剂量准确无误，同时检查有无沉淀、异物、变色、渗漏等现象。

（2）要求：无洁净级别要求，作为控制区域加强管理，有条件的可加设缓冲级别。

4. 一次更衣间

（1）功能：配液人员换鞋（要铺设防尘毡）、换下白大衣并挂好、洗手（要设置洗手池、烘干器）、带发帽、口罩等，需要配置安装更衣柜、挂衣钩。

（2）要求：洁净级别十万级。

（3）形式：有独立一次更衣间或共用一次更衣间的形式。独立一次更衣间一般为 1 个调配间而设置的，当然还必须连接二次更衣间。共用一次更衣间时应为 2 个连体调配间设置的，即连接普通调配间的二次更衣间和连接细胞毒药物的二次更衣间,均通过二次更衣间进入不同性质的调配间,这样可以节省占地。

5. 净化洗衣洁具间

(1)功能:由配液人员或工勤人员清洗调配间内使用的洁净服、拖鞋和存放洁净区内清洁用品。

(2)要求:十万级。

(3)形式:有独立的或设置在一次更衣间内的,但一次更衣间不能有地漏。

6. 二次更衣间

(1)功能:由配液人员在此更换防静电无菌洁净服、戴手套等,也需要配置安装更衣柜、挂衣钩,还要考虑放置最小包装的无菌空针、营养袋、消毒喷壶、无菌纱布(无纺布)和物品柜。

(2)要求:万级。

7. 调配间

(1)功能:放置层流洁净工作台,进行静脉药物配制工作。

(2)要求:万级,操作台局部百级。

(3)形式:不同性质的药品调配,要有不同性质的调配间,并配备不同性质的操作台。普通药的调配间需配水平层流台即可,细胞毒药物的调配必须配置生物安全柜,生物安全柜的通风与回风装置要充分考虑到其安装要提前预留位置,排放过滤气体要配有专业设施。

8. 二级药库

(1)功能:贮存调配中心需要使用的输液及针剂。一般与中心药房平级。

(2)要求:无洁净级别,但要考虑在湿度相对较大的南方,要安装除湿设备,以防药品发霉,影响洁净。

(3)形式:不管是独立式或药房内置型 PIVAS 共用的,均要充分考虑其位置与 PIVAS 排药的顺畅,要考虑不同天气条件对贮存药品的影响。但药房内置型的 PIVAS,可缩减二级库,节省占地,资源共享。

9. 辅助区域 除去以上所提及的静脉用药集中调配中心(室)运作所必需的功能区外,在医疗机构条件允许的情况下,建议还需要实现以下功能区的投入和建设。如:考虑对工作人员的保护,提高排药效率,可安装药品拆包台和引进针剂自动摆药机,药品拆包台在国内已有研发并获发明专利,但引进的自动针剂摆药机价格昂贵。这两项设备的使用可优先考虑在抗肿瘤药物的拆包和排药中较适宜。抗肿瘤药物通过拆包台拆包,可除去灰尘和附着的药物粉尘,久而久之不仅是对人的一种保护,也是对自动摆药机的一种保护。自动摆药机还可用于抗生素及其他能够满足自动摆药机条件的药品自动摆药。另外,建立 PIVAS 的三十万级的缓冲间、专用送药梯、耗材存放区、推车间、会议培训室等也有非常有必要。

下面提供国内一家大型综合型医院的药房内置静脉用药集中调配中心(室)的平面布局图、首家引进的针剂自动摆药机和自行研发的药品拆包台(图 2-1,图 2-2,图 2-3)。仅供大家参考。

不同医疗机构静脉用药集中调配中心(室)的项目都应根据各自现有实力、场地的实际状况以及该机构的调研结果进行个性化分析,从而设计出最适合本机构实际情况的项目,单纯在规模上或洁净级别上生搬硬套是不实际的,并且可能会给静脉用药集中调配服务质量的控制留下潜在的风险。

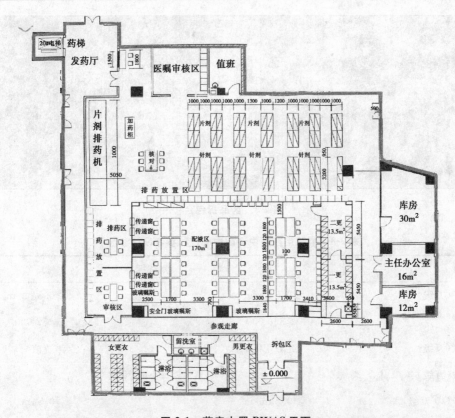

图 2-1　药房内置 PIVAS 平面

图 2-2　针剂自动摆药机

（二）设计参数

要按照有关洁净室的设计应符合国家标准《洁净厂房设计规范》GB50073-2001、《洁净室施工及验收规范》建设，设计参数见表 2-8，仅供参考。

图 2-3　药品拆包台

表 2-8　静脉用药集中调配中心（室）参考设计参数

测试项目	测试标准	
尘埃粒子（万级）	$\geqslant 0.5\mu m/m^3$	$\geqslant 0.5\mu m/m^3$
	$\leqslant 350\ 000$	$\leqslant 2\ 000$
细菌测试（万级）	沉降菌$\leqslant 3$	浮游菌$\leqslant 100$
换气次数（万级）	$\geqslant$每小时 25 次	
尘埃粒子（10 万级）	$\geqslant 0.5\mu m/m^3$	$\geqslant 0.5\mu m/m^3$
	$\leqslant 350$ 万	$\leqslant 20\ 000$
细菌测试（10 万级）	沉降菌$\leqslant 10$	浮游菌$\leqslant 500$
换气次数（10 万级）	$\geqslant$每小时 15 次	
尘埃粒子（30 万级，如有）	$\geqslant 0.5\mu m/m^3$	$\geqslant 0.5\mu m/m^3$
	$\leqslant 1\ 050$ 万	$\leqslant 60\ 000$
换气次数（30 万级，如有）	$\geqslant$每小时 12 次	
静压差	万级营养间	$\geqslant 25Pa$
	万级抗生素间	$\geqslant 10Pa$
	万级二次更衣间	$\geqslant 15Pa$
	十万级一次更衣间	$\geqslant 10Pa$
温度	$18\sim 26℃$	
工作区域亮度	$\leqslant 65dB$	
抗生素间的排风量	根据抗生素间的设计规模确定	

　　空气中洁净度等级划分标准有国际标准化组织颁布的 ISO14644-1 标准、中国的 GB50073-2001 标准、GMP（药品生产管理规范 2009 年）等（表 2-9 和表 2-10），这些标准都参考了美联邦 FED. Std. 209 标准。

表 2-9　ISO14644-1　1999/GB50073-2001

空气洁净度等级(N)	≥表中粒径的最大浓度限值(个/m³)					
	0.1μm	0.2μm	0.3μm	0.5μm	1.0μm	5.0μm
等级 1	10	2				
等级 2	100	24	10	4		
等级 3	1 000	237	102	35	8	
等级 4	10 000	2 370	1 020	352	83	
等级 5	100 000	23 700	10 200	3 520	832	29
等级 6	1 000 000	237 000	102 000	35 200	8 320	293
等级 7				352 000	83 200	2 930
等级 8				3 520 000	832 000	29 300

表 2-10　GMP(药品生产质量管理规范 2009 年)

洁净度级别	悬浮粒子最大允许数(个/m³)			
	静态[b]		动态[b]	
	≥0.5μm[d]	≥5μm	≥0.5μm[d]	≥5μm
A 级	3 500	1[e]	3 500	1[e]
B 级[c]	3 500	1[e]	350 000	2 000
C 级[c]	350 000	2 000	3 500 000	20 000
D 级[c]	3 500 000	20 000	不作规定[f]	不作规定[f]

洁净区可分为 A、B、C、D 级别:

A 级. 高风险操作区,通常用层流操作台(罩)来维持该区的环境状态。层流系统在其工作区域必须均匀送风,风速为 0.36～0.54m/s。在密闭的隔离操作器或手套箱内,可使用单向流或较低的风速

B 级. 指无菌配制和灌装等高风险操作 A 级区所处的背景区域

C 级和 D 级. 指生产无菌药品过程中重要程度较次的洁净操作区

a. 指根据光散射悬浮粒子测试法,在指定点测得等于和(或)大于粒径标准的空气悬浮粒子浓度。应对 A 级区"动态"的悬浮粒子进行频繁测定,并建议对 B 级区"动态"也进行频繁测定

A 级区和 B 级区空气总的采样量不得少于 1m³,C 级区也宜达到此标准

b. 生产操作全部结束,操作人员撤离生产现场并经 15～20min 自净后,洁净区的悬浮粒子应达到表中的"静态"标准。药品或敞口容器直接暴露环境的悬浮粒子动态测试结果应达到表中 A 级的标准。灌装时,产品的粒子或微小液珠会干扰灌装点的测试结果,可允许这种情况下的测试结果并不始终符合标准

c. 为了达到 B、C、D 级区的要求,空气换气次数应根据房间的功能、室内的设备和操作人员数决定。空调净化系统应当配有适当的终端过滤器,如 A、B 和 C 级区应采用不同过滤效率的高效过滤器(HEPA)

d. 本附录中"静态"及"动态"条件下悬浮粒子最大允许数基本上对应于 ISO 14644-1 0.5μm 悬浮粒子的洁净度级别

e. 这些区域应完全没有大于或等于 5μm 的悬浮粒子,由于无法从统计意义上证明不存在任何悬浮粒子,因此将标准设成 1 个/m³,但考虑到电子噪声、光散射及两者并发所致的误报因素,可采用 20 个/m³ 的限度标准。在进行洁净区确认时,应达到规定的标准

f. 须根据生产操作的性质来决定洁净区的要求和限度

五、工程的建设与实施后的验收程序

洁净工程施工安装应符合国家行业标准《洁净室施工及验收规范》JGJ7190。在安装的过程中,需在每一道工序验收合格后才可进行下一道工序,检查验收的主要工序有通风管道系统、空调系统,水电、维护、吊顶结构、地面、洁净度等。工程施工完毕后,施工单位必须提供工程竣工图、使用、维护说明及相应材料的保修单、联系电话等。最后邀请国家认可的第三方单位如技术监督局、感染监测控制中心、有资质的空气净化专业单位等进行相关参数的测试。

我国卫生部在 2010 年 4 月 20 日印发的《静脉用药集中调配质量管理规范》第十三条中明确规定,"医疗机构设置静脉用药集中调配中心(室)应当通过设区的市级卫生厅行政部门或省级卫生厅行政部门审核、验收、批准"。为便于审核和检查验收,中国医院协会药事管理研究部在依据《静脉用药集中调配质量管理规范》基础上,起草拟定了《静脉用药集中调配中心(室)》验收标准和验收程序。

(一)静脉用药集中调配中心(室)验收标准

1. 验收原则和评分方法

(1)根据《医疗机构药事管理暂行规定》、《处方管理办法》,以及《静脉用药集中调配质量管理规范》和《静脉用药集中调配操作规程》制定本验收标准。

(2)本标准设评定条款共 75 条,其中设否决条款 10 条(条款号前加"★"),任何一款不合格及全项否决。一般条款 65 条,每条满分为 10 分。

(3)各条款评分标准以达到该条款规定要求的程度来判定系数分值。

(4)各条款评分系数按以下规定判定:符合规定、达到要求的为满分,系数为 1;达到要求的 80% 为良好,系数为 0.8;基本达到要求的为及格,系数为 0.6;不符合规定、达不到要求的系数为 0。

(5)验收终评时,否决条款应全部合格;一般条款总分为 650 分,终评得分率不低于 80% 为合格,即不得低于 520 分。

2. 检查验收项目

(1)人员基本要求

①静脉用药集中调配中心(室)负责人,应当具有药学专业本科以上学历,本专业中级以上专业技术职务任职资格,有较丰富的实际工作经验,责任心强,有一定管理能力。

②★药师应负责对静脉用药医嘱或处方进行适宜性审核,其审方人员应当具有药学专业本科以上学历、五年以上临床用药或调剂工作经验、药师以上专业技术职业任职资格。

③负责摆药、加药混合调配、成品输液和对人员核对的人员,应当具有药士以上专业技术职务任职资格。护理人员可以参与加药调配操作程序。

④从事静脉用药集中调配工作的药学专业技术人员和护理人员,应当接受岗位专业知识培训并经考核合格,定期接受药学专业继续教育。

⑤与静脉用药调配工作相关的工作人员,每年至少进行一次健康检查,建立健康档案。对患有传染病或者其他可能污染药品的疾病,或患有精神障碍等其他不宜从事药品调剂工作的,应当调离工作岗位。

(2)房屋、设施和布局基本要求

⑥静脉用药集中调配中心(室)总体区域设计布局、功能室的设置和面积应当与工作量相

适应,并能保证洁净区、辅助工作区和生活区的划分,不同区域之间的人流和物流出入走向合理,不同洁净级别区域间应当有防止交叉污染的相应设施。

⑦静脉用药集中调配中心(室)应当设于人员流动少的安静区域,且便于与医护人员沟通和成品的运送。

⑧★设置地点应远离各种污染源,禁止设置于地下室或半地下室,周围的环境、路面、植被等不会对静脉用药调配过程造成污染。已设置于地下或半地下室的,应有明确改造的时限,改址后应再次审核、验收,合格后方可批准其集中调配。

⑨洁净区采风口应当设置在周围 30m 内环境洁净、无污染地区,离地面高度不低于 3m。

⑩静脉用药集中调配中心(室)的洁净区、辅助工作区应当有适宜的空间摆放相应的设施与设备;洁净区应当含一次更衣间、二次更衣间及调配操作间;辅助工作区应当含有与之相适应的药品与物料贮存、审方打印、摆药准备、成品核查、包装、普通洁具间和普通更衣等功能室。

⑪静脉用药调集中配中心(室)室内应当有足够的照明度,洁净区内的照明度应大于 300lx。

⑫调配中心(室)洁净区的墙面和地面应平整光滑,接口严密,无脱落物和裂缝,能耐受清洗和消毒,墙与地面的交界处应成弧形,接口严密。

⑬洁净区内的窗户、技术夹层、进入室内的管道、风口、灯具与墙壁或顶棚的连接部位均应密封以减少积尘、避免污染和便于清洁。

⑭所使用的建筑材料应当符合消防环保要求。

⑮静脉用药集中调配中心(室)洁净区应当设有温度、湿度、气压等监测设备和通风换气设施,保持静脉用药集中调配室温度 18～26℃,相对湿度 40%～60%(相对湿度至少应达到 70% 以下),保持一定量新风的送入。

⑯★静脉用药集中调配中心(室)洁净区的洁净标准应当符合国家相关规定,经法定检测部门检测合格后方可投入使用。各功能室的洁净级别要求如下。

a. 一次更衣间、洗衣洁具间为十万级。

b. 二次更衣间、加药混合调配操作间为万级。

c. 层流操作台为百级。

⑰★其他功能室应当作为控制区域加强管理,禁止非本室人员进出。洁净区应当持续送入新风,并维持正压差;抗生素类、危害类药品静脉用药调配的洁净区和二次更衣间之间应当呈 5～10Pa 负压差。

⑱★静脉用药集中调配中心(室)应当将生素类药物与危害药物和全静脉营养液药物与普通静脉用药的加药调配分开。需分别建立两套独立的送、排(回)风系统。

⑲药品、物料贮存及周围的环境和设施应当确定各类药品质量与安全贮存,应当分设冷藏、阴凉和常温区域,库房相对湿度 40%～65%(相对湿度至少应达到 70% 以下)。

⑳二级药库应当干净、整齐,门与通道的宽度应当便于搬运药品和符合防火安全要求。有保证药品领入、验收、贮存、保养、拆外包装等作业相适宜的房屋空间和设备、设施。

㉑静脉用药集中调配中心(室)内安装的水池位置应当适宜,不得对静脉用药调配造成污染,洁净区不设地漏。

㉒室内应当设置有防止尘埃、鼠、昆虫等进入的设施。

㉓★淋浴室及卫生间应当在中心（室）外单独设置，不得设置在静脉用药集中调配中心（室）内。

（3）仪器和设备基本要求

㉔静脉用药集中调配中心（室）应当有相应的仪器和设备，保证静脉用药调配操作、成品质量和供应服务管理。仪器和设备须经国家法定部门认证合格。

㉕静脉用药集中调配中心（室）仪器和设备的选型与安装，应当符合易于清洁、消毒和便于操作、维修和保养。

㉖衡量器具准确，定期进行校正。

㉗所有仪器设备应有相关使用管理制度与标准操作规程，应有专人管理，定期维护保养，做好使用、保养记录，建立仪器设备档案。

㉘★静脉用药调配中心（室）应当配置百级生物安全柜，供抗生素类和危害药品静脉用药使用；设置营养药品调配间，配备百级水平层流洁净台，供全静脉营养液药物与普通输液静脉用药调配使用。

㉙与药品内包装直接接触的物体表面应光洁、平整、耐腐蚀、易清洗或消毒，不与药品包装发生任何变化，不对药品和容器造成污染。

㉚设备、仪器、衡器、量具的使用者应进行使用前培训。

（4）药品、耗材和物料基本要求

㉛静脉用药调配所用药品、医用耗材和物料应当按规定由医疗机构药学及有关部门统一采购，应当符合有关规定。

㉜药品、医用耗材和物料的储存应当有适宜的二级库，按其性质与储存条件要求分类定位存放，不得堆放在过道或洁净区内。

㉝药品的贮存与养护应当严格按照《静脉用药集中调配操作规程》等有关规定实施。静脉用药调配所用的注射剂应符合《中国药典》静脉注射剂质量要求。

㉞静脉用药调配所使用的注射器等器具，应当采用符合国家标准的一次性使用产品。

㉟建立药品和医用耗材的有效期管理制度，有效期前使用不完的药品和医用耗材应及时退库，超过有效期的药品和医用耗材不得使用，应退回药库销毁并记录。

㊱一次性耗材用后应按有关规定毁型处理。

（5）规章制度基本要求

㊲★静脉用药集中调配中心（室）应当建立健全各项管理制度、人员岗位职责和标准操作规程实施细则，落实执行好。

㊳静脉用药集中调配中心（室）应当建立相关文书保管制度：自检、抽检及监督检查管理记录；处方医师与静脉用药集中调配相关药学专业技术人员签名记录文件；调配、质量管理的相关制度与记录文件。

㊴建立药品、医用耗材用药集中和物料的领取与验收、贮存与养护、按用药医嘱摆发药品和药品报损等管理制度，定期检查落实情况。

㊵药品当每月进行盘点和质量检查，保证账物相符，质量完好。

（6）卫生与消毒基本要求

㊶静脉用药集中调配中心（室）应当制定卫生管理制度、清洁消毒程序。

㊷各功能室内存放的物品应当与其工作性质相符合。

㊸洁净区应当每天清洁消毒,其清洁卫生工具不得与其他功能室混用。

㊹清洁工具的洗涤方法和存放地点应当有明确的规定。

㊺选用的消毒剂应当定期轮换,不会对设备、药品、成品输液和环境产生污染。

㊻每月应当定时检测洁净区空气中的菌落数,并有记录。

㊼进入洁净区域的人员数应当严格控制。

㊽洁净区应当定期检查、更换空气过滤器。进行有可能影响空气洁净度的各项维修后,应当经检测验证达到符合洁净级别标准后方可再次投入使用。

(7)具有医院信息系统的医疗机构,静脉用药集中调配中心(室)应当建立用药医嘱电子信息系统。电子信息系统应当符合《电子病历基本规范(试行)》有关规定。

㊾实现用药医嘱分组录入、药师审核、标签打印及药品管理等各道工序操作人员应当有身份标识和识别手段,操作人员对本人身份标识的使用负责。

㊿药学人员采用身份标识登录电子处方系统完成各项记录等操作并予确认后,系统应当显示药学人员签名。

○51电子处方或用药医嘱信息系统应当建立信息安全保密制度,医师用药医嘱及调剂操作流程完成并确认后即为归档,归档后不得修改。

○52静脉用药集中调配中心(室)应当逐步建立与完善药学专业技术电子信息支持系统。

○53医疗机构药事管理组织与质量控制组织负责指导、监督和检查本规范、操作规程与相关管理制度的落实。

(8)医疗机构应当制定相关规章制度与规范,对静脉用药集中调配的全过程进行规范化质量管理。

○54静脉用药集中调配中心(室)由医疗机构药学部门统一管理。

○55★医师应当按照《处方管理办法》有关规定开具静脉用药处方或医嘱;药师应当按《处方管理办法》有关规定和《静脉用药集中调配操作规程》,审核用药医嘱所列静脉用药混合配伍的合理性、相容性和稳定性,对不合理用药应当与医师沟通,提出调整建议。对于用药错误或不能保证成品输液质量的处方或用药医嘱,药师有权拒绝调配,并做记录与签名。

○56摆药、混合调配和成品输液应当实行双人核对制度。

○57静脉用药调配每道工序完成后,药学人员应当按操作规程的规定,填写各项记录,内容真实、数据完整、字迹清晰。

○58各道工序记录应当有完整的备份输液标签,并应当保证与原始输液标签信息相一致,备份文件应当保存一年备查或符合《电子病历基本规范(试行)》规定。

○59医师用药医嘱经药师适宜性审核后生成输液标签,标签应当符合《处方管理办法》规定的基本内容,并有各岗位人员签名的相应位置或符合《电子病历基本规范(试行)》规定。书写或打印的标签字迹应当清晰,数据正确完整。

○60药师在静脉用药集中调配工作中,对在临床使用时有特殊注意事项,药师应当向护士作书面说明。

○61静脉用药加药调配全过程应当严格执行标准操作规程,每完成一组输液的调配,应及时清场;不得交叉加药调配或者多张处方同时调配,发现任何异常,应立即停止,待查明原因后,继续工作。

○62加药调配好的成品输液由药师检查合格并签字后方可放行。

○63成品输液应有外包装,危害药物和高危药品应有醒目标记。

○64有专用封闭车,有专人运送到护士工作站,由病区主班护士查验并签收。

○65对在临床使用时有特殊注意事项的成品输液,药师应有书面说明或在输液标签上清晰标识。

○66在调配中心(室)内发生调配错误的输液,应当重新调配,因各种原因从病区退回未使用的成品输液一般应销毁,不得再使用并有记录。

○67调配中心(室)各级工作人员完成各项工作后,应及时填写各项记录并签名,需更改调整时,修改人应在修改处签字,各种副联记录至少保存1年备查。

○68每天加药调配完成后,应及时清场并填写清场记录。每天调配前应确认无前次遗留物。

○69★洁净区内至少每月检查一次,确认各种设备和工作条件是否处于正常工作状态,并有记录;每年至少检测一次净化设施风速、检查一次空气中尘埃粒子数;每月检查沉降菌落数,并有记录(表2-11)。

○70制定有成品输液质量控制标准,按规定进行质量检查,并有记录。

○71无论在调配中心(室)内还是在病区,如果发现成品输液出现沉淀、浑浊、变色、分层、有异物的情况,均不得使用;成品输液有破损、泄漏、无标签或标签不清晰的不得使用,应退回调配中心(室),查明原因,按规定进行处置,并有记录。

○72调配中心(室)加药调配所使用的注射器及针头等器具应一次性使用的,临用前应检查包装,有破损或超过有效期的不得使用。

○73调配中心室调配的成品输液在临床使用过程中如出现输液反应、药物不良反应,应查明原因,及时采取相应处置措施,做好记录。

○74应建立应急预案管理制度,以预防可能出现的危机情况。

○75调配中心(室)负责人对成品输液质量负责,质量管理组织具体组织实施,并监测、自查静脉用药调配标准操作规程和质量管理制度的执行与改进,并有记录。

表 2-11 净化环境与细菌检测相关技术参数

功能区域 检测项目	一次更衣间			二次更衣间		加药混合调配间	加药混合操作台
洁净级别	100 000 级			10 000 级			100 级
尘埃粒子	≥0.5μm/m³	≥5μm/m³	≥0.5μm/m³	≥5μm/m³		≥0.5μm	≥0.5μm
	≤3 500 000	≤20 000	≤350 000	≤2 000		3 500	0
细菌测试	沉降菌	浮游菌	沉降菌	浮游菌		沉降菌	浮游菌
	≤10/皿	≤500	≤3/皿	≤100		≤1/皿	≤5
换气次数	≥每小时 15 次			≥每小时 25 次			
静压差	≥10Pa			≥15Pa		20~25Pa(万级营养液调配间) ≥10Pa(万级抗生素调配间)	

（续　表）

检测项目 ＼ 功能区域	一次更衣间		二次更衣间	加药混合调配间	加药混合操作台
温度	18～26℃				
相对湿度	45％～65％（至少达到 70％以下）				
噪声	≤60dB				
工作区域亮度	≥300lx（推荐 400～500lx）				
抗生素间排风量	根据抗生素间的设计规模确定				

1. 沉降菌用 ∅90mm 培养皿取样，暴露时间不低于 30min
2. 100 级洁净台的垂直层流 0.3m/s，水平层流 0.4m/s

（二）静脉用药集中调配中心（室）验收程序

医疗机构建立静脉用药集中调配中心（室），应当经所在地设区市级以上卫生行政部门审核、批准。根据《静脉用药集中调配质量管理规范》《静脉用药集中调配中心（室）验收标准（供参考）》进行现场评价验收，并经批准，方可开展集中调配静脉用药。申报验收程序如下。

1. 申报条件

（1）技术人员配备复核《静脉用药集中调配质量管理规范》的有关规定，具有药学专业技术职务任职资格、且人员技术结构合理的药学专业技术人员。

（2）《静脉用药集中调配中心（室）》设计符合《静脉用药集中调配质量管理规范》的相关规定。

（3）具有与集中加药调配工作量相适应的房屋、设施和仪器设备。

（4）室内外周围卫生环境符合《静脉用药集中调配质量管理规范》关于建立《静脉用药集中调配中心（室）》的相关规定。

（5）具有保证输液成品质量的规章制度。

2. 申报材料目录

（1）《静脉用药集中调配中心（室）》验收申请表（表 2-12），一式三份，并附电子文档。

（2）依据《静脉用药集中调配质量管理规范》和《静脉用药集中调配操作规程》相关规定进行的自查报告。

（3）医疗机构的基本情况。

（4）设置调配中心（室）的基本情况，包括人员资质、建设规模、占地面积、建筑面积、周围环境、基础设施、调配中心（室）集中调配工作量等情况说明。

（5）医疗机构总平面布局图及本中心（室）所在位置、调配中心（室）设计图全套。

（6）调配中心（室）负责人和审核处方药学专业人员的简历（包括姓名、年龄、性别、所学专业、学历与毕业学校、职务、职称、原从事药学工作以及调剂工作年限等）及药学专业技术人员占调配中心（室）的工作人员比例。

（7）调配中心（室）的工艺流程图和输液成品质量标准。

（8）主要设备目录、检测仪器目录。

（9）调配中心（室）管理、质量管理文件目录。

表 2-12 《静脉用药集中调配中心(室)》验收申请表

机构名称			
地址			邮编
法人姓名		主管院长	
药学部门主任		联系电话	
电子邮箱		传真	
调配中心(室)负责人		电话	
电子信箱		传真	
批准床位数		实际床位数	
门急诊人次		平均每日调配量(袋/瓶)	
药师以上技术人员	主管药师 人;药师 人	其他技术人员数	药士 人;护士 人
工人数		调配工作范围	

专家组检查验收意见:

专家签名

年 月 日

卫生行政部门审核、批准意见:

公章

年 月 日

3. 申报程序

(1)按《静脉用药集中调配质量管理规范》第十三条审核、验收、批准权限的规定,向所在地设区市级或省级卫生行政部门提交验收申请表和申报材料。

(2)经设区市级或省级卫生行政部门对所报材料进行审查,同意后,组织相关专家进行现场检查验收。验收专家组应向委托的卫生行政部门提交验收报告,由其根据现场验收总评材料决定是否批准。

(3)报省级卫生行政部门核发《静脉用药集中调配中心(室)合格证》。

(4)核发决定在省级卫生行政部门网站公示。

(5)向申报医疗机构核发《静脉用药集中调配中心(室)合格证》。

4. 其他 《静脉用药集中调配中心(室)》地址变更,须报审核、验收、批准的卫生行政部门审核或现场验收同意,决定是否准予变更地址。

第二节　配备和设施

　　静脉用药集中调配中心（PIVAS）是在符合国际标准、依据药物特性设计的操作环境下，受过培训的药学技术人员严格按照操作程序进行包括静脉营养药物、细胞毒性药物和抗生素药物的调配，为临床医疗提供规范优质的服务，PIVAS 中的硬件和软件设施的配备尤为重要。

一、硬件设施

（一）调配间主要功能设备

　　1. 送风口　送风口设于侧墙上部，向室内横向送风，在房间上部以辐射流形式出现，整个工作区为回流，有较均匀的温度场和速度场。一般小房间宜采用单侧送风，大房间可采用双侧送风。送风口设置地点的正确与否，直接影响到系统空气处理设备负荷大小及过滤器寿命的长短，应重视。

　　送风口应设在室外空气比较干净的地点，即选择在含尘浓度较低、常年变化不大的地点。为避免空气中的含尘浓度受地面的影响，送风口设置高度一般在离地 5~15m 处，至少也要高于 3m。一般来说要比普通空调系统和通风系统的进风口高。如果送风口设置在屋面上，同样为避免受屋面上灰尘的影响，应该高出屋面 1m 以上。另外，送风口无论在水平和竖直方向上都要尽量远离或避开污染源。当然，这在洁净厂房厂址选择时就应综合考虑，送风口可选择的地点毕竟有限。常规考虑，总是把送风口布置在污染源的上风侧。如附近有排风口，则应尽量设置在排风口的上风侧并低于排风口。一般排风口比送风口要高出 2m。

　　为避免风雨直接影响，送风口处常设置为薄钢板制作的百叶窗（不应木制），在容易清洗的地点，并应使进风口至新风阀之间管道距离尽量短而不拐弯，一面百叶窗上和管道内的积尘使得新风含尘度波动太大。对于净化空调系统来说，为了保证系统停止运行时，减少室外空气对系统内污染，要求在送风口安装新风密闭阀。有可能的话，应使送风机与新风密闭阀连锁。送风口的空气流通净面积，可根据新风量及风速确定，风速可在 2~5m/s 间选取。为避免风雨或异物直接进入新风管道，送风口需安装防水百叶风口。

　　2. 排风口　净化空调中的排风口，是因生产工艺需要而设置的局部通风的排风口。为在系统停止运行时，不致使室外空气对系统内污染，尤其是局部通风的排风口，往往是直接通到洁净室内，要重视在排风口设置室外空气倒灌的装置，常用的方法是在排风口设置止回阀、密闭阀、中效以上过滤器，直至高效过滤器，以及水浴密封池等，都是一些较好的措施。排风口的空气流通净截面积，也是按风速来确定，一般不宜＜1.5m/s。当然也不能太大，排风风速反映了出口动压损失。

　　另外，由于排出空气中常会有水蒸气。在冬季，为了防止在排出以前温度下降造成排气口附近管中结露结霜，排风风管的外露部分及排风口要考虑保温。

　　为避免风雨或异物直接进入新风管道，排风口需安装防水百叶风口。

　　3. 回风口　洁净室的回风口的位置对室内气流的流型及温度、风速的影响很小，因为回风口的速度场为半球状，其速度与作用半径的平方成反比，吸风气流的速度衰减很快。回风口均设置在回流区，如侧送时，回风口在送风口的同侧下方。一般采用集中回风或走廊回风，走廊回风时在内墙下侧设置百叶口，在走廊一端集中回风，集中回风口速度应≤2m/s，走廊回风口速度应≤4m/s。回风口上应设过滤器（层），最好是中效过滤器（层），对于有害粉尘有时也设亚高效或高效过滤器。

4. 风道　风道是空气输送管路，用薄钢板或塑料板材制成的风道也称风管。风道是净化空调系统的重要组成部分，它迫使空气按照所规定的路线流动。在集中式净化空调系统中，它在总造价中占有较大的比例。对风道的要求是能够有效和经济的输送空气。所谓"有效"表现在严密性好、不漏气；不易发尘、不污染；有足够强度并且能耐火、耐腐蚀、耐潮湿。所谓"经济"表现在材料价格低廉，施工方便，降低工程造价；内表面光滑，具有较小的流动阻力减少运行费用。

由于净化空调系统的特殊性，对风道严密性和不易产尘有更高要求。净化空调系统内因增加了三道过滤器系统，系统的阻力几乎比一般空调系统大1倍，风道严密性显得更为重要。怎样有效、经济地解决好净化空调系统风道泄漏问题，也是一项重要课题。一般来说，风道负压段比正压段泄露大几倍。风道漏风会造成洁净空气污染，会消耗电能、热能，会造成系统空气不平衡，破坏系统原设计的压力分布，使温湿度参数控制困难，同时也会在泄露处堆积尘埃，因某些外界因素而使聚集的尘埃二次飞扬，造成穿透过滤器的尘埃量增加，影响室内洁净度。用薄钢板制作的风道漏风问题，主要是风道咬口漏风和法兰间及法兰翻边漏风。根据国内多年的实践，对净化空调系统的风道咬接形式、咬口在风道上不同部位，对一些咬口形式作出推荐。

风道不发尘主要从其制作材料及风道结构上避免产尘或集尘，另一方面防止管道内锈蚀和漆层脱落。在净化空调系统中，风道绝大多数均以薄钢板制作。根据要求和界面尺寸不同，钢板厚度为0.5～1.5mm。土建式风道由于发尘及漏风缘故很少采用，只有地下风道才采用。通常用混凝土板做底，两边砌砖，内表面砌瓷砖或内衬塑料管，上面再用预制钢筋混凝土板顶，但一定要保证其严密性。入地下水位较高，尚需做防水层。对于排风系统的通道，其制作材料是随着输送气体的腐蚀性程度的强弱而定。如采用涂刷防腐漆的钢板风道不能满足要求时，可用硬聚氯乙烯塑料板制作，截面可以是矩形也可以是圆形，其厚度为3～8mm。

5. 管件和阀门　空气能在净化空调系统中流动的主要原因是管段内存在压力差，而不是压力。要使整个净化空调系统按照预想的正确运行循环，这就要求我们合理布置管路，特别是合理设计好各管件，正确选择好风阀，使各段风管间保持合适的压力差，这样才能保证把一定量的洁净空气按照要求送到各洁净室，并保证各洁净室维持所需的正压。

如前所述，因为管件及风阀引起的局部阻力大大高于风道的沿程阻力。因此，在管路设计时，尤其要注意管件设计与风阀选择，管件主要有弯头、渐扩管、减缩管、三通管及四通管等。在风管布置时，要尽量减少这些管件的局部阻力。如管道中心曲率半径不要小于其风管直径（或矩形风管边长），一般采用1.25倍直径（或矩形风管边长）。大断面风管，可在管内加导流片，以减少阻力。

矩形风管的三通要顺气流弯管弯曲分流，支管同样应考虑一定的曲率半径，如要90°直角分流，须在弯头内加导流片。许多管件已成为标准化，可在有关国标标准图内查到。

净化空调系统内的阀门是不可缺少的。如前面提到的新风密闭阀或排风密闭阀，这是属于开关阀，它仅仅起开关作用，因此，要求全开时阻力小，全关时密闭性能好。如前所述，为了使系统不因三级过滤器积尘或更新造成新风量过大波动，常在送、回风管安装阀门。这种阀门属于经常调节阀，因为它在运行中需要经常调节。如果采用自动调节时，则要求阀门的执行机构与风量变化呈线性或接近线性的关系。常采用对开多叶阀,它在风阀开启任何角度下,气流的总方向总是平行于管道中心的并具有较好的调节性能,但它的阻力要比平行多叶阀大。为了使管路阻力平衡,不致引起失调,除了精心设计外,靠阀门调节平衡是必不可少的。因为设计的系统与实际施工后的系统总是有出入的,在系统使用前,总要经过调试。这种阀门仅仅在调试中一次调整后就不再调整,专为系统和各支风管段达到设计风量用的调节阀,称为一次调节阀。其实这种阀门只起到一种增加阻力作用,只要求阀门调节后位置不变。常用的有蝶阀、三通调节阀、多叶阀(平行型和对开型)和插板阀等。蝶阀使用于风管断面较小的送、回风支管上。在矩形风管边长或圆形风管直径>600mm 时,宜采用多叶型调节阀。三通调节阀用于调节两个支管的风量比例。

6. 过滤器

(1)我国标准将空气过滤器分为一般空气过滤器和高级空气过滤器两大类。

(2)粗效、中效过滤器有平板式,袋式、折叠式等几种形式,应尽量选择过滤面积大。

(3)高中效过滤器有袋式、大管式、折叠式等几种形式。

(4)亚高效过滤器有滤管式和折叠式两种,前者属于低阻力型,是中国建筑科学研究院空调研究所获得专利成果。

(5)高效过滤器都是折叠式,但分为有分隔板和无分隔板两种。

7. 对装饰材料的总要求

(1)表面平滑,有耐磨性,有耐侵蚀性;不吸湿、不透湿。

(2)表面不易附着灰尘,不易长真菌;附着的灰尘容易除去。

(3)良好的热绝缘性,且不易产生静电。

(4)较容易加工,价格经济合理。

洁净室装修材料具体要求见表 2-13。

表 2-13　洁净室装修材料要求

项目	使用部位			要求	材料举例
	吊顶	墙面	地面		
发尘性	√	√	√	材料本身发尘最少	金属板材、聚酯类表面装修材料、涂料
耐磨性		√	√	磨损量少	水磨石地面、半硬质塑料板
耐水性	√	√	√	受水浸不变形、不变质、可用水清洗	铝合金板材
耐腐蚀性	√	√	√	按不同介质选用对应材料	树脂类耐腐蚀材料
防霉性	√	√	√	不受温度、湿度变化而霉变	防霉涂料
防静电	√	√	√	电阻值低、不易带电,带电后可迅速衰减	防静电塑料贴面板,嵌金属丝水磨石
耐滑性	√	√		不易吸水变质,材料不易老化	涂料
施工	√	√	√	加工、施工方便	
经济型	√	√	√	价格便宜	

8. 地面　地面是配制间结构中最关键的一部分,它对静脉用药调配中心的后期运作以及保养维护等都起着非常重要的作用。

对调配间地面的一般要求如下。

(1)耐磨,耐腐蚀(酸、碱、药),防静电,防滑;

(2)可进行无接缝加工,易清扫;

(3)为了防止产尘,与墙面和顶棚比,以上诸条中耐磨是主要要求。

常用的几种地面见表2-14。

表 2-14　常用地面举例

地面	特点	适用
双层地面	可地面回风,通气性好,造价高,弹性差	调配间的垂直单向流洁净(大面积)
水磨石地面	光滑耐磨,不易起尘,整体性好,可冲洗,防静电,无弹性	调配间的控制区、洁净区
涂料地面	具有水磨石优点,较耐磨而怕重物拖,如基底处理不好,易卷起剥落	调配间洁净区
卷材板材地面	光滑耐磨,略有弹性,不易起尘,易清洗,施工简单,易产生静电,受紫外灯照射易老化,因与基底伸缩不同,用于大面积时可能起壳	调配间控制区
耐酸瓷板地面	耐腐蚀,但质脆经不起冲击,施工较复杂,造价高	调配间有腐蚀的区段
玻璃钢地面	耐腐蚀,整体性好,但膨胀系数和基底不同,宜小面积使用,并用防火品种	调配间有腐蚀的区段

(二)调配间的设备

根据《静脉用药集中调配质量管理规范》静脉用药调配中心(室)的设备基本要求如下。

第一,静脉用药集中调配中心(室)应当有相应的仪器和设备,保证静脉用药调配操作、成品质量和供应服务管理。设备须经国家法定部门认证合格。

第二,静脉用药集中调配中心(室)设备的选型与安装,应当符合易于清洗、消毒和便于操作、维修和保养。衡量器具准确,定期进行校正。维修和保养应当有专门记录并存档。

第三,静脉用药集中调配中心(室)应当配置百级生物安全柜,供抗生素类和危害药品静脉用药集中调配使用;设置营养药品调配间,配备百级水平层流洁净台,供全静脉营养液和普通输液静脉用药调配使用。

洁净层流工作台是静脉用药调配中心(室)内使用的最重要的净化设备。因为所有的无菌静脉用药调配均需在洁净层流工作台内完成,无菌物品亦需放置在洁净层流工作台内。洁净层流工作台根据气流方向的不同可分为水平层流工作台和垂直层流工作台两种。

1. 水平层流工作台　水平层流工作台英文全称 horizontal laminar flow cabinet,简称 HLFC。其工作原理为:水平层流工作台属于水平单向流行型,室内空气经过滤过器过滤,由离风机将其压入静压箱,再经过高效过滤器过滤后从出风面吹出形成洁净气流,洁净气流以0.3m/s 均匀的断面风速流经工作区,从而形成局部 100 级的工作环境,工作时应尽量避免扰动气流。

目前大部分厂家所提供的不同规格水平层流工作台均是为各种实验场所设计使用的,部分特性上并不完全用于静脉用药集中调配中心(室)内药品的调配。根据澳大利亚标准 AS 1807,与静脉用药集中调配中心(室)内的静脉药物调配工作相适宜的水平层流工作台应具有以下特点(表 2-15)。

表 2-15　静脉用药集中调配中心(室)使用水平层流工作台的技术参数

技术参数(item)	标准(standard)
洁净等级	100 级(美联邦 209E),ISO5 级
平均风速	≥0.30m/s(可调)≥0.30m/s
噪声	≤62dB(A)
照明强度	≥300lx
振动半峰值	≤4μm
电源	AC 单相 220V/50Hz
装置外形尺寸(mm)	1800×780×2000(宽×深×高)
工作区尺寸(mm)	1700×560×760(宽×深×高)
高效过滤器规格与数量(size&No. of HEPA)(mm)	700×810×65×②(日本剑桥)
荧光灯/紫外灯规格及数量	40W×台数
菌落数	≤0.5 个/皿,φ90mm×小时
使用人数	双人单面

(1)由于工作区洁净度的要求,水平层流台必须具备独立的风机、高效过滤器和适宜的工作区域。不得与其他的空气循环系统相连接。

(2)水平层流台制作材料应光滑易清洁且抗氧化耐腐蚀,工作区域表面最好采用不锈钢材料。工作区域的接缝处应很好地密封,以防止配置过程中液体渗入。

(3)水平层流工作台的新风补充应从工作台的顶部进入,需经过一层过滤效率为20%、可清洗、可更换的初效过滤器过滤,经新风中较大的尘埃粒子进行过滤,经过初滤的空气再经过高效过滤器过滤后送至层流工作台的工作区域,这样可以有效延长水平层流工作台内高效过滤器的使用寿命(表 2-16)。

表 2-16　高效过滤器技术参数

技术参数(item)	标准(standard)
规格(mm)	700×810×65×②(日本剑桥)
额定风量	1 000m³/h
初阻力*	≤100Pa
过滤效率(钠焰法)(%)	≥99.99%
重量	3.5kg

*．初阻力是指在额定风量下开始使用时过滤器的阻力

（4）应有连续可调风量的风机系统，以保证净化工作台的工作区域送风风速始终保持理想状态。

（5）为便于肠外静脉营养液的调配，应保证工作区域有足够高度。理想的工作区域高度为760mm，可以实现液体的重力转移。

（6）水平层流工作台有多种规格尺寸，宽度800～2 000mm，根据长期的使用经验，较为合适静脉用药集中调配中心（室）的洁净工作台长度外形尺寸为1 800mm左右，不仅对于两个人同时进行操作来说比较宽松，同时也最大限度地节约了洁净空间。

（7）通常洁净室使用的维护材料不吸音，且静脉用药调配中心（室）内同时有多台水平层流工作台工作，从静脉用药集中调配中心（室）的建设运行以及维护成本等考虑，又无法采用扩大净化空间的方法来降低噪声，因此，对层流工作台的要求是噪声越低越好。

（8）工作区照明强度应保证药品调配及核对工作的进行。

（9）水层流工作台应有紫外线杀菌灯，操作面板应有启用及控制装置。

（10）为避免室内空气流通产生死角，水平层流工作台的支撑架应为敞开式的，而且应保证需要时可以移动，便于运作后的定时全面清洁及维护。

2. 生物安全柜　生物安全柜英文全称 biological safety cabinet，简称BSC，生物安全柜是一种为了操作人员及其周围环境的安全，把发生污染的气溶胶隔离在操作区域内的防御设备（图2-4，图2-5），在静脉药物集中调配过程中主要用于调配抗肿瘤药物、抗感染药物等具有细胞毒性的药物。生物安全柜属于垂直层流台，其工作原理是通过层流台顶部的高效过滤器，以过滤99.99％的0.3μm以上的微粒，使操作台空间形成局部百级的洁净环境，并经工作台面前后两侧回风形成相对负压，约30％的空气通过排风过滤器过滤后经顶部排风阀排出安全柜，70％的空气通过送风过滤器过滤后从出风面均匀吹出，从而形成高洁净度的工作环境，被排出的空气量通过台面前侧高速吸风槽吸入的新风得以补充。

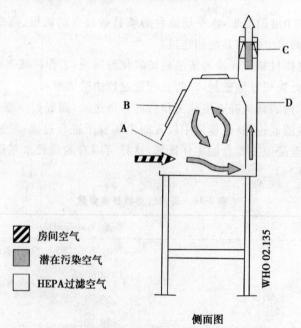

房间空气

潜在污染空气

HEPA过滤空气

WHO 02.135

侧面图

图2-4　Ⅰ级生物安全柜原理图（HEPA：高效过滤器）

A. 前开口；B. 前视窗；C. 排风HEPA；D. 压力排风系统

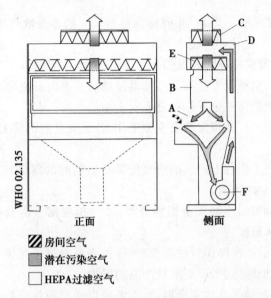

图 2-5　Ⅱ级生物安全柜原理图（HEPA. 高效过滤器）

A. 前开口；B. 前视窗；C. 排风 HEPA；D. 后面压力排风系统；E. 供风 HEPA；F. 风机

生物安全柜广泛应用于医药、临床、微生物及工业实验室，其主要功能是在创造一个百级层流洁净环境的同时，实现安全防护隔离。目前已有文献报道，在生物安全柜内调配氟尿嘧啶时，监测不到空气中残留有氟尿嘧啶，这充分证明生物安全柜可以有效保护操作者和环境免受危害。

EN12469 和 NSF49 是目前国际生物安全柜领域最重要的标准。目前国内的相关规范为 SFDA 的 YY0569-2005 标准，该标准为强制性标准，它参考美国标准 NSF/ANS149-2002 制定，增加了欧洲标准 EN12469《生物技术——微生物安全柜性能要求》中的部分要求。

下面我们将详细介绍一下有关生物安全柜的 YY0569-2005 标准（国家食品药品监督管理局于 2005 年 7 月 18 日颁布）。

（1）YY0569-2005 标准的术语及定义

①生物安全柜（BSC）：负压过滤排风柜，防止操作者和环境暴露于实验过程中产生的生物气溶胶。

②生物因子：一切微生物和生物活性物质。

③生物危险：由生物因子导致的直接或潜在的危险。

④交叉污染：目标物外的物质进入目标物。

⑤产品保护：安全柜防止来自外部的空气传播污染物通过前视窗操作口进入安全柜。

⑥工作区：安全柜内进行操作的部分。

⑦高效空气粒子过滤器：一种一次性的、具有延伸或皱褶介质的干燥型过滤器，特征如下。

a. 坚硬的外壳装满褶状物；

b. 对于直径为 $0.3\mu m$ 的微粒（如用加热方法产生的单分散邻苯二甲酸二辛酯（DOP）烟雾微粒或相当的微粒）过滤效率不低于 99.99%；

c. 清洁的过滤器在额定流量下工作时，最大压降为 250Pa；

d. 当用光散射中值尺寸 0.7μm、几何标准偏差 2.4 的多分散气溶胶进行扫描测试时,透过率不超过 0.01%。

高效空气粒子过滤器简称高效过滤器。

⑧下降气流:来自安全柜上方经高效过滤器过滤的垂直向下流向工作区的气流。

⑨流入气流:从安全柜前视窗操作口进入安全柜的气流。

⑩流速标称值:由生产厂商指定的安全柜工作点,是安全柜正常工作时设置的下降气流和流入气流流速。

⑪保护因子:在敞开工作台上产生的空气传播污染物的暴露量与在安全柜内产生相同分散的空气传播污染暴露量的比值。

(2)YY0569-2005 标准对生物安全柜的分类:安全柜根据气流及隔离屏障设计结构分为三个等级,即Ⅰ级、Ⅱ级、Ⅲ级。

Ⅰ级生物安全柜有前视窗操作口的安全柜,操作者可通过前视窗操作口在安全柜内进行操作。用于对人员和环境的保护,不要求对产品的保护。

Ⅱ级安全柜有前视窗操作口的安全柜,操作者可以通过前视窗操作口在安全柜内进行操作,对操作过程中的人员、产品及环境进行保护。Ⅱ级安全柜按排放气流占系统总气流量的比例及内部设计结构分为 A_1、A_2、B_1、B_2 四种类型。

Ⅲ级安全柜具有全封闭、不泄露结构的通风柜。人员通过与柜体密闭连接的手套在安全柜内实施操作。

(3)YY0569-2005 标准对生物安全柜的要求

①外观

a. 柜体表面无明显划伤、锈斑、压痕,表面光洁,外形平整规则;

b. 说明功能的文字和图形符号标志应正确、清晰、端正、牢固;

c. 焊接应牢固,焊接表面应光滑。

②材料

a. 所有柜体和装饰材料应能耐正常的磨损,能经受气体、液体、清洁剂、消毒剂及去污操作等的腐蚀。材料结构稳定,有足够的强度,具有防火耐潮能力。

b. 所有的工作室内表面和集液槽应使用不低于 300 系列不锈钢的材料制作。

c. 前视窗玻璃应使用光学透视清晰、清洁和消毒时不对其产生负面影响的防爆裂钢化玻璃、强化玻璃制作,其厚度应不小于 5mm。

d. 过滤器应能满足正常使用条件下的温度、湿度、耐腐蚀性和机械强度的要求,滤过不能为纸质材料。滤材中可能释放的物质不对人员、环境和设备产生不利影响。

e. Ⅲ级安全柜的手套应采用耐酸碱及符合试验要求的橡胶材料制成。

我们应根据所操作对象的不同而选择不同级别的生物安全柜。在 WHO 实验室生物安全手册中对于不同级别的生物安全柜的选择提出了建议(表 2-17),同时该手册还对各种安全柜之间的差异进行了对比(表 2-18)。

(4)静脉用药集中调配中心(室)内的生物安全柜的选型:鉴于目前医疗机构静脉用药集中调配中心(室)内调配工作的实际情况,潜在危害药物如细胞毒性药物、致敏性抗生素、免疫抑制药等药物,应建议在Ⅱ级生物安全柜内进行调配。目前大多数静脉用药集中调配中心选用的是 YY0569-2005 标准的Ⅱ级 A_2 型生物安全柜,其主要特点如下。

表 2-17　不同保护类型及生物安全柜的选择

保护类型	生物安全柜选择
个体防护，针对危险度 1～3 级微生物	Ⅰ级、Ⅱ级、Ⅲ级生物安全柜
个体防护，针对危险度 4 级微生物，手套箱型实验室	Ⅲ级生物安全柜
个体防护，针对危险度 4 级微生物，防护服型实验室	Ⅰ级、Ⅱ级生物安全柜
实验对象保护	Ⅱ级生物安全柜、柜内气流是层流的Ⅲ级生物安全柜
少量挥发性放射性核素/化学品的防护	Ⅱ级 B_1 型生物安全柜、外排风式Ⅱ级 A_2 型生物安全柜
挥发性放射性核素/化学品的防护	Ⅰ级、Ⅱ级 B_2 型、Ⅲ级生物安全柜

摘自 WHO 实验室生物安全手册（第 3 版），2004

表 2-18　各种生物安全柜之间的差异对比

生物安全柜	吸入气流速度 （m/s）	气流百分数（%）	
		重新循环部分	排除部分
Ⅰ级	0.36	0	100
Ⅱ级 A_1 型	0.38～0.51	70	30
Ⅱ级 A_2 型	0.51	70	30
Ⅱ级 B_1 型	0.51	30	70
Ⅱ级 B_2 型	0.51	0	100
Ⅲ级生物安全柜	不适用	0	100

摘自 WHO 实验室生物安全手册（第 3 版），2004

①前视窗操作口流入气流的最低平均流速为 0.5m/s。

②下降气流为部分流入气流和部分下降气流的混合气体，经过高效过滤器过滤后送至工作区。

③污染空气经过高效过滤器过滤后可以排到实验室或经安全柜的外排接口通过排风管道排到大气中。

④安全柜内所有生物污染部位均处于负压状态或者被负压通道和负压通风系统环绕。

⑤用于进行以微量挥发性有毒化学品和痕量放射性核素为辅助剂的微生物实验时，必须连接功能合适的排气罩。

此外用于静脉用药集中调配中心（室）内生物安全柜在结构方面还需满足以下要求。

①操作区三面墙体采用不锈钢材料。

②操作区与负压风道间正负压差范围应大，保证操作时微生物不易外溢，从而有效保护实验操作人员的安全。

③整个操作区内的三面墙体都为双层墙体，双层墙体间的夹层以及台面下部的夹层都互为贯通，形成了四个面互相连通的立体的负压风道，该负压风道与前视窗开口区的吸入口风幕相结合，使得整个操作区完全被包围在负压之中。这种设计既能有效降低设备的内部结构阻力，又使操作区与外环境具有双层隔墙，并使其被负压包围，双重保证不产生泄漏。

建议技术参数见表 2-19。

表 2-19　静脉用药集中调配中心用 II 级 A₂ 型生物安全柜的技术参数

技术参数	标准
洁净等级(cleanliness)	100 级(美联邦 209E)Class100(Fed 209E),ISO5 级(ISO Class 5)
过滤器过滤效率(filtration efficiency)	HEPA：≥99.99％,直径为 0.3μm 的微粒
下降风速(m/s)(downflow velocity)	0.25～0.05m/s
流入风速(m/s)(inflow velocity)	≥0.05m/s
噪声(noise)	≤67dB(A)
平均照明强度(lumination)	≤650lx
振动半峰值(libration)	≤5μm
电源(power source)	AC 单相(single phase)220V/50Hz
气流平衡生物防护(protection testing)	撞击式采样器的菌落总数≤10CFU/次
人员防护(opertor protection)	夹缝式采样器的菌落总数≤5CFU/次
受试产品防护(product protection)	菌落总数≤5CFU/次
交叉感染防护(cross contamination)	菌落总数≤2CFU/次
装置外形尺寸(overall dim.)(mm)	1 800×780×2 200(宽×深×高)
工作区尺寸(working zone)(mm)	1 700×560×700(宽×深×高)
荧光灯/紫外灯规格及数量(size&No. of light or UV lamp)	40W×台数
适用人数 No. of operator	双人/double
排风方向 air drection	顶出/top out

二、软 件 要 求

硬件投入往往是一次性的,而在日常工作中确保调配质量,更重要的是软件建设,各医疗机构应根据自己的实际情况建立相应的静脉用药集中调配中心(室)的规章制度、岗位职责、输液标签设计、工作流程、各种记录及电子信息系统等软件的建立,现简单介绍如下(详细请参见本书后面章节)。

(一)规章制度

各大医院的 PIVAS 工作十分繁忙,责任重大,由于调配前的排药错误、微生物污染、调配顺序错误、抽量错误等安全隐患和质量风险的存在,即使建立静脉用药集中调配中心(室),没有严格的规章制度就会引发严重事故,因此静脉用药集中调配中心(室)应有科学的、简便而实用的、统一的规章制度,基本要求如下。

1. 静脉用药集中调配中心(室)应当建立健全各项管理制度、人员岗位职责和标准操作规程。

2. 静脉用药集中调配中心(室)应当建立相关文书保管制度:自检、抽检及监督检查管理记录;处方医师与静脉用药集中调配相关药学专业技术人员签名记录文件;调配、质量管理的相关制度与记录文件。

3. 建立药品、医用耗材和物料的领取与验收、储存与养护、按用药医嘱摆发药品和药品报损等管理制度，定期检查落实情况。药品应当每月进行盘点和质量检查，保证账物相符，质量完好。

（二）岗位职责

各岗位都有相应的职责，每一步操作都有标准操作规程（SOP）。重点放在药品养护、审核医嘱、排药核对和仓内调配上。组长负责管理安排 PIVAS 日常工作和安全。合理安排人员，明确分工，定期督促、检查。最大程度促进合理用药及用药过程标准化。

（三）输液标签设计

输液标签设计应按《处方管理办法》规定执行。输液标签内容要全面，主要包括病区、患者姓名、年龄、床号、药物名称、规格、用药剂量、溶媒的名称和量、临时或长期医嘱标注、配液时间、给药时间、给药途径、批次、审方者、排药者、核对者、调配者、复核者、皮试结果、开具医嘱医生、医嘱号、排药位置、注明共有几页或第几页、排药日期和时间等。

（四）工作流程

调配中心的工作流程为：病区医师开具静脉用药医嘱→病区护理站→护士确认传递至 PIVAS 或药房→药师审核医嘱、确认、打印标签→各流水线按各病区药品汇总单进行摆药→核对唱药→按批次排药（针剂自动摆药机排药或人工与机器相结合）→根据标签进行单患者单组数核对→扫描复核→以病区为单位按规定位置放置待配→药师匹配冰箱药核对并传递→配液人员确认→混合加药调配→成品传出→药师成品核对→成品打包登记→药师审核→分病区置于密闭容器中或加锁→由工勤人员送至病区→病区护士核对签收→给患者用药前护士应再次与医嘱用药核对→给患者静脉滴注用药。

只有严格控制每一环节和严格落实工作制度、岗位职责和操作规程等，才能确保患者用药安全，保证调配质量。

（五）电子信息系统

1. 电子医嘱信息传递接收与审核系统

（1）接收各病区提交的、由医嘱系统产生的用药信息，并根据这些信息自动产生医嘱执行单。

（2）将静脉用药医嘱直接传递至药房。

（3）经药师审核处方，自动生成一份输液标签和一份审方明细单。

目前，PIVAS 中信息系统的开发和利用已成为趋势，有报道，某一所大型综合性医院在军卫 1 号 HIS 系统基础上，升级合理用药监测系统（PASS 系统），自主研发 PIVAS 信息系统，并使上述三大系统无缝对接，在药师审核医嘱中发挥了作用，药师可一键完成任何操作，对 TPN 医嘱审核系统中各种能量计算也一目了然，并准确提示，提高了准确率和审核速率，实现了全面的信息化。该软件已获发明专利，并在国内使用。

2. 电子药品库信息管理系统　用药医嘱打印成输液标签，并完成调配任务后，从药房或二级库药品电子库存数量中自动减去处方组成药品，对退药也是一键自动完成，无须人工录入，做到账物相符，并形成工作量汇总报表、各病区配液量明细、各批次配液量明细等，为管理者提供了帮助。

第三节　使用保养和维护

对于 PIVAS 来说，在设计、施工安装和维护的管理中其重要性是同等，它是集建筑、环境控制、使用保养及管理为一体的综合作用发挥的结果,其日常保养与维护、监测与管理更为重要。如果对已建成的 PIVAS 中的洁净室、净化空调系统及设备维护、保养不及时,没有严格的监测管理制度进行检查和监督,会使实际中各项管理指标达不到规定要求,也就难以保证调配质量。因此建立 PIVAS 环境、设施和设备的使用、维护、保养、检修等制度和记录非常必要。总的来说,维护保养管理的目的如下。

1. 控制室内产尘产菌,有效地实现设计建设上阻止尘菌进入调配间。

2. 及时去除已产生的尘菌,防止积累变成突发性洁净负荷,预防突发事件的发生。

3. 使系统、设备正常运行,保证空调系统及设备的正常使用。

4. 保证配液质量,保证安全。

一、调配间洁净度的维持

在前面章节我们已经提到,一些国际标准以及国内的相关规范中均明确提出了无菌调配环境的洁净度要求,因此项目运行后,调配间洁净度的保持至关重要。为保证调配间内环境的洁净度满足静脉用药调配要求,就需相关人员做到以下几点。

1. 严格着装要求 进入调配间的操作人员必须严格遵从更衣程序,经缓冲区进入一次更衣室和二次更衣室或直接进入一次更衣室、二次更衣室才能进入调配间。按规定除尘、换鞋、清洗消毒手、戴口罩和帽、穿无菌防静电连体服、戴无菌无粉乳胶手套。

2. 控制人员进出 空气中微粒与调配间内人流、物流活动程度密切相关且成正比例关系,在无菌操作过程中产生的微粒大多数来源于人,不同状态下人所散落的微粒数量也有明显区别,因此调配间不允许参观人员进入,配液人员进入调配间后尽量一次性进入完成所调配的工作,避免不必要的走动和频繁进出,以保证调配间内"相对密封状态",维持正压。

3. 加强物流管理 调配间所需药品和物料必须经拆除外包装后方可送入,已排好的药品需经传递窗送入,传出成品也需通过传递窗,传入和传出避免开放窗口,室内和台面物品存放数量尽量控制在最小范围。

4. 做好卫生清洁 按卫生部《静脉用药集中调配中心质量管理规范》中的卫生与消毒基本要求执行。

(1)静脉用药集中调配中心(室)应当制定卫生管理制度、清洁消毒程序,各功能室内存放的物品应当与其工作性质相符合。

(2)洁净区应当每天清洁消毒,其清洁卫生工具不得与其他功能室混用。清洁工具的洗涤方法和存放地点应当有明确的规定。选用的消毒剂应当定期轮换,不会对设备、药品、成品输液和环境产生腐蚀或污染。每月应当定时检测洁净区空气中的菌落数,并有记录。

(3)洁净区应当定期更换空气过滤器。进行有可能影响空气洁净度的各项维修后,应当经检测验证达到符合洁净级别标准后,方可再次投入使用。

(4)设置有良好的供排水系统,水池应当干净无异味,其周边环境应当干净、整洁。

(5)重视个人清洁卫生,进入洁净区的操作人员不应化妆和佩戴饰物,工作服的材质、式样和穿戴方式,应当与各功能室的不同性质、任务与操作要求、洁净度级别相适应,不得混穿,并应当分别清洗。

(6)根据《医疗废弃物管理条例》,制定废弃物处理管理制度,按废弃物性质分类收集,由所在机构统一处理。

二、净化工程部分的维护保养

静脉用药集中调配中心（室）的净化工程完成并交付使用后的定期维护保养每 6 个月进行 1 次，维护保养的主要内容如下。

（一）检查

1. 检查空调控制屏各仪表、开关、风门开度是否正常。

2. 检查空调配电柜内所有用电设备。

3. 配电箱、配电柜定期的电气绝缘测试。

4. 检查冷凝水排水系统，确保排水通畅。

5. 检查所有执行机构和执行器是否能正常工作。

6. 检查冷冻水的阀门、进口压力、出口压力、进口温度、出口温度。

7. 检查管软接头链接情况。

（二）清洁

1. 清洁送风口过滤网。

2. 清洁前过滤机舱内灰尘碎屑。

3. 清洁前过滤器。

4. 用水冲洗冷凝器，确保其散热正常。

5. 清除送风机舱内垃圾。

6. 清洁各回风口。

7. 清洗空调室外机，检查并添加氟利昂药水，疏通冷水管道。

（三）润滑

1. 给各电动执行机构电动执行器加润滑油。

2. 给风机轴承加润滑油。

（四）复查

1. 各空调机组的送风机、回风机及排风机电流表显示是否在正常范围内。

2. 复查各清洁区压差显示是否在正常范围内。

3. 检查空调控制屏各仪表、开关、风门开度是否正常。

净化系统常见故障判断与排除方法见表 2-20。

表 2-20　净化系统常见故障判断与排除方法

故障现象	可能的原因	解决方案
压差减小	无送风	检查送风机
	送风不足	检查空调风机是否开大
	封管堵塞或脱落	检查封管是否堵塞或脱落
	新风过滤网堵塞	清洗或更换
	中效过滤网堵塞	更换中效过滤网
	高效过滤网堵塞	更换高效过滤网
	排风增大	关小排风阀门

（续　表）

故障现象	可能的原因	解决方案
压差增大	排风未开	检查排风机是否开
	新风过滤网脱落	更换新风过滤网
	新风阀门开得过大	关小新风阀门
	中效过滤网穿破	更换中效过滤网
	排风减小	开大排风阀门
空调效果不好	空调故障停机	联系供应商
	送风小	清洗更换过滤网
	空调室外机脏	清洗
	空调过滤网堵塞	清洗过滤网
	制冷剂少	添加制冷剂
风机箱或风管滴水	进风口被杂物堵塞	清除障碍物
	过滤网堵塞	清洗更换过滤网（包括回风滤网）
	净化风机未开,只开空调	开启风机
	风管保温脱落	做好保温

三、水平层流工作台的使用与维护

（一）水平层流台的安置及检查

水平层流工作台安置的位置是否合适以及安置后的检查调试,都将会直接影响它的使用效果和使用寿命。因此,在进行水平层流工作台的安置时应注意以下事项。

1. PIVAS 内的安装必须放置在洁净调配间内。一般实验室使用,必须安装在远离震动及噪声大且卫生条件较好的房间中,最好具有塑料或水磨石地面,以便于清洁、除尘。同时,需注意门窗的密封,以避免外界污染空气对室内的影响。

2. 安放位置确定后一般要相对固定,需将水平层流工作台的四个地脚,调整平稳并固定,以减少噪声及震动现象。确保在需要清洁时可以将台脚收起,并可以依靠脚轮移动。

3. 打开电机开关,观察指示灯状况,同时,观察风机运作状况,检查高效过滤器出风面是否有风送出。

4. 操作照明及紫外灯开关,检查其设备能否正常运行,如不能正常运行则及时检修。

5. 工作前必须对工作台周围环境及空气进行超净处理,认真进行清洁工作,并采用紫外线灭菌法进行灭菌处理。

6. 净化工作区（包括工作台）内严禁存放不必要的物品,以保持洁净气流流动不受干扰。

7. 有条件的话,可在风机启动后做渗漏及气流速度的检查试验。

（二）水平层流工作台的操作规程

水平层流工作台必须在检查、实验均合格的情况下方能使用。水平层流工作台虽然创造了局部百级的洁净环境,一旦当工作人员在工作区域进行操作时,层流空气就会产生紊流。层流工作台内操作所使用的物品（如输液、安瓿、注射器等）都不是无菌的，层流工作台本身也不是灭菌柜，如果在气流的上游发生污染，则下游必受污染。因此，正确了解洁净层流工作台内气流的走向，合理利用紊流，保证操作人员在最洁净、最安全的气流下工作，用最标准的无菌调配技术进行静脉药物的调配，就成为静脉用药调配中心药物调配安全的关键环节。

现将水平层流工作台操作规程介绍如下。

1. 为保证层流工作台正常工作和成品质量，物品在水平层流工作台内应正确放置和操作。

2. 水平层流工作台只能用于调配对工作人员无伤害的药物，如电解质、全静脉营养液等。

3. 水平层流工作台的摆放位置应位于洁净间内的高效送风正下方，洁净间内的空气经高效过滤器过滤后直接被水平层流工作台吸入，再经过一层高效过滤器过滤后送至水平层流工作台的工作区域。这样，层流工作台内的气流是经过两层高效过滤后达到最佳的净化状态的空气，同时大大降低了水平层流工作台高效过滤器的损耗。

4. 从水平层流工作台送出的空气经过高效过滤器过滤，可将直径为 $0.3\mu m$ 以上的微粒 99.99％ 的过滤，同时确保空气的流向和流速。

5. 至少在使用水平层流工作台前提前 0.5h 启动机器或最好全天 24h 保持运转状态，以保证实现其工作区域内的百级环境。

6. 使用时应将水平层流工作台工作区域划分为 3 个部分，分别为：①内区，最靠近高效过滤器的 10～15cm 的区域，为最洁净区域，可用来放置已打开的安瓿、已开包装的无菌物体、已经过消毒的小件物品；②中区即工作区，工作台的中央区域，所有的调配操作应在此区域内完成；③外区，从操作台外缘往内 15～20cm 的区域，可用来放置未拆除外包装的注射器、未经过消毒的小件物品。

7. 每天在操作开始前，应先用 75％ 的乙醇仔细消毒工作区域内部的顶部、两侧及台面，顺序为从上到下、从里到外。

8. 物品放入工作台前，应用 75％ 乙醇消毒其整个外表面，以避免带入微粒及微生物污染。

9. 尽量避免在工作台面上摆放过多的物品，大件物品之间的摆放距离应为 150mm 左右，诸如输液袋等；小件物品之间的摆放距离应为 50mm 左右，诸如安瓿或西林瓶等；下游物品与上游物品间的距离应大于上游物品直径的 3 倍。

10. 水平层流工作台面上的无菌物品或调配操作时的关键部位，应享受到最洁净的气流，也就是操作过程中的"开放窗口"的概念。

11. 在调配过程中，每完成一袋输液的调配工作后，应及时清理操作台上的废弃物，并用清水擦拭清洁，再用 75％ 的乙醇消毒台面及双手。

12. 每天调配完成后，应彻底清场，先用清水擦拭清洁，再用 75％ 的乙醇消毒。

13. 在调配操作及清洁消毒过程中，需避免任何液体溅入高效过滤器，因为高效过滤器受潮后，会严重影响过滤效率，同时还很容易产生破损和滋生真菌。

14. 避免把物体放置过于靠近水平层流操作台边缘，所有的操作应在洁净空间（离洁净台边缘 10～15cm）内进行。由于工作台外缘区域是外界空气与百级洁净空气的交汇处，如果操作在此区域内进行，所进行的操作就相当于在外界环境下，没有充分的利用水平层流工作台的百级洁净环境，从而所进行的操作就可能会存在被污染的隐患。

15. 在操作时不要把手腕或胳膊放置在台面上，不要把手放置在洁净气流的上游，在整个调配过程中始终保持"开放窗口"的操作模式。

16. 安瓿用砂轮切割后、西林瓶的注射孔外盖打开后，应用 75％乙醇喷拭消毒，去微粒，打开针剂的方向不得朝向高效过滤器。

17. 避免在洁净空间内剧烈动作，避免在操作时咳嗽、打喷嚏或说话，严格遵守无菌操作规则，严格避免对无菌部位的无技术的接触。

18. 水平层流工作台每周应做 1 次沉降菌检测，方法：将培养皿打开，放置在水平层流操作台上 30min，封盖后进行细菌培养并对菌落计数。

19. 在确保没有人员在场的情况下，开启紫外线灭菌灯。

（三）水平层流工作台的维护方法

水平层流工作台的主要维护包括以下几个部分。

1. 使用注意事项

（1）水平层流洁净台启动 0.5h 后方可进行静脉用药调配。

（2）应当尽量避免在操作台上摆放过多的物品。

（3）摆放的物体之间要有一定的距离，较大物品之间的摆放距离宜约为 15cm，小件物品之间的摆放距离约为 5cm，在柜内摆放的物品要横向一字排开，避免回风过程中造成交叉污染，同时避免堵塞背部回风隔栅而影响正常风路。

（4）柜内应该尽量避免震动仪器（如离心机、涡旋震荡仪等）的使用，从而避免震动造成积留在滤膜上的颗粒物质掉落，导致操作室内部洁净度降低。

（5）避免任何液体物质溅入高效过滤器，高效过滤器一旦被弄湿，应及时通知厂方进行更换。

2. 维护保养

（1）高效滤过器：随着高效过滤器使用时间的增加，内部积累的尘粒量也增加，导致阻力增大风速减小，当风速衰减到我们的要求数值以外，就要求更换高效过滤器；另外，当高效过滤器的滤芯有损伤或四周密封不严造成渗漏时，也应更换高效过滤器或补漏。这些维修保养都需要拆卸高效过滤器，建议由专业的、具备相应资质的厂家协助完成。

（2）中效过滤器：中效过滤器的无纺布滤料可以拆下清洗，清洗晾干后再按照要求安装后可继续使用。如果无纺布滤料有损伤，则不能重复使用，需要更换。建议此维修保养由专业厂家协助完成。

（3）电动机：对电动机的维修及保养需要拆除中效过滤器后进行，建议由专业厂家协助完成。

（4）电气部分：建议由专业厂家协助完成。

3. 清洁与消毒

（1）每天在操作开始前，调配人员提前启动水平层流台循环风机和紫外线灯，30min 后关闭紫外灯，再用 75％乙醇擦拭层流洁净台，打开照明灯后方可进行调配。

（2）在调配过程中，每完成一份成品输液后，应清理操作台上废弃物，并用清水清洁，必要时再用 75％的乙醇消毒台面。

（3）每天调配结束后，应彻底清场，先用清水清洁，再用 75％乙醇擦拭消毒。

（4）当操作台初次使用或长时间停用再次使用时应首先用湿清洁巾去除表面浮尘，经多次清洁巾擦拭之后，确认无尘再用 75％乙醇喷在医用纱布上对操作区、内壁板、不锈钢网板及台面板进行消毒,要擦拭全面,使用时先打开风机开关,进行除尘处理,同时打开紫外灯灭菌消毒,30min 后,关闭紫外灯开关即可使用。

(5)当操作台连续每天使用时,首先清除操作区台面上的杂物(清除杂物时当心可能留在台面上的碎玻璃片划伤手或划伤台面),再用湿清洁巾擦一遍,最后用 75% 乙醇喷在医用纱布上对操作区、内壁板、不锈钢网板及台面进行消毒,要擦全面,以备使用。

对于水平层流工作台简单故障的检查及维修详见表 2-21。

表 2-21　简单故障的检查及维修

故障现象	检验内容	维修建议
无电源	电源插座是否插好	插好插座
	电源开关是否打开	打开电源开关
	电源保险丝管是否正常	更换保险丝管后,接上电源插座
荧光灯不亮	荧光灯开关是否打开	打开荧光灯开关
	灯管是否损坏	更换灯管
	控制面板是否破坏	更换开关板或控制线路板
紫外灯不亮	紫外灯开关是否打开	打开紫外灯开关
	灯管是否损坏	更换灯管
	控制面板是否破坏	更换开关板或控制线路板
电动机不工作	电机开关是否打开	打开电机开关
	转换开关是否在接通位置	转换到接通位置
	控制面板是否损坏	更换开关或控制线路板
	电机电容或电机损坏	更换电机电容或更换电机

4. **水平层流工作台的测试**　水平层流工作台应定期进行检测,确保工作状态完好,一般建议由专业测试机构或厂家每年定期检测 1 次。平时医院感染科室也应定期做平板检测,便于随时关注水平层流台的工作状态。现提供 1 份测试记录表格样本以供参考。

水平层流洁净工作台测试记录表

工作台编号:＿＿＿＿＿＿

1. 微粒计数

标准:$0.5\mu m$ 以上微粒,$\leqslant 3\,500$ 个$/m^3$

注释:测试方法参照 GB/T16292-1996 医药工业洁净室(区)悬浮粒子的测试方法

结果:通过(　　)　　　　不通过(　　)

2. 沉降菌计数

标准:$\leqslant 1$ 个$/(\phi 90mm \cdot 0.5/h)$

注释:测试方法参照 GB/T16294-1996 医药工业洁净室(区)沉降菌的测试方法

结果:通过(　　)　　　　不通过(　　)

3. 标准:$0.35m/s \pm 20\%$

测试方法:将风速仪测试探头在离出风面20cm的平面上移动,观察记录仪表读数

注释:参照 NSF49 或 EN12469:2000 标准

结果:通过( )　　不通过( )

4. DOP 法高效过滤器检漏测试

5. 照度测试

标准:≥300lx

结果:通过( )　　不通过( )

6. 噪声测试

标准:≤60dB(A)

结果:通过( )　　不通过( )

基于以上各项测试结果,该台设备是否可以继续使用:是　否

日期:_____

签名:_____

四、生物安全柜的使用与维护

(一)生物安全柜的安置及检查

生物安全柜的安装和放置直接关系到它的使用寿命和操作人员的安全。

1. 生物安全柜安装位置的选择　根据 YY0569-2005 可知生物安全柜的安装需注意以下几点。

(1)安全柜应不位于通道处,远离能破坏由工作口空气屏障产生的隔离间气流。

(2)考虑到所有的气流紊乱源后,再建议选择安全柜的安装位置。

(3)如果实验室有窗户,应时刻处于关闭状态。安全柜不应放在流通空气入口,以免空气能吹过前操作口或吹向排气过滤器。

(4)如果空间许可,在安全柜的背后和周边应留有 30cm 的空间用于清洁安全柜,以利于对安全柜的维护。如果不许可,最小每边应有 8cm 以及背部留 3.8cm 用于清洁安全柜。安全柜电源插座可接近以利于安全柜维修,并且不必移动安全柜可以电气安全测试。

2. 生物安全柜的安装　因目前大多数静脉用药集中调配中心用的是 YY0569-2005 标准的Ⅱ级 A_2 型生物安全柜,现主要将 Y0569-2005 标准对Ⅱ级 A_2 型生物安全柜安装建议介绍如下。

(1)A_2 型安全柜设计为气流返回实验室而通常不要求向外部排风。关键是顶端排气口和天花板之间的间距最少应有 8cm。间距少于 8cm 会阻碍排气而减少进入安全柜前窗操作口的气流。当需要使用热风速仪测定排气气流流速计算安全柜入气流流速时,则安全柜顶部排气口和天花板之间至少应有 30cm 空间。

(2)当要向大气中排气时,应经过 100％排气系统(即排气不再循环回该建筑物的其他部分),A_2 型安全柜的排气系统采用排气罩连接。为保证其性能,每个罩的设计必须经过测试,以确定由排气罩的排气量。无论安全柜何时进行现场检定,经排气罩的最小排气量应采用经认可的仪器和技术进行验证测量。

(3)合理设计和安装的排气罩计算机在通过排气罩的气流完全停止时,也允许 A_2 安全柜

型前窗操作口保持合适的流入气流流速。

(4)当发现 A₂ 型安全柜直接连上排气系统而不使用排气罩时,建议排气链接更换为与排气罩连接。

3. 生物安全柜的检查

(1)安放位置确定后,需将安全柜的四个地脚调整平稳并固定,减少噪声及震动现象。确保在需要清洁时可以将地脚收起,并可以依靠脚轮移动。

(2)打开电机开关,观察指示灯状况,同时观察风机运作状况,检查高效过滤器出风面是否有风送出。

(3)操作照明及紫外灯开关,检查照明及紫外设备能否正常运行,如不能正常运行则通知工程部检修。

(4)如果有条件的话,可以在风机启动后做渗漏及气流流速的检查实验。

(二)生物安全柜的操作规程

生物安全柜必须在之前所提到的检查试验均合格的情况下方能使用。虽然生物安全柜可以创造局部百级的洁净环境,而且可以实现对人员的防护以及交叉感染的防护,但一旦工作人员在工作区域进行操作时,层流空气就会产生紊流,而非保持原有的层流状态,同时人员操作时是否严格按照该设备的要求进行,都直接影响到操作人员以及所调配药品的安全。使用时应按照规程操作。以下是生物安全柜的操作规程。

1. 建议在 Ⅱ 级生物安全柜内进行有潜在危害的药物,至少是细胞毒性药物、致敏性抗生素、免疫抑制药等药物的调配。

2. 至少在使用前提前 0.5h 启动生物安全柜,或最好全天 24h 保持运转状态,以保证其工作区域内的百级环境的维持。

3. 每天在操作开始前,应当使 75% 的乙醇擦拭工作区域的顶部、两侧及台面,顺序应当从上到下、从里向外。

4. 物品放入工作台前,应用 75% 的乙醇消毒其整个外表面,以避免带入微粒及微生物污染。

5. 尽量避免在工作台上摆放过多的物品,大物品之间的摆放距离应为 150mm 左右,诸如输液袋等;小物品之间的摆放距离应为 50mm 左右,诸如安瓿瓶和西林瓶等;下游物品与上游物品间的距离应大于上游物品直径的 3 倍。

6. 所有药品调配操作必须在离工作台外沿 20cm,离内沿 8~10cm,并离台面至少 10~15cm 区域内进行。

7. 安瓿用砂轮切割后、西林瓶的注射孔外盖打开后,应用 75% 乙醇喷拭消毒,去微粒,打开针剂的方向不应朝向高效过滤器。

8. 在进行药物调配操作时,前窗不可高过安全警戒线。否则,操作区域内不能保证负压,会造成药物气雾外散,可能导致危害调配人员及污染调配洁净间,同时操作区域内也有可能达不到百级的净化要求。

9. 在调配操作级及清洁消毒的过程中需避免任何液体物质溅入高效过滤器,因为高效过滤器受潮后会严重影响过滤效率,同时还很容易产生破损和滋生真菌。

10. 在调配过程中,每完成一袋输液后,应清理操作台上的废弃物,并用清水擦拭清洁,再用 75% 乙醇消毒台面及双手。

11. 调配人员应采用正确的无菌操作技术,尽量减少药物气雾或残留物的产生,这是保护操作者安全的最重要途径。

12. 在生物安全柜内进行调配操作时关键部位应享受最洁净的气流,也就是说,该无菌物品或关键部位与高效过滤器之间应无任何物体阻碍,即操作过程中的"开放窗口"的概念。

13. 避免在洁净空间内剧烈动作,避免在操作时咳嗽、打喷嚏或说话,严格遵守无菌操作规则。

14. 调配人员应使用适合的无菌服、手套和防护镜等。

15. 每天调配完成后,应彻底清场,先用清水擦拭清洁,再用75%的乙醇擦拭。

16. 生物安全柜应经常清洁和消毒,以确保成品调配的安全,应用清水清洁台面及台面下的回风道,再用75%的乙醇消毒。生物安全柜的台面及前吸入口应是可以拆卸的,由于生物安全柜内的风速无法带走药物的残留物,许多药物残留物及清洁台面时渗入的液体都会蓄积在台面下的风道内,因此要定期对风道内进行清洁。在清洁和消毒时,应将生物安全柜关闭。

17. 在确保没有人员在场的情况下,开启紫外线灭菌灯。

18. 生物安全柜每周应做1次沉降菌检测方法:将培养皿打开,放置在操作台上30min,封盖后进行细菌培养并对菌落计数。

19. 生物安全柜内高效过滤器的更换应由专业人员来完成,替换下来的高效过滤器应按照相应要求妥善处理。

(三)生物安全柜的维护

生物安全柜的主要维护包括以下几个部分。

1. 使用注意事项

(1)每天在进行调配前首先打开紫外灯照射30min,消毒柜内台面;关闭紫外灯,打开安全柜的风机,排走柜内的空气污染物,约5min。

(2)打开日光灯,擦拭消毒安全柜的内表面和所有要用到的物品。

(3)所有静脉用药调配必须在离工作台外沿20cm,内沿8~10cm,并离台面至少10cm区域内进行。调配时前窗不可高过安全警戒线,否则,操作区域内不能保证负压,可能会造成药物气雾外散,对工作人员造成伤害或污染洁净间。

2. 保养

(1)高效过滤器:随着高效过滤器的使用时间的增加,内部积累的尘粒量也增加,导致阻力增大风速减小,当风速衰减到我们的要求数值以下时,就要求更换高效过滤器;另外,当高效过滤器的滤芯有损伤或四周密封不严造成渗漏时,也应更换高效过滤器或补漏。这些维修保养都需要拆卸高效过滤器,建议由专业的、具备相应资质的厂家协助完成。

(2)中效过滤器:中效过滤器的无纺布滤料可以拆下清洗,清洗晾干后在按照要求安装后可继续使用,如果无纺布滤料布有损伤,则不能重复使用,需要更换,建议此维修保养由专业厂家协助完成。

(3)电动机:对电动机的维修及保养需要拆除中效过滤器后进行,建议由专业产家协助完成。

(4)电器部分:建议由专业产家协助完成。

3. 清洁消毒

(1)每天在操作开始前用75%的乙醇从上到下、从里向外的擦拭工作区域的顶部、两侧及台面。

(2)每完成一组加药混合调配工作后,应及时清理台面,并用75%乙醇对台面进行消毒。

(3)每天操作结束后,除用清水和75%的乙醇彻底清场外,还应打开回风槽道外盖,先用蒸馏水清洁回风槽道,再用 75％乙醇擦拭消毒。

（4）当生物安全柜被污染时,可用甲醛、过氧化氢熏蒸法消毒。

生物安全柜简单故障的检查及维修详见表 2-22。

表 2-22　简单故障的检查及维修

故障现象	检验内容	维修建议
无电源	电源插座是否插好	插好插座
	电源开关是否打开	打开电源开关
	电源保险丝管是否正常	更换保险丝管后,接上电源
荧光灯不亮	荧光灯开关是否打开	打开荧光灯开关
	灯管是否损坏	更换灯管
	控制面板是否损坏	更换开关板或控制面板
紫外光灯不亮	紫外光灯开关是否打开	打开紫外光灯开关
	灯管是否损坏	更换灯管
	控制面板是否损坏	更换开关板或控制面板
电动机不工作	电动机开关是否打开	打开电动机开关
	转换开关是否在接通位置	转换到接通位置
	控制面板是否损坏	更换开关板或控制线路板
	电机电容或电机损坏	更换电机电容或电机

4. 生物安全柜的测试　一般正常使用的情况下,建议每 6 个月进行一次生物安全柜的渗漏检查和气流速度检查;建议由专业测试机构每年定期检测 1 次;也建议平时医院由感染控制科室定期做沉降菌检测,便于随时关注生物安全柜的工作状态。根据 YY0569-2005 标准,生物安全柜的主要测试项目如下。（注意:在进行任一性能测试前,安全柜应已完全安装好,调成水平,并将气流流速调至额定值的 ±0.015m/s 范围内。）

（1）压力衰减或肥皂泡测试

目的:测试安全柜柜体的防泄漏性能。

要求:安全柜保持 500 气压 30min 后测定压力,气压不低于 450Pa。安全柜应在 500Pa±10％的条件下保持 30min,压力通风系统的外表面的所有焊接、衬垫、穿透处、熔封处在此压力条件下应无皂泡反应。

（2）HEPA 过滤器系统泄漏测试

目的:本试验测定安全柜过滤器安装结构（包括下降气流 HEPA 过滤器、排气 HEPA 过滤器、过滤器外罩和框架）的完整性。除 B1 型安全柜的下降气流 HEPA 过滤器外,其他安全柜应在额定值的 ±0.015m/s 范围内运行。

要求:可扫描检测过滤器的渗透物在任何点的漏过率不得超过 0.01％;不可扫描检测过滤器检测点的漏过率不得超过 0.005％。

（3）噪声

目的:噪声测试（图 2-6）可在以在如工厂等普通声学条件的房间中进行,房间墙壁既不吸收声音又不完全反射声音,安全柜应在额定气流速率的±0.015m/s 范围内运行。

要求:最大环境噪声水平为 57dB(A)时,安全柜的总噪声水平应不超过 67dB(A)。当环境噪声水平大于 57dB(A)时,修正的安全柜的总噪声水平应不超过 67dB(A)。

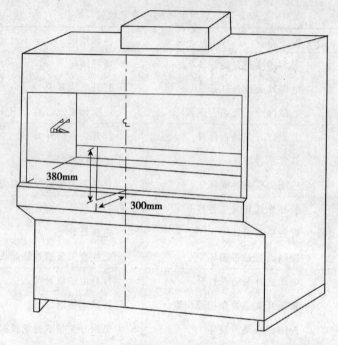

图 2-6 噪声测试

引自中华人民共和国医药行业标准 YY0569-2005. 国家食品药品监督管理局,2005

(4)光强度:光强度测试见图 2-7。

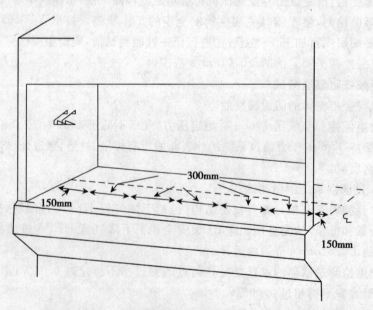

图 2-7 光强度测试

引自中华人民共和国医药行业标准 YY0569-2005. 国家食品药品监督管理局,2005

目的：本试验是测定安全柜工作台面的光强度。

要求：平均光强度最小应为 650lx，当在工作台面上测量的平均背景光强度为 110±50lx 时，工作台面每个光照光强度实测值都不应低于 430lx。

（5）振动：光强度测试见图 2-8。

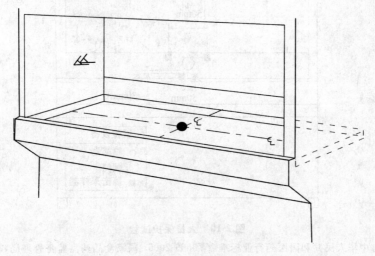

图 2-8 振动测试

引自中华人民共和国医药行业标准 YY0569-2005. 国家食品药品监督管理局，2005

目的：本项检验是测定安全柜运行中的振动量。安全柜应气流在额定速率的 ±0.015m/s 下运行。

要求：安全柜在额定速率下运行时，工作台面中心在频率 10Hz～10kHz 时，静位移应不超过 5m(rms)。

（6）产品和交叉感染保护（生物学）测试：人员保护试验见图 2-9，图 2-10，图 2-11，图 2-12，图 2-13，图 2-14，图 2-15。

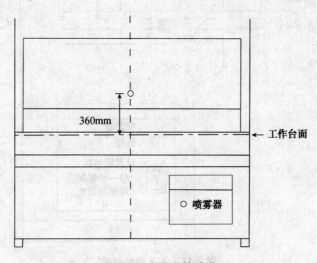

图 2-9 人员保护试验

引自中华人民共和国医药行业标准 YY0569-2005. 国家食品药品监督管理局，2005

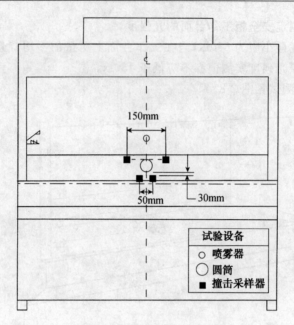

图 2-10 人员保护试验

引自中华人民共和国医药行业标准 YY0569-2005. 国家食品药品监督管理局,2005

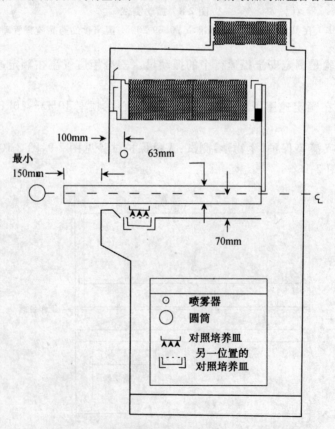

图 2-11 人员保护试验

引自中华人民共和国医药行业标准 YY0569-2005. 国家食品药品监督管理局,2005

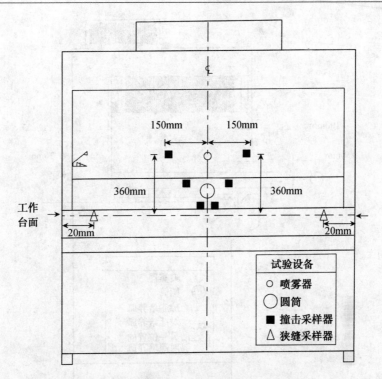

图 2-12　人员保护试验

引自中华人民共和国医药行业标准 YY0569-2005. 国家食品药品监督管理局，2005

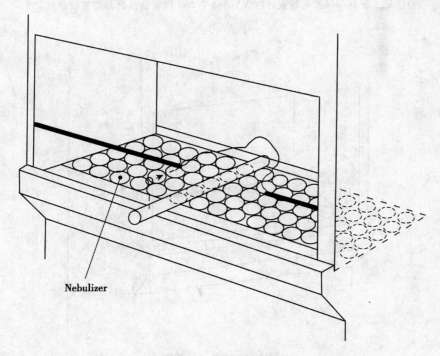

图 2-13　产品保护试验

引自中华人民共和国医药行业标准 YY0569-2005. 国家食品药品监督管理局，2005

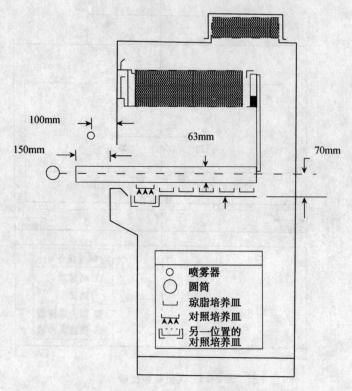

图 2-14 产品保护试验

引自中华人民共和国医药行业标准 YY0569-2005. 国家食品药品监督管理局,2005

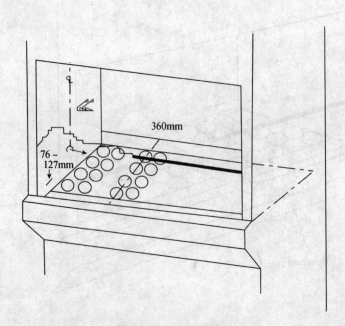

图 2-15 交叉污染试验

引自中华人民共和国医药行业标准 YY0569-2005. 国家食品药品监督管理局,2005

目的：这些测试确定气溶胶是否保留在安全柜内、外部的污染物是否进不到安全柜的工作区域，以及安全柜中其他装置的气溶胶污染是否减到最小（安全柜以测试时要求的气流流速运行，启动物安全柜运行至正常的操作条件）。

要求：碘化钾测试法使前操作口的保护因子应不小于 1×10^5。

（7）气流流速测试：下降气流流速测量试验见图 2-16。

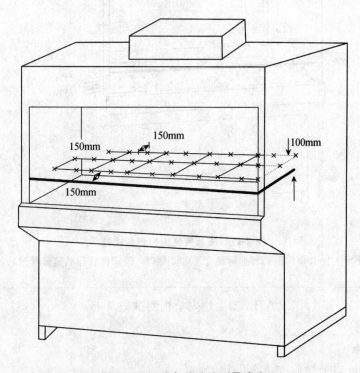

图 2-16　下降气流流速测量试验

引自中华人民共和国医药行业标准 YY0569-2005．国家食品药品监督管理局，2005

目的：本试验测定安全柜内下降气流的速率。

要求：Ⅱ级安全柜下降气流流速为 $0.25 \sim 0.5 \mathrm{m/s}$。

（8）流入气流流速（正面流速）测试：流入气流流速测量试验见图 2-17。

目的：本试验确定进入前窗操作口的流入气流的流速和流量以及安全柜的排气量。

要求：Ⅱ级 A_2 型安全柜流入气流的最低速率应为 $0.5 \mathrm{m/s}$；Ⅱ级 A_2 型安全柜工作区每米宽度流入气流的最小流入量应为 $0.1 \mathrm{m^2/s}$。

（9）流烟雾模式测试

目的：本试验观察安全柜内气流模式。

要求：Ⅱ级安全柜工作区内的气流应垂直向下，不产生旋涡和向上气流，无死点且气流不应从安全柜中逸出。

现提供 1 份测试记录表格样本。

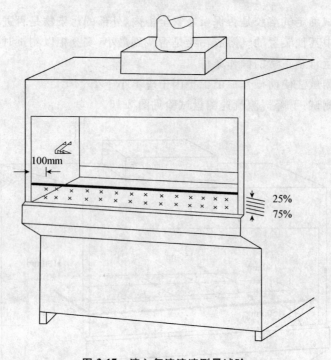

图 2-17　流入气流流速测量试验

引自中华人民共和国医药行业标准 YY0569-2005. 国家食品药品监督管理局,2005

A/B₃ 型生物安全柜测试记录表

工作台编号:＿＿＿＿＿＿＿＿

1. 微粒计数

标准:0.5μm 以上微粒,≤3 500 个/m³

注释:测试方法参照 GB/T16292-1996 医药工业洁净室(区)悬浮粒子的测试方法

结果:通过(　　)　　　　　　　　不通过(　　)

2. 沉降菌计数

标准:1≤个/(∅90mm・0.5/h)

注释:测试方法参照 GB/T16294-1996 医药工业洁净室(区)沉降菌的测试方法

结果:通过(　　)　　　　　　　　不通过(　　)

3. 送风风速

标准:0.35m/s±20％

测试方法:将风速仪测试探头在离出风面 20cm 的平面上移动,观察记录仪表读数

注释:参照 NSF49 或 EN12469:2000 标准

结果:通过(　　)　　　　　　　　不通过(　　)

4. 吸入风口风速

标准:≥0.5m/s

注释:参照 NSF49 或 EN12469:2000 标准

结果:通过(　　)　　　　　　　　不通过(　　)

5. DOP 法高效过滤器检漏测试

标准：在任何点上，气溶胶的穿透率不能超过 0.01%，对于对数型粒子计数器来说，在使用校准曲线时，气溶胶的穿透率不能超过 0.01%。

注释：参照 NSF49 或 EN12469:2000 标准

结果：通过（　　　）　　不通过（　　　）

6. 照度测试

标准：≥300lx

结果：通过（　　　）　　不通过（　　　）

7. 噪声测试

标准：≤60dB(A)

结果：通过（　　　）　　不通过（　　　）

8. 烟雾流型测试

方法：采用烟雾发生器测试气流的走向

标准：垂直气流烟雾应垂直从上到下传送，没有失效点或回流及外泄等现象

结果：通过（　　　）　　不通过（　　　）

(1)前窗气流保持力

标准：位于工作台前窗向后 25cm 且开口面顶部向上 15cm 的高度喷烟雾。烟雾应展示出没有失效点或回流及外泄等现象

结果：通过（　　　）　　不通过（　　　）

(2)前窗区域外部气流保持力

标准：沿工作台开口面的整个周边向安全柜外延伸 4cm 喷烟雾。烟雾应不能从安全柜向外倒流，在工作台面上不出现翻腾或贯穿现象

结果：通过（　　　）　　不通过（　　　）

(3)滑槽气流

标准：烟雾应于窗内边槽的密封垫处立即沿着安全柜内部向下流动，安全柜内部存在烟雾的泄漏级向上气流的倒流

结果：通过（　　　）　　不通过（　　　）

基于以上各项测试结果，该台设备是否可以继续使用：是　　　否

日期：＿＿＿＿＿＿＿

签名：＿＿＿＿＿＿＿

（孙　艳　王　瑾　王丽华）

第3章 静脉用药集中调配中心(室)的运行与管理

第一节 人员配备及要求

一、各类人员的选拔配备条件及要求

(一)人员分类

《中华人民共和国药品管理法》规定非药学技术人员不得直接从事药品调剂工作,而静脉用药集中调配作为药品调剂工作的一部分,因此其工作人员主要包括各岗位药学人员及从事其他辅助工作的人员。

根据静脉用药调配中心工作岗位的不同,其工作人员具体可分为中心负责人、审核人员、摆药人员、配液人员、成品核对人员及与调配相关辅助工作的工勤人员等。

(二)选拔配备条件及要求

按照国家卫生部颁布的《静脉药物集中调配质量管理规范》中对静脉用药调配中心各类人员的规定,具体选拔配备条件及要求如下。

1. 中心负责人 负责静脉用药调配中心管理工作,应当具有药学专业本科以上学历,本专业中级以上专业技术职务任职资格,有较丰富的住院药房实际工作经验,责任心强,有一定的管理能力。

2. 医嘱审核人员 主要负责静脉用药医嘱或处方适宜性审核工作,应当具有药学专业技术本科以上学历、5年以上临床用药或药品调剂工作经验,熟悉各类静脉用药的药理作用、配伍禁忌、药物相互作用及溶媒使用等内容,药师以上专业技术职务任职资格。

3. 摆药贴签人员 主要负责调剂摆药和贴签工作,应当具有药士以上专业技术职务任职资格,能够熟悉药品所在货位,准确迅速进行调剂。

4. 配液人员 主要负责加药混合配液工作,应当具有药士以上专业技术职务任职资格,接受过专业配液培训,能够严格按照无菌操作技术要求熟练进行加药混合配液。

5. 成品核对人员 主要负责调配好的成品输液核对工作,应当具有药士以上专业技术职务任职资格,对成品输液的物理变化有较强的观察能力。

6. 工勤人员 主要负责协助药学人员成品输液配送、调配中心日常打扫消毒、摆药筐清洗、配液工作服送洗及其他与静脉用药调配相关的辅助工作,要求具有高中或中专(含)以上学历。

此外,静脉药物集中调配工作对各类人员的身体健康程度有一定要求,对患有传染病或者其他可能污染药品的疾病,或患有精神病等其他不宜从事药品调剂工作的,应当调离工作岗位。

二、业务理论与技能培训

静脉用药集中调配工作将原先由各病区自行配液的工作模式转变为调配中心集中配液,配液完成后的成品直接发放至病区供患者使用,因此配液的质量直接关系到患者的安全。人力资源是静脉用药调配中心最重要的资源,人员知识水平、道德修养、实际工作能力直接影响工作质量,因此,医疗机构不仅要严格按照上述规定选拔配备从事静脉用药调配工作的每名专业技术人员,而且必须建立规范连续的培训体系,针对不同岗位开展独立上岗前的业务培训。

调配中心应当组织每名专业技术人员在上岗前接受规范的业务理论和技能培训,注重将理论与实践相互贯穿、相互结合,使受训人员能够尽早熟练参与本岗位工作,同时掌握静脉用药集中调配整体工作的标准操作规程,使各岗位更好地相互衔接、相互配合,确保调配工作全部流程高效率、高质量地完成。

(一)培训内容

1. 学习法规 组织学习《中华人民共和国药品管理法》《处方管理办法》《静脉用药集中调配质量管理规范》等法律法规及静脉用药调配中心相关管理制度。

2. 学习标准操作规程 使受训人员牢记从审核处方或医嘱开始,打印标签、贴签摆药、加药混合、成品复核直至最终包装发放等每一步操作都是有规可依,工作中必须严格按照标准规程进行操作。

3. 巩固药学基础知识 尽管受训人员在高校中已经系统地学习了药学专业基础知识,借助于工具书可以很容易查询到相关内容,但在实际工作中往往是没有时间去查阅。因此,仍要求受训人员对这些知识进行巩固学习以增强记忆,重点包括药品配伍禁忌、药物相互作用等内容。

4. 操作电子信息系统 掌握医院各类计算机电子信息系统(包括 HIS 系统、PASS 系统及 PIVAS 系统)的所有功能设计和使用操作,能够熟练地进行医嘱提取、审核、确认、打印标签和复核等工作。

5. 熟悉药品货位 了解药房的药品货位管理规定,熟悉每一药品品种所在位置,同时应当牢记药品名称、规格、包装等信息,确保调剂药品时的准确性与快捷性。

6. 严格无菌操作 必须进行规范系统的无菌培训。可通过理论教育、案例分析来强化受训人员无菌操作意识,组织无菌操作规范的护理人员重点培训配液人员无菌操作步骤。

7. 核对成品输液 调配中心应当总结出成品输液核对的过程中可能会出现的问题,以供受训人员了解学习。同时,调配中心可以根据实际情况留一些以前发现问题的成品输液,组织受训人员对这些成品输液进行核对,通过抽象与形象相结合,更好地锻炼受训人员的观察能力。

8. 使用相关医疗设备 了解生物安全柜、水平层流台等配液用相关医疗设备的工作原理,掌握这些设备的使用、维护说明以及实际操作等。

(二)培训形式

一般有以下两种:集中授课和专人授课。

1. 集中授课 组织全体受训人员集中开展业务学习,授课者可以是调配中心负责人、具有一定静脉用药调配工作经验的药学人员、药学基础知识扎实的药师或无菌操作规范的病区护理人员等。

2. 专人带教 调配中心负责人应当重视带教工作的重要性,安排业务能力好、责任心强的药师作为带教老师,对受训人员进行理论和实践两方面的带教。

(三)培训文件与培训记录

1. 结合医疗机构实际情况制定规范详细的培训计划和培训内容。

2. 根据培训效果对培训计划和内容进行适时更新调整。

3. 做好培训记录工作,调配中心发放受训人员每人一本培训记录本,由受训人员记录培训时间、课时、培训内容等,最终经培训人签名确认后方可视为此次培训有效。

4. 严格落实考勤制度,受训人员无故不得缺席考勤。

三、考核与再培训

受训人员在按培训计划完成业务理论和技能培训后,理论上应该能够做到熟悉本岗位工作规程,独立进行本岗位实际操作。调配中心将通过考核来判定每名受训者的培训成绩,并以此来确定其是否可以独立上岗。

(一)培训考核

1. 对上述培训内容的理论知识进行考核。

2. 模拟实际工作场景,进行相应岗位的技能考核。

3. 将受训人员分组,进行各岗位配合衔接能力考核。

4. 带教人根据培训记录对受训者日常培训表现评分。

调配中心负责人和带教人应当参与考核整个过程并进行监督,确保考核的公平、公正。首次考核通过的受训者,可以独立上岗进行工作。未通过者,由中心负责人和带教人讨论是否留用,留用者需经过新一轮培训、考核,通过后可独立上岗,未通过不再予以留用。

此外,正式工作人员每年至少也要进行一次年度考核,考核内容包括专业理论基础、PIVAS知识、管理制度、操作技术、工作质量、工作成绩等。根据考核成绩对其进行适当调整。考核不合格者,调离岗位。

(二)再培训

随着我国医药研发行业的快速发展,市场上新药越来越多,药物的用法用量、药物配伍变化越来越复杂,实际工作中有时也会出现一些新问题,如果药师们仅凭借以前掌握的药学知识或经验来从事静脉用药调配工作,很难确保纠正所有的不合理医嘱或处方。因此,为有效地促进合理用药,药学人员必须不断加强再培训。

1. 再培训内容包括以下几个方面。

(1)静脉用药品说明书的强化学习。

(2)介绍新采购药品的使用说明,了解某些药物近期的新研究进展。

(3)审核医嘱药师对其一段工作时间内在审核过程发现的案例进行汇总,典型案例供药师讨论学习。

(4)某一操作规程修改或更新时,应当形成新的培训文件并及时组织培训,确保每位工作人员都熟悉修改后的工作规程。

(5)一些需要反复强调的程序要定期进行再培训,强化工作人员的工作技能及安全意识。

(6)工作中的新情况、新问题,及时发现,及时讨论,及时调整。

2. 专业继续教育通常采用集中培训的方式,调配中心可利用例会时间或定期组织工作人员进行学习,并严格做好培训记录。

第二节　规章制度及指导原则

静脉用药调配中心应当建立健全各项管理制度、人员岗位职责和标准操作规程。建立相关文书保管制度:自检、抽检及监督检查管理记录;静脉用药调配相关药学专业技术人员签名记录文件;调配、质量管理的相关制度与记录文件。建立药品、医用耗材和物料的领取与验收、贮存与养护、按用药医嘱摆发药品和药品报损等管理制度,定期检查落实情况。药品应当每月进行盘点和质量检查,保证账物相符,质量完好。

一、静脉用药集中调配中心人员岗位职责

(一)静脉用药调配中心负责人工作职责

1. 负责管理静脉用药集中调配整体工作,确保工作正常开展。

2. 对静脉用药调配中心各类工作人员进行规章制度、岗位职责、工作流程、调配工作的培训指导、考核和监督工作。

3. 严格执行查对和交接班制度,检查调配过程中各个环节质量,严格把关,杜绝差错发生。

4. 负责静脉用药调配中心的人员安排及考勤工作。

5. 负责检查一次性物品的消毒、处理情况,进行物品表面培养、空气培养及调配间的各项监测。

6. 负责静脉用药调配中心与各病区的总体协调工作,发现问题及时沟通解决。

7. 负责调配中心科研工作的开展。

(二)静脉用药调配中心医嘱审核药师工作职责

1. 在调配中心负责人领导下进行工作,由负责人选定一人担任岗位主管,负责医嘱审核岗位的管理。

2. 医嘱审核药师应当依据《处方管理办法》有关规定审核医嘱,严格按照"四查十对"的要求认真审核用药医嘱的适宜性、选用溶媒和载体的相容性。

3. 医嘱审核药师在审核过程中发现有配伍禁忌、用药不适宜等情况时,应当及时与病区有关医师联系,提出建议并请其更改。

4. 医嘱审核合格后打印标签,一式两份,一份贴于药袋(瓶)上,另一份用于本中心备存,同时审核人员在标签上签字。

5. 应当遵循安全、有效、经济的原则,参与临床静脉用药治疗,宣传合理用药,为医护人员和患者提供相关药物信息和咨询服务。

6. 工作经验丰富、业务能力强的药学人员应当参加新人培训和进修生、实习生指导带教等工作。

7. 积极参加专业继续教育,学习了解专业知识新进展,开展与工作相关的科学研究。

(三)静脉用药调配中心摆药贴签药师职责

1. 在调配中心负责人领导下进行工作,由负责人选定一人担任岗位主管,负责摆药贴签岗位的管理。

2. 摆药贴签药师应当将每位患者的静脉用药医嘱标签分病区按药品及给药时间进行分

类,将标签贴于药袋(瓶)上,标签位置不得覆盖药品信息。

3. 摆药贴签药师对每位患者的医嘱按标签所列药品名称、剂型、规格和数量逐一进行摆药,配液时非整包装用量的药品应当予以标注。摆好的药品按批次、病区的不同分别放置。摆放完毕后由另外一人按流程进行核对。

4. 摆药药师和核对药师应当在输液标签上签字确认。

5. 工作经验丰富、业务能力强的药学人员应当参加新人培训和进修生、实习生指导带教等工作。

6. 积极参加专业继续教育,学习了解专业知识新进展,开展与工作相关的科学研究。

(四)静脉用药调配中心配液药师工作职责

1. 在调配中心负责人领导下进行工作,由负责人选定一人担任岗位主管,负责配液岗位的管理。

2. 配液主管指定人员负责配液用一次性注射器、消毒用品、包装容器及消耗品的领取及保管。

3. 配液药师应当具备严格的无菌操作观念,医嘱审核药师、摆药贴签和核对药师未签字的标签不得调配。

4. 配液药师要提前上岗,做好配液前的各项准备工作,在配液过程中不得随意离开岗位。

5. 配液药师进出配液洁净区应当按照操作程序和有关规定洗手、换穿洁净服等。

6. 配液人员配液前应当复核标签与药品的正确性,发现问题及时处理。

7. 配液人员配液时应当严格按照配液操作程序和要求进行调配,遵守无菌操作规程,杜绝污染。加药时要注意药品的理化性质变化,遇到药品质量问题、配伍禁忌时应当及时报告岗位主管或中心负责人。

8. 配液药师完成配液后应当将使用完的空安瓿和西林瓶留存以备成品核对药师核查。

9. 配液药师完成配液后应当在标签上签字确认。

10. 配液药师负责调配间的清场和卫生工作,保证配液环境的无菌,定期做细菌检查。同时做好相关记录。

11. 工作经验丰富、业务能力强的药学人员应当参加新人培训和进修生、实习生指导带教等工作。

12. 积极参加专业继续教育,学习了解专业知识新进展,开展与工作相关的科学研究。

(五)静脉用药调配中心成品核对药师职责

1. 在调配中心负责人领导下进行工作,由负责人选定一人担任岗位主管,负责成品核对岗位的管理。

2. 成品核对药师应当对调配后的成品输液进行认真核对,查看患者相关信息及用药时间是否正确。

3. 成品核对药师应当对照标签核对空安瓿、空西林瓶的药品名称、规格、数量及剂量是否正确,重点要注意一些高风险药物的剂量、用法等,如 KCl 注射液的使用。

4. 成品核对药师应当对配液所用溶媒体积、成品输液的体积、颜色、密闭性、不溶性微粒等内容进行检查。

5. 成品核对药师检查标签上是否有相应人员的签字确认,核对无误后在标签上"成品核对"处签字。

6. 成品核对药师在核对过程中发现任何问题应当及时处理,成品输液本身有问题的一律不得发放。

7. 对核对无误后的成品输液按照批次、病区分类,由工勤人员包装封存。

8. 工作经验丰富、业务能力强的药学人员应当参加新人培训和进修生、实习生指导带教等工作。

9. 积极参加专业继续教育,学习了解专业知识新进展,开展与工作相关的科学研究。

(六)静脉用药调配中心工勤人员工作职责

1. 在调配中心负责人领导下,协助药学专业人员进行成品包装、配送等工作。由负责人选定一人担任岗位主管,负责工勤岗位的管理。

2. 工勤人员协助药师对成品进行计数、打包,并将成品按贮存要求放于相应的配送箱中,同时在相应的发放记录本上登记并签字确认。

3. 工勤人员应按时将成品输液配送到各病区,与病区护士当面进行交接,并在配送记录本上双方签字确认。

4. 工勤人员配送时发现任何成品输液问题,应当及时上报中心。

5. 按分工协助药师进行药品领取、上架、成品输液包装和配送、调配中心日常打扫消毒、摆药筐清洗、配液工作服送洗及其他与静脉用药调配相关的辅助工作。

6. 工作过程中应当严格执行各项规章制度及技术操作常规,严格无菌操作,预防不必要的医疗事故和差错。

二、静脉用药集中调配中心管理规章制度

(一)静脉用药调配质量管理制度

1. 静脉用药调配质量管理是对患者静脉用药医嘱审核、摆药贴签、混合配液、成品配送等过程进行规范化管理,它应当严格认真地执行《静脉用药调配质量管理规范》《静脉用药调配操作规程》及其他相关规章制度。

2. 静脉用药调配中心应当成立质量管理领导小组负责日常工作的质量管理,领导小组由调配中心负责人和各岗位主管负责人组成。

3. 质量管理领导小组负责内容具体如下。

(1)质量管理内容和措施的制定与执行,定期检查各岗位实际工作有无按照标准操作规程实施。

(2)定期检查药品管理情况,包括药品贮存条件、效期管理等。

(3)对医嘱用药的合理性审核进行监管。

(4)对调配间、配液操作台进行质量管理,检查相关设备的工作状态,配液环境温湿度、菌落数检查是否符合有关要求。

(5)定期召开质量管理报告例会,进行工作质量分析、差错事故讨论、奖罚方案制定等。

(二)药品、医用耗材和物料请领管理制度

1. 药品、医用耗材和物料的请领与验收、贮存与养护应设有专人负责。

2. 药品的请领

(1)静脉用药调配所用药品、医用耗材和物料应当按规定由本医疗机构药学及有关部门统一采购,调配中心不得直接对外采购。

（2）请领药品前，药房要清点现存药品数量并根据静脉用药调配中心药品消耗量情况制定药品领取计划，定期向药库请领。临床有急需药品，在与其他药房协调未得到解决时，可以与药库联系，临时领取药品。

（3）药品库存量按照各医疗机构的有关规定及储存空间大小具体制定。

3. 药品的验收

（1）药师应依据药品质量标准，与实物逐项核对（包括品名、规格、数量、批号及效期）是否正确，药品标签与包装是否整洁、完好，验查合格后，分类放入相应货位。

（2）凡对药品质量有疑点或规格数量不符、药品过期或有破损等，应及时与药品库沟通，退药或更换，并做好相应记录。

4. 药品的储存管理与养护

（1）药品、医用耗材和物料的贮存应当有适宜的二级库，按其性质与贮存条件要求分类定位存放，不得堆放在过道或洁净区内。

（2）库区应当干净、整齐，地面平整、干燥，门与通道的宽度应当便于搬运药品和符合防火安全要求。药品贮存应按"分区分类、货位编号"的方法进行定位存放；按药品性质分类，同类的集中存放。对高危药品应设置显著的警示标志。

（3）库区要确保药品储存要求的温湿度条件：常温区域 10～30℃，阴凉区域不高于 20℃，冷藏区域 2～8℃，库区相对湿度 40％～65％以下。

（4）需避光的药品在拆去包装后应当使用不透明容器存放，注意避光，以免药物失效。

（5）药品堆码与散热或者供暖设施的间距不小于 30cm，距离墙壁间距不小于 20cm，距离房顶及地面间距不小于 10cm。

（6）规范药品堆垛和搬运操作，遵守药品外包装图示标志的要求，不得倒置存放。

（7）对不合格药品的确认、报损、销毁等应有完善的制度和记录。

5. 注射器和注射针头等物料的领用、管理应按《静脉用药调配质量管理规范》的有关规定和参照药品请领、验收管理办法实施，并应与药品分开存放，专人负责管理。

（三）静脉用药调配中心药品效期管理制度

为加强药品效期管理，避免药品失效造成浪费，甚至发生患者使用过期药品而导致医疗事故的现象，制定本制度。

1. 每种药品应按批号及效期远近依次或分开堆码并有明显标志，遵循"先产先用"、"先进先用"、"近期先用"和按批号发药使用的原则。因此，新领取药品上架时，应当注意先检查药品效期，将相对近效期药品放置在外侧，易于先行发放。若不宜分开摆放，应做出明显标示哪些药品先行发放。

2. 负责管理药品的药师发现半年以内即将失效的药品时，应当及时报告调配中心负责人，并进行登记。同时药师应积极联系临床科室使用，若临床科室无法使用，应及时与其他药房协调使用。如果都无法解决，应与药库联系退药，并按有关规定执行退药程序。

（四）静脉用药调配中心退药工作制度

少数药品因病区要求自行调配，调配中心会将药品和液体打包进行配送，如果病区过后因特殊原因没有调配，就可能会出现向药房退药的情况。而药品从调配中心外进入中心，质量无法保证，因此很有必要严格退药程序。

1. 病区退药由调配中心对应负责配送的人员受理，为不影响正常工作，可每月固定几天时间进行退药，其他时间原则上不予办理退药。

2. 为避免因药品退换过程造成药品安全隐患，调配中心在接收病区退药时，药师应当严格检查药品，确认所退药品是否符合退药条件。凡属下列情况之一的药品，一律不得退换。

(1)药品性状发生改变的，如浑浊、变色等。

(2)有特殊保存要求的，如冷藏、避光等。

(3)药品批号与外包装批号不一致的。

(4)包装已打开、损坏或包装已有涂写痕迹的。

(5)已超过医疗机构规定有效期的。

(6)特批特购药品或因换标等原因引起药局已无此品种的。

3. 退回调配中心的药品，药师应详细填写退药单据（一式两份），包括病区名称、日期、药品名称、厂家、数量等，药师与病区护士需双签名。复写联退药单由科室护士带回科室备存，调配中心所留退药单由处方录入人员进行计算机入库等相关操作。

(五)静脉用药调配中心药品盘点制度

为加强静脉用药调配中心药品库存管理，规范盘点工作流程及相关记录，特制订本制度。

1. **药品分类盘点**　调配中心为加强对药品管理，可以按照药品价格金额的大小将其分为自费、贵重和普通药等不同类别，在管理时也按照不同力度进行管理。如自费药品安排每日点账，贵重药品安排每周点账，普通药一季度进行盘点等，同时必须做好相应记录，确保账物相符。出现账物不相符时，药师要当日查找出原因，确定该药品去向明细。若不能及时查找出原因，事后应主动向中心负责人汇报。负责人应当不定期对自费药品账物进行抽查，出现账物不相符，且点账人员无法给出合理解释时，组长可视情节严重程度对点账人员做出相应处罚。

2. **盘点制度**

(1)调配中心每季度进行全品种盘点。

(2)盘点前有关准备工作如下。

①各类单据处理：包括未进行电子出、入库处理的药品单据和未处理的借条、批条。

单据：调配中心负责人完成所有未处理药品单据的电子出、入库操作。

借条：调配中心负责人对借条进行整理，与借入方联系督促还药或倒账。

批条：按照本医疗机构药品批条管理办法进行出库处理。

②维护好药品目录：核对实际品种与库存管理系统中的品种，对于库存为零且长期不可供（大于 1 个月）的药品进行删除，对存在不同电子名称的相同厂家同一药品只保留一个名称并进行库存合并。

③盘点时间确定：调配中心根据自身实际工作情况确定盘点时间，盘点工作尽可能在下班后或发放药品较少时进行，减少药品出库次数。

(3)盘点过程如下。

①打印盘点前库存统计明细单。

②打印药品库存盘点明细单，按货位排序打印，以便分组盘点。

③盘点时药品出入库处理：开始盘点（即打印出库存盘点统计明细单）后，不再进行电子出入库处理，如确实需调配还未点数品种，调配人应当告知盘点人所发放药品数量，盘点人在盘点该品种时须加上相应数量；退回药品暂不上药架，待盘点结束后再放回相应位置。

④盘点数据汇总：盘点人必须严格认真地清点、登记自己所负责盘点药品的实物数，登记

完毕后进行实物数汇总。

⑤盘盈/亏数电子处理:负责人将各盘点人上交的有盘点记录的药品库存盘点明细单按页码进行排序装订,并将明细单中所列出的实物值录入库存系统,产生盘盈/亏数据。

⑥打印盘盈入库和盘亏出库的明细单。

⑦打印盘点后库存统计明细单。

⑧盘点工作至此基本完成,药房可正常进行电子出入库处理。

(4)盘点总结如下。

①静脉药物调配中心应在完成盘点后5个工作日内上交盘点总结,同时附盘点前后库存统计明细单、盘盈/亏明细单等相应盘点记录。

②盘点总结中需列出盈/亏值(数量、金额)相对较大的品种,并重点对这些品种的盘盈/亏情况做出合理解释。

③盘点总结表。

盘点总结表

盘点日期:

负责人:

一、盘点基本情况:库存现有品种数_____种,金额_____元。

二、盘盈/盘亏情况:(如行数不足可自行添加)盘盈/盘亏见下表。

序号	盘盈/亏品种	规格	单位	应存数量	实存数量	盈亏数量	盈亏金额
1							
2							
3							
总计	金额						

(六)静脉用药调配中心查对制度

1. 药师认真审核用药医嘱或处方,如有疑问及时与病区联系。药师应当严格审核用药医嘱或处方,发现问题医嘱或处方须及时与病区联系,可通过电话联系并记录,也可以通过联络信的形式进行沟通。联络信中详细写明医嘱或处方中存在的问题并给出适当的更改建议,医生确认后签字,一式两份,药房和病区各留一份备查(联络信样式如下)。

2. 严格执行"四查十对""三不执行"制度。调剂药品时,调剂人员与审核人员必须认真调剂、核对,确保准确无误。

(1)四查十对:查处方,对科别、姓名、年龄;查药品,对药名、规格、数量、标签;查配伍禁忌,对药品性状、用法用量;查用药合理性,对临床诊断。

(2)三不执行:口头医嘱不执行,医嘱不清不执行,用药剂量不准不执行。

3. 清点、补充、使用药品前,应检查药品质量、药品名称、有效期、透明度、破损及密封性等,如不符合要求不得使用。补充药品时,应当将未用完的药品单独放置,优先使用。

(七)配液错误处理制度

静脉用药调配中心全体工作人员要有高度的责任心,严格执行查对制度并如实签名,防止配错药的发生。

1. 摆药发生错误,在摆药时发生错误应立即核查,如确定是药师发药错误应与其沟通,及时纠正。

2. 溶药时发生错误

(1)调配中或调配后发生错药,在确保绝对正确的前提下内部调换,否则应废弃,重新调配。

(2)废弃药物不可随意丢弃,经药师或护士长登记后将药袋剪破,放入医疗垃圾袋中,细胞毒性药物要进行双层包装才可丢弃。

(3)分析错药原因,吸取教训,当事人酌情赔偿。

(八)静脉用药调配中心处置调配液体发生不良反应制度

1. 在病区对患者进行医疗护理服务过程中,调配中心人员如接到病区通知出现因或疑似因静脉用药调配中心调配的药物引起患者发生不良反应的通知时,立即上报负责人,负责人与医疗机构不良反应中心联系,请临床药师一同到病区了解情况。

2. 中心负责人、临床药师应向病区医务人员详细了解用药情况及出现的不良反应症状,确定是否因该药物引起,并与患者及其家属做好沟通解释,避免发生不必要的医疗纠纷。

3. 中心负责人、病区医务人员与患者应当三方均在场的情况下将患者静脉用药物、输液器、皮肤消毒用具、头皮针及贴膜等实物进行无菌封存,由病区保存。封存后注明患者姓名、性别、床号、病历号、科室、时间、药物名称、给药途径,并在封口处盖科室用章,中心负责人、病区医务人员和家属签字。

4. 需要做药检的药物应及时送交药检部门做药检。

(九)静脉用药调配中心文件管理制度

1. 调配中心负责人应当指定 1 名人员负责文件管理。

2. 静脉用药调配中心制定的各项管理文件必须符合国家有关法律、法规和其他规章制度的规定和要求,经医疗机构领导或药学部门领导批准后使用。

3. 医生开具的医嘱摆药单和静脉用药调配过程中的各项记录文件至少应保存一年。

4. 各类文件作为静脉用药调配工作的溯源依据,必须做到定点进行存放、整齐排列,不得丢失、不得随意修改。

(十)安全工作制度

静脉用药调配中心工作人员应当高度重视安全和规范操作,对药品、设施、设备、文件以及清洁卫生、生活和医疗垃圾等全面加强安全管理。

1. 静脉用药调配中心的全体工作人员均应增强安全意识、积极消除安全隐患,保障安全生产。

2. 全体工作人员均应注意人员防护

(1)在静脉用药调配中心的任何工作时间内应当按规定穿戴与其工作相关的专用工作服装,且应按规定定期清洗。

(2)用于调配间的洁净服和普通工作服应分开存放在有标志的指定衣柜中。

(3)私人衣服和物品应当放在普通更衣柜中,不得带入工作区域内。

(4)调配细胞毒药物时应当按照操作规范在生物安全柜中进行。

(5)处理医疗废弃物时要佩戴手套,处理完毕后应当使用洗涤剂进行洗手,丢弃的手套与废弃物一同处理。

3. 全体工作人员均应注意物品存放

(1)与工作无关的个人物品不得带入工作区域内。

(2)药品贮存应当按照药品管理有关规定执行,防止污染。

4. 在配送细胞毒性药物时,要将这些药物放置在特殊容器内,避免成品输液包装发生破损渗漏,对工作人员造成健康影响。如发现细胞毒性药物发生渗漏,应当立即报告调配中心负责人,并采取相应处理措施。

5. 配液工作过程中产生的废弃物应当同药品一般废弃物分开处理,小心处理注射器和针头,使用过的注射器,应剪断针头,针头放入针鞘或其他保护装置内。废弃液体药物应予以稀释后再排放,毒性药物处理应报告中心负责人后再进行处理,同时做好记录,由处理人进行签字确认。

6. 静脉用药调配中心应当配备数量充足的消防设备,各岗位工作人员应熟练掌握消防器材的使用方法。

第三节　工作流程安排及管理

静脉用药集中调配工作流程是指临床医师的医嘱信息传递至静脉用药调配中心后经药师审核、确认、排药,直至调配好静脉用药输液并按时、准确送到病区的全过程。

一、静脉用药集中调配中心工作流程

(一)工作流程

1. 临床医师开具静脉输液治疗处方或用药医嘱。

2. 用药医嘱信息及时传递至药房。

3. 药师审核医嘱。审核药师进入用药医嘱信息系统,按病区接收用药医嘱,逐一核对患者静脉输液医嘱,确认其医嘱信息的正确、合理与完整。对不合理用药的医嘱应及时与医师沟通并请医师做相应的调整。

4. 药师审核合格的用药医嘱以病区为单位进行确认、同时打印分类医嘱单,打印输液标签。

5. 摆药人员对病区医嘱摆药汇总单进行摆药调配。

6. 药师对病区医嘱摆药汇总单进行药品查对。

7. 根据输液标签进行单患者按组次排药。排药前药师应仔细核查输液标签是否准确、完整,如有错误或不全,应告知审方药师校对纠正。输液标签贴于输液袋(瓶)上,将输液标签按用药时间顺序排序,放置于塑料筐内,同时进行药品的添加。排药时需检查药品的品名、剂量、规格等是否符合标签内容,同时注意药品的完好性及有效期,签名并加盖签章。

8. 药师进行排药后核对工作。药师需要核查输液标签是否整齐地贴在输液袋(瓶)上,输液标签不得将原始标签覆盖;输液标签上特殊剂量药品需要排药人与药师用笔特殊标记出来,避免出现调配用量的不符。药师核对所排药品正确性,校对无误后签名并加盖签章。

9. 在药品调配前进行病区用药医嘱提取,增药或退药,工作流程同上。

10. 分病区将放有注射剂与贴有标签的输液袋(瓶)的塑料筐通过传递窗送入洁净区操作

间,按病区码放于药车上。

11. 配液人员确认。配液人员按输液标签核对患者信息和已排好的药品名称、规格、数量、有效期等内容的准确性,确认无误后,进入加药混合调配操作程序。

12. 药物调配混合调配。静脉用药调配所用的药物,非整瓶(支)用量,将实际所用剂量在输液标签上明显标识,同时双人校对。调配过程中,输液出现异常或对药品配伍、操作程序有疑点时应停止调配,报告当班负责药师查明原因,协商调整用药医嘱。发生调配错误应及时纠正,重新调配并记录。

13. 调配完成的输液传出调配间。

14. 药师进行成品核对。输液应无沉淀、变色、异物等现象发生。检查输液袋(瓶)包装是否完好,进行挤压试验,观察加药处和输液袋有无渗漏现象。按输液标签内容逐项核对所用输液和空西林瓶或安瓿的药名、规格、用量等。核对非整瓶(支)用量患者的用药剂量和标记的标识是否正确。各岗位操作人员签名是否齐全,确认无误后签名并盖章。核查完成后,空安瓿等废弃物按规定进行处理。

15. 成品包装。经核对合格的成品输液,用洁净的塑料袋进行包装,按病区置于密闭容器中并加锁,送药时间及数量记录于送药登记本上。

16. 配送工勤人员及时将药品送至各病区护士站。

17. 病区护士核对签收。病区护士开锁后清点所送药物份数,检查药液是否有漏液现象,如发现漏液,登记在接收本上,并放于送药车中退回,调配中心为其重新调配。清点核对完毕,在送药记录本上记录交接情况、时间,并签名,送药车及时锁好。

18. 给患者用药前护士应当再次与病历用药医嘱核对。

19. 给患者静脉输注用药。

(二)工作流程图

静脉药物调配中心工作流程见图 3-1。

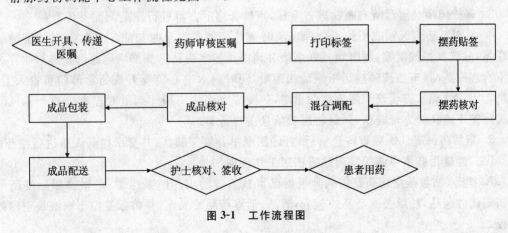

图 3-1 工作流程图

二、工作流程管理

(一)静脉用药调配中心医嘱时间管理

为了方便静脉用药调配中心集中开展调配工作,调配中心应当与病区沟通,确定医师开具医嘱的最佳时间。

1. 病区应当于当日 9:30 之前将开具的患者静脉用药医嘱传递至静脉用药调配中心,若遇抢救或大查房在规定时间内不能传递医嘱,病区医务人员应电话通知静脉用药调配中心。医嘱一旦确认传递后,除抢救和新入院患者外医师不得随意更改或停止医嘱。

2. 如果有预出院的患者,病区应当在传递医嘱之前确定并做预出院标示。

3. 病区对患者进行倒床后,在传递医嘱之前应当将患者信息更改为调整后的床位。

4. 更改医嘱及退药处理:每日 13:00 对当日 15:00 的退药医嘱进行处理,新增的用药医嘱由病区自行调配。每日 16:00 前调配中心对次日 9:00 的用药医嘱进行新增和退药处理。特殊情况停静脉输液医嘱,截止时间严格规定在 16:00 之前,以利于调配中心调整退药、加药,同时避免科室成本浪费。16:00 之后新增加的医嘱,调配中心不纳入调配范围,药品将随着次日打包药品一同包装配送。

(二)静脉用药集中调配医嘱审核工作管理

1. 医嘱审核是指药师根据《药品管理法》和《处方管理办法》等有关规定对经医院 HIS 信息系统发送至静脉用药调配中心的医师开具的静脉用药医嘱进行审核,审核内容包括医嘱信息的完整性,如病区、床号、患者姓名、用药批次等;药品的名称、规格、药物的剂量与用法;药物的不良反应、药物的相互作用、配伍禁忌和溶媒选择是否适当等;常规用药依照先使用抗生素、激素等治疗用药,后使用辅助用药、营养药的原则。

2. 审核医嘱的关注内容

(1)用量是否按照说明书规定使用,如 KCl 的用量,如果 KCl 的浓度过高会引起严重的不良反应,过低又会达不到相应的治疗效果。

(2)药物相互之间是否有配伍禁忌,包括①理化性的,如葡萄糖酸钙与硫酸镁混合调配时容易产生白色沉淀;②药理性的,如萘夫西林钠与达肝素钠在同一时间合用,有引起大出血的倾向。

(3)药物有无特殊调配要求,如注射用奥美拉唑由于自身的稳定性差,在使用此药物时应该单独使用,而不应和其他药物进行联合使用,而且单次用量不得超过 60mg。

3. 审核药师必须对所有医嘱进行审核,审核合格后方可进行摆药调配等环节。

4. 发现不适当医嘱或用药不合理现象时审核药师应当及时与病区开具医嘱的医师或护士联系,建议其修改医嘱,同时填写联络信并请医师签字确认。如果病区医师拒绝修改存在明显不合理用药时,审核药师应当拒绝确认医嘱,同时向本中心负责人或药学部门负责人上报。遇患者因病情确实需要使用超常规剂量时,药师应当确认使用此剂量时患者受益大于风险并由医师签字确认时方可确认,同时将医嘱信息进行备案。

5. 审核药师确认医嘱审核合格后,打印医嘱单并签字确认,并交由摆药人员进行摆药。

(三)静脉用药集中调配摆药贴签核对工作管理

1. 摆药、贴签是指摆药贴签药师根据已审核通过的用药医嘱标签,严格按照标签所示内容调剂摆放药品,然后去除药品外包装,清洁、消毒药品外表面,并将标签贴于输液袋空白处的过程。

2. 核对是指核对药师根据标签内容核对所调剂的药品是否准确、药品效期和包装、抗生素批号一致性有无异常,防止发生摆药贴签错误,同时将调剂好的药品依次按照病区、批次的不同,分别放在指定区域内的过程。

3. 摆药前患者用药医嘱必须经过审核药师的审核确认,无审核者的签字摆药贴签药师不得进行摆药贴签。

4. 摆药贴签药师在工作过程中同样应当注意用药医嘱的合理性，一旦发现医嘱中存在配伍禁忌、溶媒选择错误等问题应当立即与审核药师联系，更改无误后再予以摆药贴签。

5. 摆药贴签药师应将医嘱中特殊用法用量在标签中用不同颜色做出显著标示。

6. 摆药、贴签、核对无误后药师应当在标签上签字进行确认。

（四）静脉用药集中调配配液工作管理

1. 静脉用药配液是指静脉用药配液药师根据已通过医嘱审核的标签，严格按照无菌操作技术要求，将调剂无误的药物准确地加入到相应的载体、溶媒中的过程。

2. 配液药师进入洁净调配间之前应当按规定进行洗手、穿洁净服和戴口罩等步骤，配液过程中应当严格执行无菌操作规程及有关规章制度。加药前须核对调剂药品与标签是否一致、抗生素批号是否一致、药品的理化性质是否发生变化、同组药品之间有无配伍禁忌等，发现问题及时上报配液负责人。

3. 配液完成后配液药师应当在标签上签字确认，并将输液成品、剩余的安瓿和西林瓶按规定位置摆放，以便成品核对药师进行核查。

4. 调配间、配液操作台应当随时保持洁净和整齐，配液完成后应当按照操作规程进行清场，定期对调配间进行清洁、消毒工作并进行细菌监测。

5. 为保证配液质量，配液人员在配液过程中严禁随意离岗或做与配液工作无关的事情。

6. 静脉用药调配中心配液人员工作班次包括巡回班和配液班，具体工作分别如下。

（1）巡回班：①6:30（早）1 名巡回班人员检查调配间参数，包括温度、湿度、压力并进行记录。②进入调配间开启照明及层流台。③接收药师传入的各组需调配的液体，并按科室摆放。④协助解决调配人员在配液过程中遇到的各种问题（帮助启瓶盖等）。⑤负责将各个操作台调配好的液体按科室送到审核窗口并负责从窗口传给核对的药师。⑥协助并监督工勤人员打扫调配间内、传递窗、柜子、地面和第一次更衣室和第二次更衣室的卫生。⑦10:00 接收当日下午 03 批液体，并按规定位置摆放。⑧13:00 进入调配间对当日 03 批进行退药。⑨负责清场关灯，撕掉除尘垫的当日一页。

（2）配液班：①6:45 进入调配间，进行配液前的准备工作。②严格执行查对制度及无菌操作原则，分别调配自己负责的各科室的液体，并在每袋液体上签名。③配液过程中有疑问及时向巡回班反馈。④特殊剂量用药需经两人查对并在该药品剂量上画圈。⑤配液时注意药物的性能，一种药用一个注射器。⑥调配好的液体检查有无浑浊、变色。⑦配液完毕后，清洁自己的调配台、配液车及座椅。

（五）静脉用药集中调配成品输液核对包装工作管理

1. 成品输液核对包装是指核对药师根据医嘱标签对配液完毕的成品输液进行核对、包装的过程。

2. 成品核对药师应当按照医嘱标签内容严格对输液进行核对，核对内容包括配液药师是否签字确认、输液名称、理化性质有无异常、输液中有无异物、输液包装有无渗漏破损，以及核对剩余的安瓿和西林瓶名称及剩余量是否与医嘱标签所示一致、抗生素批号是否一致等，发现问题应当立即与配液药师联系，予以解决。

3. 确认成品输液或其他需由病区自行调配的药品核对无误后，药师方可对药品进行包装，包装是应当依次按照病区、批次的顺序进行包装，包装袋应使用一次性保洁袋，包装完毕后进行封口，并注明病区、批次、总组数，同时包装人签字确认。

(六)静脉用药集中调配成品输液配送工作管理

1. 成品输液配送是指配送工勤人员将经成品核对药师核对无误包装好的药品配送至病区并与病区护士准确交接的过程。

2. 工勤人员确认成品输液包装完毕后按科室将输液装置于送药车内,加锁后分别配送至各病区。

3. 调配中心应当按病区建立成品输液交接登记本,记录各病区每日每批次的静脉用药成品输液或需病区自行调配药品的数量,配送工勤人员配送前核对签字,病区护士核查接收后也应当在交接登记本上签字确认,同时注明接收时间。

(七)静脉用药集中调配清场工作管理

静脉用药调配中心每日调配工作完成后的清场,特别是对调配间和配液操作台的清场工作,直接影响成品输液的质量和患者的用药安全。因此,必须规范工作完成后的清场内容、程序和过程,从而有效保证调配中心各个工作区域的洁净、整齐,确保静脉用药调配工作准确无误。

1. 清场是指调配工作完成后,对调配各个工作场所包括各仪器设备、各种辅助用物及工作场所内的门、窗、椅、墙等物品进行严格的清洁、消毒的卫生打扫和整理工作。通过清场工作确保调配工作所用物品的洁净、整齐,整个调配间符合无菌或清洁要求,无灰尘、无药渍,保障调配工作的无菌操作。

2. 清场工作是保证成品输液质量、防止发生差错事故的重要举措,各个工作岗位在完成工作后必须严格认真执行清场工作,不得在工作区域内存放药品、敷料、包装材料、标签、半成品或成品等,所有物品都应当按规定摆放到位。特殊情况下,上述物品须放在工作区域的,应当做出相应标识。

3. 清场工作应当是与卫生清洁工作同时进行,相互结合,同时还应当做好安全工作,对工作区域内的水、电、气、门、窗及其他仪器设备进行检查。

4. 清场人员应当详细记录清场工作过程,并有清场人和复查人进行签字,同时清场记录应当留存备查。

(八)静脉用药集中调配废弃物处置工作管理

医疗机构对医疗用废弃物的规范化管理对预防医源性疾病和医疗环境污染具有重要的意义,因此,必须加强对静脉用药调配中心的废弃物处置的管理。

1. 医疗废弃物是指列入国家《医疗废物分类目录》及国家规定的按照医疗废物管理和处置的具有直接或间接感染性、毒性及其他危害物的废弃物。

2. 调配中心负责人应当专门指定1~2名工作人员负责统一管理,中心各岗位工作人员应当严格遵守废弃物处置流程,防止医疗污染发生。生活垃圾、医疗垃圾应当按规定分类进行放置,处理。

3. 医疗废弃物应当使用双层黄色专用垃圾袋盛放,并在垃圾袋上注明调配中心名称、废弃物种类、负责人姓名及电话等。

4. 调配中心应当建立《静脉用药调配中心医疗废弃物处理登记本》,在处置医疗废弃物时须认真填写并由操作人员签字,接收医疗废弃物的人员应由医疗机构统一指定处理公司指派,交接时应在登记本上进行记录并签字。

(九)静脉用药集中调配中心清洁卫生工作管理

静脉用药中心各工作岗位环境的洁净和规范的无菌操作是保证静脉用药调配质量的重要前提,整个调配过程中应当严格打扫卫生、消毒、加强无菌操作质量监控等环节。

1. 对调配中心应当进行每日常规清洁打扫。除此之外,每周应对室内、外卫生清洁彻底处理 1~2 次,每周大消毒 1 次,调配间内的墙面、地面、门窗、无菌操作设备也应当进行消毒处理。中心负责人应当指定 1 名工作人员负责督促检查。

2. 静脉用药调配工作开始之前应当提前 30min 使用紫外灯对工作场所进行消毒处理。

3. 静脉用药调配中心各岗位人员应当养成良好的生活习惯,不留指甲、胡须和长发,经常洗澡、更换衣袜、工作时戴好口罩、手套、穿洁净服,不戴首饰、不化妆。工作时间内不得吸烟、进餐、闲聊。如在工作过程中需去卫生间,要脱去工作服,换鞋,返回时重新进行洗手、消毒和更衣。

4. 配液人员不得在不佩戴手套的情况下用手直接接触药品或与配液有关的设备及注射器等。

5. 各岗位工作人员每年应当进行 1 次常规体检,并建立个人健康档案。发现患有传染病、皮肤病、外伤感染或对某些药品过敏者应当调离其岗位,从事其他药学工作。

6. 静脉用药调配工作区域内不得存在任何与工作无关的物品。

(孙　艳　刘生杰　施振国)

第4章 静脉用药集中调配医嘱审核

第一节 医嘱审核的操作规程

PIVAS(静脉用药集中调配中心)是一种先进的静脉输液配置技术和管理模式。它是应医院药学服务转型的需要,顺应医院药学从传统的药品供应调剂模式向以患者为中心,强调合理用药为核心的人性化全程药学技术服务模式的发展趋势而建立的。静脉用药集中调配中心的实施更好地解决了药物的物理、化学、药理配伍及贮藏、使用等问题,是符合时代发展要求的一项新举措,是医院现代化的一个标志,为全面开展现代医院临床药学开辟了新的领域,对促进医院合理用药具有重要作用。

传统的药师调剂工作是以保证药品供应为目的的,发药时强调的是仔细核对,尤其是注射剂的调配,以病区为单位,按每天的用药小计发药,对用药是否合理、配置是否正确则不予深究和监督,纯粹是以一种被动服务形式进行工作,无法发挥药师的作用。静脉用药集中调配中心的建立拓展了医院药学服务的内涵,这不仅改变了医院药师的传统工作方向,便于药品集中管理、防止药品流失,提高医院的管理水平,更重要的是为药师提供了一个与临床医师探讨合理用药的途径和密切联系的平台,使药师从后台走到了药学服务的前台,为药师积极参与临床服务提供了机遇和挑战。

通过静脉用药集中调配中心,药师可充分发挥药学专业优势,利用自身丰富的药动学、药效学知识,综合各种药学信息严格审方,科学甄别不同药物之间、药物与溶媒之间的相容性及溶媒选择等,提出合理用药方案,最大限度地规避药物不良反应及不合理用药现象的发生,充分挖掘药师的职业潜能,保障用药的安全性、有效性、经济性,更好地体现以人为本的药学服务宗旨。

静脉用药集中调配中心由药师与护士组成,其中药师的主要职责为医嘱审核、确认药物相容性及输液配制完后的复核、发现问题及时与临床沟通。用药医嘱的审核内容主要包括药品名称、规格、给药频次、给药时间、溶媒选择、药物适应证、药物相互作用、配伍禁忌等多个方面。

一、药品名称

随着药品商业化竞争越来越激烈,同一成分不同商品名的药品越来越多。临床上存在开具不同商品名的同一药物的现象,如抗肿瘤辅助用药天地欣和香菇多糖(通用名都是注射用香菇多糖)同时使用同一患者身上,既浪费药物资源、增加患者的经济负担,又加重了患者代谢负担,甚至引发药害事件。2007年5月1日,《处方管理办法》正式实施,规定"医师开具处方应当使用经药品监督管理部门批准并公布的药品通用名称、新活性化合物的专利药品名称和复方制剂药品名称",因此药师首先要对医嘱中的药品名称进行审核,避免上述不合理现象的发生。

二、药品规格

目前临床多采用电子录入医嘱的工作模式,开具医嘱时常存在输入失误,如输入规格时计量单位 g、mg、μg 等往往因输入差错,导致同一药物的给药剂量较正确用药剂量减少或增加。因此药师在审核医嘱时应认真核对药品规格。

三、溶媒种类

药物与溶媒的配伍常常导致输液中微粒的累加,临床上医师往往只关注治疗药物,而对于载体的选择比较随意,忽略了主药与溶媒配伍相容性,而且目前许多药品说明书中对药物载体种类有明确规定,应严格按药品说明书选择正确的溶媒,因此为保证静脉输液的安全性、有效性,在静脉药物配伍中要特别注意选择正确的溶媒。

实例如下。

1. 红霉素　红霉素的稳定 pH 为 6.0～8.0,当 pH>8.0 或 pH<6.0 时都会迅速降低疗效,pH 为 4 时抗菌作用显著降低;而葡萄糖的 pH 为 3.2～5.5,因此不宜用葡萄糖作溶媒。此外,乳糖酸红霉素是弱酸弱碱盐,在 0.9%氯化钠溶液中易被分解,析出红霉素结晶,产生沉淀影响静脉注射,所以也不应用 0.9%氯化钠溶液直接溶解。正确的方法为先用无菌注射用水充分溶解后,再加入 0.9%氯化钠中。如果选用葡萄糖作溶媒则应在每 100ml 溶液中加入 4%碳酸氢钠 1ml,以利于红霉素葡萄糖溶液的稳定性和增强抑菌活性。

2. 氨苄西林　通过对使用氨苄西林进行静脉滴注的一项临床用药调查显示,氨苄西林在临床中常以 5%葡萄糖注射液、5%葡萄糖氯化钠注射液、10%葡萄糖注射液、复方氯化钠注射液和氯化钠注射液等作为溶媒输注,输液量 100～1 000ml。但研究证明,为保持药物的稳定,并使体内血药浓度高于最低抑菌浓度,输注氨苄西林的最适宜溶媒是 0.9%氯化钠注射液,最适宜的液体量是 50～100ml,并要求在短时间内完成输注。

3. 奥美拉唑　奥美拉唑为强碱性(pH>10)药物,在 pH<9 的环境中极易分解,多出现变色现象,故此类药物的溶媒只限用生理盐水,且溶媒量不宜过大。临床上常用葡萄糖注射液(pH3.12～5.15)或大于 100ml 的溶媒滴注,易使其稳定性降低。

4. 依达拉奉注射液　此注射液与各种含糖的注射液混合时,可使药液的浓度降低,达不到预期的治疗目的,因此应使用 0.9%氯化钠溶液溶媒稀释。

5. 奥沙利铂　奥沙利铂说明书规定不要与碱性的药物或介质、碱性制剂等一起使用,应加入 5%葡萄糖注射液 250～500ml。

6. 吡柔比星　吡柔比星在 0.9%氯化钠注射液中可导致效价降低或出现浑浊,应使用 5%葡萄糖注射液溶解。

7. 依托泊苷　它在葡萄糖注射液或葡萄糖氯化钠注射液中可形成微细沉淀而失效,应使用 0.9%氯化钠注射液稀释。

8. 表柔比星　它在葡萄糖注射液中降解速度加快,应使用 0.9%氯化钠注射液稀释。

9. 胸腺 V 肽　胸腺 V 肽在偏酸性条件下会加速降解,应溶解于 0.9%氯化钠注射液中。

10. β-内酰胺类抗生素　该类药物在 pH<4 时分解较快,因此一般不宜以葡萄糖注射液为溶媒,应选用 0.9%氯化钠注射液。但对于心功能不全者,为避免诱发心力衰竭,可使用葡萄糖注射液作溶媒,在 2h 内滴完。

11. 多烯磷脂酰胆碱　严禁用氯化钠等含电解质溶液稀释，只能用葡萄糖溶液稀释。

12. 复方苦参注射液和鸦胆子注射液　两者都规定用氯化钠注射液稀释后静脉滴注。

13. 喹诺酮类药物　此类药物与氯化钠注射液中的氯离子结合会发生络合反应，生成大分子络合物沉淀，影响药物含量，治疗作用减弱。应使用 5% 葡萄糖注射液溶解。

14. 水溶性维生素　其复方制剂的溶液性质很不稳定，通常将本品稀释在脂肪乳剂或无电解质的葡萄糖注射液中。

四、载 体 量

正确选择溶媒后，恰当的载体量就成为药师随后要关注的问题。有些药物由于自身稳定性差、半衰期很短、体内清除率大等原因需要短时间输注。很多抗生素为了保持体内浓度高于最低抑菌浓度（MIC），输注时宜选用少量载体于短时间内输注完毕。还有些药物有最高浓度的限定，载体量又不能太少。可见，载体量不恰当可导致药物浓度及输注时间控制不当而影响药物的疗效。选择合适的载体量对于保证用药的安全有效也是至关重要的。

实例如下。

1. 奥美拉唑、泮托拉唑＋250ml 或 500ml 载体做溶媒　奥美拉唑、泮托拉唑粉针药物结构属苯并咪唑类，在中性和弱酸性条件下相对稳定，在强酸性条件下迅速活化。配制后由于 pH 降低，增加了溶液不稳定性且滴注时间延长更容易变色，应采用 100ml 氯化钠溶液或葡萄糖溶液稀释，并在 20～30min 滴注入体内。

2. 亚胺培南/西司他丁　其输注液的配制应为每 0.5g 药物加入稀释液 100ml，否则药物粉末不能溶解完全，会导致输液中微粒数大大增加。

3. 依托泊苷　说明书中规定依托泊苷注射液用氯化钠注射液稀释后浓度不超过 0.25mg/ml，且滴注时间≥30min，所以使用依托泊苷 100mg 至少需要加入到 400ml 以上的氯化钠注射液中。

4. 盐酸万古霉素　每 1.0g 盐酸万古霉素用至少 200ml 的输液溶解稀释，且要缓慢滴注。

5. 克林霉素　对克林霉素持续抗菌活性的研究发现，低剂量、延长给药间隔的给药方法可以获得使用大剂量克林霉素所产生的抗菌效果，并可减少患者因大剂量用药而引起的不良反应。

6. 阿奇霉素注射液　说明书中要求本品使用浓度不超过 2.0mg/ml，否则将出现注射部位的局部反应。

7. 复合磷酸氢钾注射液　必须稀释 200 倍以上方可经静脉滴注。

8. 银杏叶提取物注射液　与溶媒混合比例为 1∶10。

9. 复方氨基酸(18AA-Ⅳ)250ml＋丙氨酰谷氨酰胺注射液 20g　注射用丙氨酰谷氨酰胺(20g/100ml)说明书提示本品是一种高浓度溶液，在输注前必须与可配伍的氨基酸溶液或含有氨基酸的输液相混合，然后与载体溶液一起输注。1 体积的本品应至少和 5 体积的载体溶液混合，混合液中本品的最大浓度不超过 3.5%。每日最大剂量 0.4g/kg。输注速度过快可出现寒战、恶心、呕吐等。因此丙氨酰谷氨酰胺注射液 20g 应至少加入 500ml 适宜载体溶液中。

10. 紫杉特尔(多西他赛)注射液　稀释后最终浓度不应超过 0.74mg/ml。

11. 安达美[多种微量元素注射液(Ⅱ)]　经外周静脉输注时，每 500ml 复方氨基酸注射液或葡萄糖注射液最多可加入该药 10ml。

12. 润坦(长春西丁注射液)　该药稀释后在输液中含量不得超过 0.06mg/ml,否则可能溶血。

13. 5％葡萄糖 250ml＋七叶皂苷 30mg　七叶皂苷推荐每日最大剂量为 20mg,该用法七叶皂苷用量过高,有可能导致肾功能损坏,同时七叶皂苷在注射时刺激性较大,浓度过高会导致血管刺激症状发生。

五、给药途径

不同的给药途径,可使药物吸收速率和程度、血药浓度不同,药物的分布、消除也可能不同,甚至改变作用的性质。大多数药物需进入血液,分布到作用部位才能发生作用。药物自给药部位进入全身血液循环的过程为吸收(absorption)。吸收速度的快慢及吸收数量的多少直接影响药物的起效时间及强度。其中给药途径是决定药物起效时间及强度的重要因素之一。因此,在临床用药过程中应严格按照药品说明书推荐给药方式给药。

实例如下。

1. 腺苷钴胺　静脉注射给药。腺苷钴胺又称腺苷辅酶维生素 B_{12},是维生素 B_{12} 的活性辅酶形式之一。静脉注射容易引起过敏性休克等不良反应,应肌内注射给药。

2. 肝素钠注射液　4 000U,肌内注射,每 8 小时 1 次。肌肉组织毛细血管丰富,肌内注射肝素钠易致血肿,因此肝素钠注射液不能肌内注射,建议深部皮下注射给药。

3. 注射用胸腺肽 α_1(日达仙)　1.6mg 肌内注射。说明书中指出,该药用前应每瓶(1.6mg)以 1ml 注射用水溶解后立即皮下注射,不应做肌内注射或静脉注射。

目前市场上供应的胸腺肽制剂品种较多,不同品种的正确给药途径如下。

(1)注射用胸腺Ⅴ肽(京双鹭):肌内注射或皮下注射,每日可用到 50mg。

(2)胸腺Ⅴ肽注射液(京世桥)10mg:肌内注射或皮下注射,每日可用到 50mg。

(3)胸腺Ⅴ肽注射液(京世桥)1mg:肌内注射或皮下注射,或溶于 250ml 0.9％氯化钠注射液静脉慢速单独滴注。

六、给药剂量

药物剂量会对药物作用产生影响,剂量不同,机体对药物的反应程度也不同。

1. 对药物不良反应的影响　在一定范围内,随着给药剂量的增加,药物作用逐渐增强;超过一定范围,随着给药剂量的增加可产生药物的不良反应或中毒。

2. 对药物作用强度的影响　同一药物在不同剂量时,作用强度不同,用途也不同。

3. 个体化给药　不同个体对药物的反应性存在差异,需注意用药剂量。

因此,应依据药品说明书给予正确的药物剂量,不应过大或过小。

实例如下。

(1)盐酸溴己新:每日最大使用量 12mg,且应分两次使用。剂量过大可导致恶心、胃部不适。

(2)氨茶碱注射液:该药不良反应较多,日用量偏小,建议先将计算出的负荷剂量用 50～100ml 葡萄糖注射液稀释后较快给药,以快速达到有效血药浓度,控制临床症状,再将维持剂量用约 500ml 葡萄糖注射液稀释后调整滴速给药或经输液泵给药,以维持平稳有效的血药浓度。

（3）螺内酯：剂量 100mg，对男性乳房没有明显的影响；200mg 时，乳房增大者有 1/6；300mg 时，乳房增大者有 3/11。

（4）长期大剂量应用糖皮质激素：能使毛细血管变性出血，皮肤、黏膜出现瘀斑、瘀点，肾上腺皮质功能亢进。

（5）镇静催眠药：在小剂量时有镇静作用，用于抗焦虑；随着剂量的增大，出现催眠作用；剂量再增加，则有抗惊厥和抗癫痫作用。

（6）个体化给药剂量：如普萘洛尔每日需要量可为 40～600mg、胍乙啶的每日需要量可为 10～500mg，应依据患者特点，选择个体化的给药剂量。

七、给药频次

药物的给药频次应根据药物的消除速率、病情需要而定。对半衰期短的药物，给药次数相应增加；对于消除慢、毒性大的药物，应规定每日的用量和疗程。患者肝、肾功能减低时，应适当减少给药次数，以防止蓄积中毒。

目前抗生素给药时间、给药频次不当是临床不合理治疗方案中普遍存在的问题。抗菌药物的给药间隔取决于其半衰期、药动学和药效学特点及抗生素后效应（PAE）。根据抗菌药物的后两个特征，将其分为浓度依赖型抗生素及时间依赖型抗生素两大类。原则上浓度依赖性抗菌药物应将其 1 日剂量集中使用，适当延长给药间隔，以提高血药峰浓度。而时间依赖型抗菌药物其效果主要取决于血药浓度超过所针对细菌的最低抑制时间（MIC）的时间，与血药浓度关系不大，故其给药原则上应缩短间隔时间，使 24h 内血药浓度高于致病菌 MIC 至少 60%，或者一个给药间隔期内超过 MIC 的时间必须大于 40%～50%，方可达到良好的杀菌效果。

青霉素类、头孢菌素类、碳青霉烯类、克林霉素、部分大环内酯类抗生素属时间依赖型抗生素，它们的杀菌效果主要取决于血药浓度超过最低抑菌浓度（MIC）的时间（t），$t > $MIC 在 24h 内超过 50% 时临床有效；当血药浓度达到 MIC 的 4～5 倍时，杀菌率即处于饱和，此时再提高给药剂量，不会提高杀菌效果，反而会增加不良反应发生率。因此，时间依赖型抗生素的用药原则是将给药间隔缩短，不必每次大剂量给药，一般 3～4 个半衰期给药 1 次，每日剂量分 3 或 4 次给药，日剂量 1 次给药无法满足抗菌要求且极易使细菌产生耐药性。

氨基苷类、氟喹诺酮类、甲硝唑等 PAE 长的抗菌药多属于浓度依赖型抗菌药，其杀菌活性及临床疗效与血药浓度呈正相关，药物浓度越高，杀菌率越高，杀菌范围越广。这些药物可在日剂量不变的情况下有较宽的给药间隔。氨基苷类每日 1 次给药方案，可以增强组织穿透力及感染组织中抗菌药物浓度，同时由于谷浓度降低，能减少耳、肾毒性等不良反应的发生率，抑制耐药菌的发生。氟喹诺酮类如氧氟沙星、环丙沙星等由于半衰期较长和较明显的 PAE，给药间隔时间可延长为 12h，而头孢曲松、莫西沙星、阿奇霉素因其半衰期较长、均可每天 1 次给药。

实例如下。

1. 注射用胸腺肽 α_1（日达仙）1.6mg　皮下注射每日 1 次；正确的给药频次应为每周 2 次。

2. 注射用香菇多糖（南京康海）1mg＋250ml 生理盐水静脉滴注每日 1 次　注射用香菇多糖说明书中的用法用量为 1mg＋250ml 生理盐水或葡萄糖溶液静脉滴注每周 2 次或遵医嘱。

3. 香菇多糖注射液(金陵药业)1mg＋250ml 生理盐水或葡萄糖溶液静脉滴注每日 1 次　香菇多糖注射液(金陵药业)1mg＋250ml 生理盐水或葡萄糖溶液静脉滴注每周 2 次。

4. 利福喷汀 0.45g,每日 1 次　根据利福喷汀的药品说明书,用于抗结核,每次 600mg,每周 1 次(其作用约相当于利福平 600mg,每日 1 次)。必要时也可每次 450mg,每周 2 次,疗程 6 个月。

5. 克林霉素磷酸酯 1.8g＋葡萄糖溶液 500ml,静脉滴注,每日 1 次　克林霉素为时间依赖型抗生素,应改为克林霉素磷酸酯 0.6g＋生理盐水 100ml 静脉滴注每 8 小时 1 次。

6. 头孢呋辛 3.0g,每日 1 次　头孢呋辛为时间依赖型抗生素,其血清半衰期约为 70min,应 3～4 个半衰期给药 1 次。该给药方法既达不到抗菌目的又易使细菌产生耐药性。

7. 头孢孟多 4g,静脉滴注,每日 1 次或头孢匹胺 1g,静脉滴注,每日 1 次　头孢孟多、头孢匹胺半衰期分别为 1.2h、4.5h,两者都属于时间依赖型抗菌药物,半衰期短,需多次给药,否则不能维持有效血药浓度,达不到治疗效果,即使增加剂量也无益,反而会增加病原菌的耐药性,应严格遵循给药时间间隔。给药方案应为:头孢孟多 0.5～1.0g,每 4～8 小时 1 次,静脉滴注;头孢匹胺 1～2g/d,分 2 次静脉滴注,严重时 4g/d,分 2～3 次静脉滴注。

八、药物相互作用

(一)概述

药物相互作用是指药物的作用由于受到其他药物或化学物质的干扰,使该药的疗效发生变化或产生药物不良反应。药物的相互作用有多种表现,但主要有 3 种作用方式:药物在药动学方面的相互作用;药物在药效学方面的相互作用;药物在体外的相互作用。

药物在体外的相互作用是指在患者用药之前药物发生相互作用,使药性发生变化。此现象在两种情况下出现:①向静脉输液瓶内加入药物(一种或多种),即通常所称药物配伍禁忌;②固体制剂成分中所用赋形剂不同影响药物的生物利用度。向静脉输液中加入药物是临床常用的治疗措施,静脉药物的配制从本质上讲就是药物在体外的相互作用,除了药物与静脉输液产生相互作用外,有时候加入静脉输液中的两种或多种药物之间也会发生化学或物理化学的相互作用,使药性发生变化,从而会涉及药物的配伍禁忌及静脉配制药物的稳定性问题。

(二)配伍禁忌的概念

药物配伍(compatibility)是药剂制备或临床用药过程中,将两种或两种以上药物混合在一起。在配伍时,若发生不利于质量或治疗的变化则称配伍禁忌。药物配伍恰当可以改善药剂性能,增强疗效,如选择适当的附加剂以使药剂稳定,口服亚铁盐时加用维生素 C 可以增加吸收等。配伍禁忌分为物理性、化学性和药理性 3 类。物理性配伍禁忌是指药物配伍时发生了物理性状变化,如某些药物研和时可形成低共溶混介物,破坏外观性状,造成使用困难。化学性配伍禁忌是指配伍过程中发生了化学变化,如发生沉淀、氧化还原反应、变色反应,使药物分解失效。药理学配伍禁忌是指配伍后发生的药效变化,增加毒性等。

(三)避免配伍禁忌发生的方法

避免药物相互作用及配伍禁忌方法:①避免药理性配伍禁忌(即配伍药物的疗效互相抵消或降低,或增加其毒性),除药理作用互相对抗的药物,如中枢兴奋药与中枢抑制药、升血压药与降血压药、扩瞳药与缩瞳药、泻药与止泻药、止血药与抗凝血药等一般不宜配伍外,还需注意可能遇到的一些其他药理性配伍禁忌。②理化性配伍禁忌,主要需注意酸碱性药物的配伍问题,如阿司匹林与碱类药物配成散剂,在潮湿时易引起分解;生物碱盐(如盐酸吗啡)溶液,遇碱性药物,可使生物碱析出;甘草流浸膏遇酸性药物时,所含的甘草苷水解生成不溶于水的甘草酸,故有沉淀产生;维生素 C 溶液与苯巴比妥钠配伍,能使苯巴比妥析出,同时维生素 C 部分分解。在混合静脉滴注的配伍禁忌上,主要也是酸碱的配伍问题,如四环素族与青霉素钠(钾)配伍,可使后者分解,生成青霉素酸析出;青霉素与普鲁卡因、异丙嗪、氯丙嗪等配伍,可产生沉淀等。

(四)药物配伍合理性审核

由于药物种类不断增多,以及疾病的多样性,药物联合应用越来越普遍。一袋输液中加有 2～3 种甚至 4～5 种药物的现象屡见不鲜,多种药物间的配伍问题越来越突出。在许多情况下肉眼看不出并不表示没有发生变化,微粒倍增现象随着添加药物的增多或 pH 的改变而出现,输液反应的发生与此有关。因此应该尽量把药物分开放在不同袋的载体中,合理配伍使用药物。

合理的药物配伍不仅可增强疗效、减轻药物不良反应,而且也可减轻患者的躯体和经济负担,是处方审核的一项重要内容。如 1 例肾移植术后 10 余年的患者,长期应用环孢素。因肺部感染入院后给予抗结核药物治疗。由于抗结核药物与环孢素存在潜在的药物相互作用,因此,医师在药师的建议下定期监测环孢素血药浓度,既保证疗效,又有效避免了不良反应。但在静脉药物配制的日常工作中,由于需配制药液的数量多、时间有限等原因,药师无法对多种配制药物间可能存在的药物相互作用进行全面审核,因此,建议药师在允许的情况下,可参照《380 种注射液理化与治疗学配伍检索表》《400 种中西药注射剂临床配伍应用检索表》《药品注射剂手册(第 14 版)》等书籍进行深入的药理学配伍禁忌审核。

实例如下。

1. **抗菌药物** 临床根据杀菌和抑菌效果,一般将抗菌药物分为:Ⅰ类繁殖期或速效杀菌药(如青霉素类,头孢菌素类等)、Ⅱ类静止期或缓效杀菌药(如氨基糖苷类、黏菌素类等)、Ⅲ类为速效抑菌药(如大环内酯类、林可霉素类等)和Ⅳ类为慢效抑菌药(如磺胺类等)。Ⅰ类和Ⅱ类合用可获得增强作用,而Ⅰ类和Ⅲ类合用则可能出现疗效的拮抗作用。如阿奇霉素和头孢菌素合用,阿奇霉素是快速抑菌药,能迅速阻断细菌蛋白合成,使细菌处于静止状态,但细胞质体积不增大也不发生细胞壁合成和自溶现象;而头孢菌素为繁殖期杀菌药,作用于细菌繁殖时期,影响细菌细胞壁的合成,所以两者合用有拮抗作用,可使头孢菌素的疗效降低。

(1)青霉素类:其合用药物及结果见表 4-1。

表 4-1 与青霉素类药物联用药物举例及后果

药名	联合应用的药物	合用后的结果
青霉素钠、阿莫西林、阿莫西林/克拉维酸钾	氨基糖苷类药	降低氨基糖苷类药的药效
	避孕药	降低避孕药的药效
	伤寒活疫苗	降低机体对伤寒活疫苗的免疫应答
	四环素、红霉素、氯霉素	抑菌药合用时有拮抗作用
	甲氨蝶呤	增加甲氨蝶呤毒性

（续　表）

药名	联合应用的药物	合用后的结果
氨苄西林	氯霉素	在体外对流感杆菌的抗菌作用影响不一：氯霉素在高浓度（5～10μg/ml）时对氨苄西林无拮抗现象，在低浓度（1～2μg/ml）时可使氨苄西林的杀菌作用减弱，但对氯霉素的抗菌作用无影响。此外，氯霉素和氨苄西林合用时，远期后遗症的发生率较两者单用时为高
	别嘌醇	可使氨苄西林皮疹反应发生率增加，尤其多见于高尿酸血症
	雌激素	氨苄西林能减少雌激素肠肝循环，因而可降低口服避孕药的效果
	维生素	维生素可使氨苄西林失活或降效
哌拉西林	非甾体抗炎镇痛药（阿司匹林、二氟尼柳、其他水杨酸制剂）	血小板功能的累加抑制作用，增加出血危险性
	肝素、香豆素、茚满二酮等抗凝血药	有可能增加凝血机制障碍和出血的危险

（2）头孢菌素类

①头孢唑啉钠：不可配伍药物有巴比妥类、钙制剂、红霉素、卡那霉素、土霉素、四环素、多黏菌素 B 和 E。

②头孢拉定：不可与各种抗生素、肾上腺素、利多卡因、复方氯化钠溶液或钙制剂配伍。

③头孢呋辛钠：与下列药物有配伍禁忌，如硫酸阿米卡星、庆大霉素、卡那霉素、妥布霉素、新霉素、盐酸金霉素、盐酸四环素、盐酸土霉素、多黏菌素甲磺酸钠、硫酸多黏菌素 B、葡萄糖酸红霉素、乳糖酸红霉素、林可霉素、磺胺异噁唑、氨茶碱、可溶性巴比妥类、氯化钙、葡萄糖酸钙、盐酸苯海拉明和其他抗组胺药、利多卡因、去甲肾上腺素、间羟胺、哌甲酯、琥珀胆碱等。

偶亦可能与下列药物发生配伍禁忌，如青霉素、甲氧西林、琥珀酸氢化可的松、苯妥英钠、丙氯拉嗪、B 族维生素和维生素 C、水解蛋白。

同时该药不能以碳酸氢钠溶液溶解、不可与其他抗菌药物在同一注射容器中给药，与强利尿药合用可引起肾毒性。

④头孢曲松：与氨基糖苷类抗生素可相互灭活，应在不同部位给药，两类药物不能混入同一容器内。

头孢曲松不能与其他抗生素相混给药。

呋塞米、依他尼酸、布美他尼等强利尿药和卡莫司汀等抗肿瘤药以及糖肽类和氨基糖苷类抗生素等与头孢曲松合用有增加肾毒性的可能。

头孢曲松中含有碳酸钠，因此与含钙溶液如复方氯化钠注射液有配伍禁忌。

⑤头孢哌酮钠不能与氨基苷类药物配伍。

⑥头孢哌酮-舒巴坦与下列药物注射药有配伍禁忌,如阿米卡星、庆大霉素、卡那霉素 B、多西环素、甲氯芬酯、阿马林(缓脉灵)、苯海拉明、门冬氨酸钾镁、盐酸羟嗪(安太乐)、普鲁卡因胺、氨茶碱、丙氯拉嗪、细胞色素 c、喷他佐辛(镇痛新)、抑肽酶等。

头孢哌酮-舒巴坦能产生低凝血酶原血症、血小板减少症,与下列药物同时应用可能引起出血:抗凝药肝素、香豆素或茚满二酮衍生物、溶栓药、非甾体抗炎镇痛药(尤其阿司匹林、二氟尼柳或其他水杨酸制剂)及磺吡酮等。

头孢哌酮-舒巴坦化学结构中含有甲硫四氮唑侧链,故应用本品期间,饮酒或静脉注射含乙醇药物,将抑制乙醛去氢酶的活性,使血中乙醛积聚,出现嗜睡、幻觉等双硫仑样反应。因此在用药期间和停药后 5d 内,患者不能饮酒、口服或静脉输入含乙醇的药物。

⑦头孢他啶:不可与碳酸氢钠溶液配伍。不可与氨基糖苷类抗生素配伍。

⑧头孢吡肟:不宜与甲硝唑、万古霉素、庆大霉素、妥布霉素、奈替米星联用。严重感染可与阿米卡星联用。

(3)亚胺培南-西拉司丁钠

①升血压药或维生素 C:与亚胺培南-西拉司丁钠联用均可引起化学反应而致效价降低或失效。

②碱性药物:如碳酸氢钠与亚胺培南-西拉司丁钠联用可使混合液 pH>8,而导致亚胺培南-西拉司丁钠失去活性。

③含醇类药物:可加速 β-内酰胺环水解,故需分开应用,其他如辅酶 A、细胞色素 c、催产素等与亚胺培南-西拉司丁钠应分开使用。

(4)氨基糖苷类

①阿米卡星

a. 不可配伍药物:两性霉素 B、氨苄西林、头孢唑林钠、肝素钠、红霉素、新霉素、呋喃妥因、苯妥英钠、华法林、含维生素 C 的复合维生素 B。

b. 条件性不宜配伍的药液有:羧苄西林、盐酸四环素类、氨茶碱、地塞米松。

c. 环丙沙星与阿米卡星联用,会产生变色沉淀。

d. 合用过氧化氢溶液可致过敏性休克。

②硫酸庆大霉素

a. 小儿(1 岁 3 个月)应用可引起急性肾衰竭。

b. 庆大霉素与阿尼利定混合肌注有致过敏性休克的报道。

(5)多肽类:如万古霉素。

①不可与下列药物配伍:氨茶碱、苯巴比妥钠、青霉素、氯霉素、地塞米松、肝素钠、苯妥英钠、呋喃妥因、碳酸氢钠、华法林、含维生素 C 的复合维生素 B。

②与氨基糖苷类抗生素联用,两药的肾毒性增加。

③禁与肝素混合应用。

④与硫酸镁合用,可加重万古霉素的肌肉神经阻滞作用,静脉或腹腔给药时反应尤为严重。

⑤与氯霉素、甾体激素、甲氧西林配伍可产生沉淀。

(6)喹诺酮类:喹诺酮类药物分为四代,目前临床应用较多的药物有诺氟沙星、氧氟沙星、环丙沙星、氟罗沙星等。

①环丙沙星:同时使用环丙沙星和茶碱,可增加茶碱的血清浓度和延长其清除半衰期,从而出现茶碱的不良反应,这些不良反应可导致少数患者出现生命危险或死亡。假如不能避免同时使用,应监测血清茶碱的浓度并相应减低其剂量。

②氧氟沙星

a. 与尿碱化剂合用,可减少氧氟沙星在尿中的溶解度,导致结晶尿和肾毒性。

b. 与钙剂、铁剂、锌剂、含铝或镁的制酸药合用,因螯合作用可减少氧氟沙星的吸收,降低其生物利用度和效力。

c. 与非甾体类抗炎药(NSAID)合用可抑制 γ-氨基丁酸(GABA),造成中枢神经系统刺激,增加发生抽搐的危险。

③左氧氟沙星

a. 避免与茶碱同时使用,如需同时应用,应监测茶碱的血药浓度,据以调整剂量。

b. 与非甾体类抗炎药同时应用,有引发抽搐的可能。

c. 与口服降血糖药同时使用时,可能引起血糖失调,包括高血糖及低血糖。

(7)其他抗生素

①克林霉素

a. 红霉素与克林霉素有拮抗作用,不可联合应用。

b. 不可配伍药物:氨苄西林、苯妥英钠、巴比妥盐类、氨茶碱、葡萄糖酸钙、硫酸镁。

②磷霉素

a. 不可配伍药物:氨苄西林、红霉素、庆大霉素、利福平、卡那霉素。

b. 磷霉素钠针剂在 pH4～11 时稳定,在 pH2 以下极不稳定,静脉滴注时不宜与酸性较强的药物同时应用。

c. 使用磷霉素期间不能有大量葡萄糖、磷酸盐存在。磷霉素与一些金属盐可产生不溶性沉淀,故不可与钙、镁等盐相配伍。

③甲硝唑

a. 与氟尿嘧啶合用时,有可能降低药效并增加其毒性。

b. 可抑制乙醛脱氢酶而加强乙醇的作用,导致双硫仑反应,引起高乙醛血症导致昏迷。

④利巴韦林:与林可霉素联合静脉滴注可致过敏性休克。

⑤阿昔洛韦

a. 与干扰素或甲氨蝶呤(鞘内)合用,可能引起精神异常,应慎用。

b. 与肾毒性药物合用可加重肾毒性,特别是肾功能不全者更易发生。

c. 与齐多夫定合用可引起肾毒性,表现为深度昏睡和疲劳。

2. 维生素

(1)维生素 C 与维生素 K₁ 合用:维生素 C 可增加毛细血管致密性,加速血液凝固,刺激造血功能;维生素 K₁ 可用于合成凝血因子,两者在药理作用上具有协同作用。但维生素 C 具有强还原性,与醌类药物如维生素 K_1、K_3 混合后可发生氧化还原反应而致维生素 K_1、K_3 疗效降低。因此两者不能配伍使用。

(2)维生素 C＋胰岛素:维生素 C 在体内脱氢,形成可逆性氧化还原系统,使胰岛素失活,可导致血糖升高。

(3)维生素 C＋氢化可的松＋氯化钠注射液:500ml 氢化可的松在 pH7～8 时最稳定,pH

＜5 产生沉淀,故不宜与维生素 C 配伍。

(4)维生素 C＋肌苷:肌苷为碱性物质,与酸性物质维生素 C 等直接混合易产生变色、浑浊、疗效降低,两者存在配伍禁忌。

(5)维生素 B_6 与地塞米松磷酸钠:不宜合用。

(6)维生素 B_6 与肌苷:维生素 B_6 注射液 pH 为 2.5～4.0,肌苷注射液 pH 为 8.5～9.5,两者 pH 不同,混合静脉滴注可引起效价降低,不宜合用。

3. 香菇多糖注射液　应避免与维生素 A 制剂如脂溶性维生素(Ⅱ)注射剂合用。

4. 银杏叶提取物注射液　应避免与小牛血提取物制剂混合使用。

5. 复合磷酸氢钾注射液　与含钙注射液配伍时易析出沉淀,不宜合用。

6. 酚磺乙胺注射液　不可与氨基己酸注射液混合使用,可引起中毒。

7. 还原型谷胱甘肽　不得与维生素 B_{12}、K_3、K_1 泛酸钙等混合使用。

8. 注射用青霉素类＋葡萄糖注射液　青霉素类为临床常用的 β-内酰胺类抗生素,其水溶液稳定 pH 为 6.0～6.5,而葡萄糖注射液的 pH 为 3.2～5.5,是弱酸性,两者配伍可加速青霉素类的 β-内酰胺环开环水解而效价降低。

9. 注射用磷霉素＋葡萄糖注射液　磷霉素是一种广谱抗生素,静止期杀菌药,在临床中应用广泛,其抗菌机制主要是磷霉素与磷酸烯醇丙酮酸的化学结构相似而竞争同一转移酶,使细菌的细胞壁的合成受到抑制而导致细菌死亡。但这一作用可以被葡萄糖制剂所抑制,故葡萄糖做溶剂会影响磷霉素的抗菌活性。

10. 甘露醇注射液

(1)甘露醇注射液＋地塞米松钠注射液:甘露醇注射液作为高渗透组织脱水剂,主要用于各种原因引起的脑水肿,降低颅内压,防止脑疝。其在水中的溶解度(25℃)为 1∶6,常用浓度为 20％,属过饱和溶液,容易析出沉淀,特别是在室温偏低时常析出结晶,不宜加入其他药物。地塞米松是临床常用的糖皮质激素,为白色或类白色结晶性粉末,几乎不溶于水,其注射液为有机酸钠盐,内含 0.2％亚硫酸氢钠。与甘露醇混合使用时,可能析出甘露醇的结晶,患者使用后易引起电解质紊乱,导致高血钾。

(2)甘露醇注射液＋氯化钾注射液:甘露醇与氯化钾等电解质混合,会由于盐析作用而引起甘露醇结晶析出,静脉滴注时可引起小血管栓塞,故两者不可合用。

11. 胞磷胆碱注射液＋注射用二丁酰环磷腺苷钙　胞磷胆碱作为脑细胞复活药,对大脑功能恢复、促进苏醒有一定作用,主要用于急性颅脑外伤和颅脑手术的恢复。但胞磷胆碱的化学结构中含有磷酸根,两者合用时胞磷胆碱易与注射用二丁酰环磷腺苷钙中的钙离子生成不溶性的螯合物,造成血管栓塞。此外还应注意,磷酸根还存在于地塞米松磷酸钠、克林霉素磷酸酯、三磷腺苷等药物中,它们都易与钙剂、林格液、乳酸钠林格液中的钙离子生成溶解度极低的磷酸钙沉淀,为临床输液造成隐患,应避免联合应用。

12. 注射用炎琥宁

(1)注射用炎琥宁＋氯化钾注射液:炎琥宁作为中草药制剂,主要用于抗菌消炎,其 pH 在 6.0～8.0,属中性,遇酸可发生置换反应,置换出 K^+、Na^+,炎琥宁则还原成半酯,溶解度降低而产生沉淀。当与氯化钾混合使用时,可能由于钾离子的盐析作用而产生不溶性乳白色沉淀。

(2)注射用炎琥宁＋维生素 B_6 注射液:维生素 B_6 为水溶性盐酸吡多辛,其 pH 为 3.0～4.0,可与炎琥宁发生反应,产生白色乳胶状沉淀。

13. 三磷腺苷(ATP)注射液＋维生素 C 注射液　两药合用会使两药的药效下降,同时两药混合后可能会因酸碱反应产生沉淀,影响滴注。常用的三磷腺苷二钠(ATP-二钠)注射液在 pH 8~11 的溶液中稳定,遇到酸性物质则会产生沉淀。同时,维生素 C 注射液为酸性溶液,在 pH 高于或低于 5~6 时,其分子中的内酯环可发生水解,并进一步发生脱羧反应。故临床上应避免将该两种药物置同一容器中静脉滴注。

14. 胰岛素　临床医师常在糖尿病患者的输液中加入胰岛素,以此来抵消外源性葡萄糖对血糖的影响。但是胰岛素为双肽,有一定的等电点,和其他电解质等药物合用容易发生变性,降低疗效。如胰岛素与左氧氟沙星合用(两者混合可产生沉淀,属配伍禁忌)、胰岛素与肌苷合用(由于两药 pH 不同,可引起效价降低,应避免联合应用)。

15. 氨溴索注射液＋肌苷注射液　因肌苷注射液的 pH 为 8.8,而氨溴索注射液不能与 pH 大于 6.3 的溶液混合,否则产生沉淀。

16. 药物辅料　有些药物制剂中使用的辅料也是配伍使用应考虑的内容,如维生素 K₁ 注射液中含 7‰吐温 80。吐温 80 为非离子型表面活性剂,内含聚氧乙烯基,能与含酚羟基化合物氢键结合,形成复合物而使之失效。酚磺乙胺分子中含多个酚羟基,吐温 80 可使之疗效降低。

(五)输液管的配伍禁忌审核

对于药物配伍禁忌,我们往往只注意到输液瓶中的配伍禁忌,而忽略了换药时输液管中的配伍禁忌,一旦发生此种不良反应会造成严重后果。

实例如下。

1. 在静脉滴注头孢哌酮-舒巴坦时,通过莫菲管加入氨溴索,输液管中的药物全部变为乳白色。

氨溴索不仅与头孢哌酮-舒巴坦存在配伍禁忌,而且还与头孢曲松、头孢唑林钠、清开灵存在配伍禁忌。建议盐酸氨溴索注射液应单独使用,若由莫菲管加入,则在加入前和加入后均应用生理盐水冲洗输液管。

2. 当使用复方丹参注射液静脉滴注,续用乳酸环丙沙星注射液、氧氟沙星注射液时,两者会在输液管中发生反应,生成沉淀。在续贯输入头孢哌酮、环丙沙星两者时也会在输液管中生成沉淀。因此,对此类组与组之间有配伍禁忌的输液,应合理安排输液顺序,或在换液时用生理盐水冲洗输液管。

九、中药注射剂的审核要点

中药注射剂成分较复杂、稳定性差、不良反应多,通常由于溶液 pH 等条件的改变,会造成微粒增加,不良反应增多。目前还不能做到提取有效成分的单体来配制中药注射液,因此,中药注射液与其他药物配伍时,可能发生难以预测的反应。与西药或其他中药注射液合用时更易发生不良反应且合并用药愈多发生不良反应的概率也愈高。但目前临床上中药与中药、中西药配伍治疗的情况日益增多,由于中西药配伍无章可循,配伍不当时可受多种因素影响,使溶解度下降或产生聚合物出现沉淀,甚至可能与其他成分发生化学反应,使药效降低。

在中药提取物制剂的复杂成分中加入其他药物时,易发生氧化、还原、络合、沉淀现象等。因此,中药注射液配伍时除了注意混合液外观发生的物理化学变化外,有时也会出现虽然外观无变化,但用仪器实测配伍后有不溶性微粒增加的情况。因此,在静脉滴注中药时应严格按说明书规定剂量使用,采用规定的输液载体。在输液配伍时由于没有足够的研究文献支持,建议在没有安全资料的情况下,不宜与其他药物混合使用,宜单独滴注使用。用前须对光检查,发现药液浑浊或变色时不能再用,给药时应缓慢静脉滴注,注意观察有无头晕、心慌、发热、皮疹等不良反应发生。

近年来,"鱼腥草注射液""刺五加注射液""炎毒清注射液""复方蒲公英注射液""鱼金注射液"等多个品种的中药注射剂因发生严重不良事件或存在严重不良反应被暂停销售使用。2008年,国家卫生部医政司为保障医疗安全和患者用药安全,颁布了"关于进一步加强中药注射剂生产和临床使用管理的通知",其中明确规定了中药注射剂临床使用基本原则,可作为药师审核中药注射剂的参考规范。其详细内容如下。

1. 选用中药注射剂应严格掌握适应证,合理选择给药途径。能口服给药的,不选用注射给药;能肌内注射给药的,不选用静脉注射或滴注给药;必须选用静脉注射或滴注给药的应加强监测。

2. 辨证施药,严格掌握功能主治。临床使用应辨证用药,严格按照药品说明书规定的功能主治使用,禁止超功能主治用药。

3. 严格掌握用法用量及疗程。按照药品说明书推荐剂量、调配要求、给药速度、疗程使用药品。不超剂量、过快滴注和长期连续用药。

4. 严禁混合配伍,谨慎联合用药。中药注射剂应单独使用,禁忌与其他药品混合配伍使用。谨慎联合用药,如确需联合使用其他药品时,应谨慎考虑与中药注射剂的间隔时间以及药物相互作用等问题。

5. 用药前应仔细询问过敏史,对过敏体质者应慎用。

6. 对老人、儿童、肝肾功能异常患者等特殊人群和初次使用中药注射剂的患者应慎重使用,加强监测。对长期使用的在每疗程间要有一定的时间间隔。

7. 加强用药监护。用药过程中,应密切观察用药反应,特别是开始30min。发现异常,立即停药,采用积极救治措施,救治患者。

实例见表4-2。

表4-2 中药注射剂配伍禁忌举例

并用药物	并用结果	建 议
注射用葛根素+碳酸氢钠	混合溶液变黄	注射用葛根素系葛根中提出的一种黄酮苷类化合物,分子中含有酚羟基,易与金属离子形成络合物,因此应避免加入电解质类药物
银杏叶提取物制剂+电解质	形成络合物	银杏叶提取物制剂成分中含有黄酮苷,与注射用葛根素相同,也易与金属离子形成络合物,应避免加入电解质类药物
丹参酮A磺酸钠注射液+氯化钾注射液	出现浑浊和沉淀	氯化钾可通过盐析作用使丹参酮A磺酸钠注射液出现浑浊和沉淀,两者不宜合用

（续 表）

并用药物	并用结果	建 议
双黄连注射液＋氯化钾注射液	出现浑浊和沉淀	两者混合后,氯化钾可通过盐析作用使双黄连注射液出现浑浊和沉淀。不宜合用
复方丹参注射液＋川芎嗪注射液	迅速出现白色浑浊、沉淀	不宜合用
灯盏细辛注射液＋葡萄糖注射液	可析出黑色沉淀	不宜合用,建议用 0.9％氯化钠注射液
丹参注射液＋维生素 C 注射液	混合溶液颜色加深、药效降低、输液反应发生率增加	不宜合用
丹参注射液＋维生素 B$_6$ 注射液	生成沉淀	不宜合用
丹参注射液＋洛美沙星	可生成沉淀	不宜合用
丹参注射液＋培氟沙星、氧氟沙星	可生成淡黄色沉淀	不宜合用
丹参注射液＋低分子右旋糖酐	可引起过敏反应	不宜合用
川芎嗪注射液＋青霉素	可生成沉淀	不宜合用
川芎嗪注射液＋低分子右旋糖酐	可有絮状物生成	不宜合用
杏丁注射液＋乳酸钠林格注射液	可有微量絮状物出现	不宜合用

另:双黄连注射剂与阿米卡星、诺氟沙星、氧氟沙星、环丙沙星、妥布霉素配伍会有沉淀生成,与复方葡萄糖配伍会使含量降低,与维生素 C 配伍会发生化学变化,与青霉素配伍会增加青霉素过敏危险。

建议参附注射液、参麦注射液、生脉注射液与葡萄糖注射液配伍使用,复方苦参注射液与 0.9％氯化钠注射液配伍使用。

此外,还有多种中药注射剂如丹红注射液等,由于缺乏相关的配伍文献资料,配制时更应警惕药物相互作用及配伍禁忌的发生。

第二节　特殊人群用药医嘱审核要点

一、老年人用药医嘱审核要点

老年人用药问题随着人口老龄化现象的日益普遍而越来越受到人们的关注。老年人用药量占全社会用药量的 1/3 左右,药物不良反应的发生率也明显增加:年轻人发生不良反应的概率为 3％左右,60—69 岁的老年人为 10.7％,70—79 岁的老年人则陡升到 21.3％。所以审核老年人用药医嘱首先需要了解老年人的药动学和药效学特点,掌握老年人用药原则,严格控制老年人的用药剂量,从而保证老年人的用药安全。

（一）老年人药动学特点

1. 吸收　老年人与青年人相比,其胃酸分泌少,胃排空时间延长,肠蠕动减弱,血流量减少。老年人的这些变化,虽可影响药物的吸收,但经研究表明,大多数药物在老年人无论其吸收速率或吸收量方面,与青年人并无显著差异。需在胃的酸性环境水解而生效的前体药物,在老年人缺乏胃酸时,则其生物利用度大大降低。此外,老年人常用泻药,可以使药物在肠道的吸收减少。

2. 分布　人的心排血量在 30 岁以后每年递减 1%,体液总量随年龄增长而减少,脂肪成分体重在 30 岁以后逐年递增,血浆蛋白含量随年龄增长而有所降低。因而,老年人血中与血浆蛋白结合的药物减少,特别是那些血浆蛋白结合率高的药物更容易受影响,使血液中的游离型药物浓度明显增加。老年人在同时应用多种药物时,由于药物竞争与血浆蛋白结合,对血中游离药物浓度影响更大。如水杨酸盐单用时血中游离水杨酸为 30%,而同时服用两种以上药物时,血中游离水杨酸可增至 50%。

3. 代谢　肝对药物的代谢具有重要作用。随着年龄的增长,肝质量占全身质量的百分比可能减少 30%(80 岁),肝血流量可能减少 40%(65 岁),微粒体酶活性降低,功能性肝细胞减少,使药物在肝脏中的代谢减慢。老年人应用经肝代谢的药物如红霉素、利多卡因、普萘洛尔、洋地黄毒苷、苯二氮䓬时,可导致血药浓度增高或消除延缓而出现更多的不良反应,故需适当调整剂量。在给老年人应用某些须经肝代谢后才具有活性的药物时(如可的松在肝转化为氢化可的松而发挥作用),更应考虑上述特点而选用适当的药物(如应用氢化可的松而不用可的松)。

4. 排泄　肾是药物排泄的重要器官。老年人由于肾体积缩小,肾小球及肾小管细胞数量减少,肾功能随之衰减,80 岁的老年人肾功能下降约 50%。肾血流量减少及肾小球滤过率降低,使药物的清除率减低,肌酐 24h 排出量,在 20 岁时为 24mg/kg 体重,40 岁以后,肌酐清除率每年下降 1%,到 80 岁时下降为 8～12mg/kg 体重。另外,老年人肾小管分泌功能也降低。老年人肾的上述巨大变化,大大地影响药物自肾排泄,使药物的血浆浓度增高或减缓药物自机体的消除半衰期延长,从而老年人更易发生不良反应。因此,给老年人用药时要根据其肾功能(肌酐清除率)调整给药剂量或调整给药的间隔时间。可根据 cockcroft 方程式,计算内生肌酐清除率(Ccr),公式为:$Ccr = (140 - 年龄) \times 体重(kg)/72 \times Scr(mg/dl)$ 或 $Ccr = [(140 - 年龄) \times 体重(kg)]/[0.818 \times Scr(\mu mol/L)]$,注:Scr 为血肌酐;内生肌酐清除率计算过程中应注意肌酐的单位;女性按计算结果×0.85。

(二)老年人药效学特点

老年人由于患有多种疾病、合用多种药物、体内重要器官和各系统功能增龄性降低、受体数目及亲和力等发生改变,而使药物反应性调节能力和敏感性改变。

1. 对大多数药物敏感性增高、作用增强　老年人生理功能减退,对药物敏感性增高,作用增强,对药物不良反应发生率也增高。

(1)对中枢抑制药敏感性增加:因老年人高级神经系统功能减退,脑细胞数、脑血流量和脑代谢均降低,因此,对中枢抑制药很敏感。例如对有镇静作用或镇静不良反应的药物,均可引起中枢的过度抑制;对吗啡的镇痛作用、吸入麻醉剂氟烷和硬膜外麻醉药利多卡因、苯二氮䓬类(地西泮、氯氮䓬、硝西泮等)敏感性增加,地西泮在老年人产生醒后困倦的不良反应发生率是青年人的 2 倍。故而,用药剂量应相应减少;巴比妥类在老年人可引起精神症状,从轻度的烦躁不安到明显的精神病,此现象不仅见于长期用药者,而且也见于首次用药的老年人,因此老年患者不宜使用巴比妥类。

老年人使用吗啡易引起敌对情绪、对吗啡引起的呼吸抑制更为敏感,同样剂量吗啡的镇痛作用老年人明显强于青年人。据报道,老年人大脑对麻醉性镇痛药高度敏感,使用年轻患者的常用剂量时,可产生过度镇静,出现呼吸抑制和意识模糊,而较小剂量则可缓解疼痛。老年人服用具有中枢作用的降血压药(如利血平)、氯丙嗪时可引起精神抑郁和有自杀倾向。老年人对中枢有抗胆碱作用类的药物敏感性增强,如应用中枢抗胆碱药治疗帕金森综合征时,常引起痴呆、近期记忆力和智力受损害。

(2)使影响内环境稳定的药物作用增强:老年人内环境稳定调节能力降低,使影响内环境稳定的药物作用增强。①血压调节功能不全,易引起直立性低血压。老年人压力感受器反应降低,心脏本身和自主神经系统反应障碍,血压调节功能不全,致使抗高血压药的作用变得复杂化,很多药物可引起直立性低血压,其发生率和程度比青壮年高,特别是当给予吩噻嗪类(如氯丙嗪)、肾上腺素受体阻断药(如酚妥拉明)、肾上腺素能神经元阻断药(如利血平)、亚硝酸盐类血管扩张药、三环抗抑郁药、普鲁卡因胺、抗高血压药和利尿药等最为明显。表明老年人内环境稳定功能损害时,可影响药物的效应。②体温调节能力降低,应用氯丙嗪等药易引起体温下降。由于老年人体温调节功能降低,当应用氯丙嗪、巴比妥、地西泮、三环抗抑郁药、强镇痛药、乙醇等药物时,易引起体温下降。③使用胰岛素时,易引起低血糖反应。

(3)对肝素及口服抗凝药非常敏感:鉴于老年人肝合成凝血因子的能力减退,故对肝素及口服抗凝药非常敏感,易产生出血并发症。由于老年人肝合成凝血因子的能力减退,通过饮食摄入维生素 K 减少,或维生素 K 在胃肠道吸收减少,使维生素 K 缺乏,以及老年人血管变性,止血反应减弱,故对口服抗凝药华法林和肝素的作用比青壮年敏感,易产生出血并发症。

(4)对肾上腺素敏感:小剂量肾上腺素对年轻人并不能引起肾血管明显收缩,而同样剂量的肾上腺素却可使老年人肾血流量降低 $50\% \sim 60\%$、肾血管阻力增加 2 倍以上。

(5)对耳毒性药物敏感:老年人对耳毒性药物如氨基糖苷类抗生素、依他尼酸等很敏感,易引起听力损害。

(6)药物变态反应发生率增加:老年人免疫功能降低,可使药物变态反应发生率增高。

2. 对少数药物敏感性降低、反应减弱　由于多种内分泌的受体数目可随增龄增长而减少,相关药物效应降低,如对类固醇、胰岛素及 β 受体兴奋药敏感性下降,这也可能是受体对药物的亲和力减弱的结果。

老年人对 β 肾上腺素能受体激动药及阻断药的反应均减弱。由于老年人心脏 β 受体数目减少和亲和力下降,对 β 肾上腺素能受体激动药异丙肾上腺素的敏感性降低,使用同等剂量的异丙肾上腺素其加速心率的反应比青年人弱;β 受体阻断药普萘洛尔的减慢心率作用(阻断运动性心率增加的作用)也见减弱。对阿托品的增加心率作用减弱,青年人用阿托品后,心率可增加 $20 \sim 25/min$,而老年人仅增加 $4 \sim 5/min$,其原因可能与老年人迷走神经对心脏控制减弱有关。对兴奋药苯丙胺、士的宁的兴奋作用也减弱。

3. 对药物耐受性降低　老年人对药物耐受性降低,尤其是女性。①多药合用耐受性明显下降。老年人单一或少数药物合用的耐受性较多药合用为好,如利尿药、镇静催眠药各一种并分别服用,可能耐受性良好,能各自发挥预期疗效。但若同时合用,则患者不能耐受,易出现直立性低血压。所以,合并用药时,要注意调整剂量,尽量减少用药品种。②对胰岛素和葡萄糖耐受力降低。由于老人大脑耐受低血糖的能力也较差,故易发生低血糖昏迷。③对易引起缺氧的药物耐受性差。因为老年人呼吸、循环功能降低,应尽量避免使用这类药物。④老年人肝功能下降,对利血平及异烟肼等损害肝脏的药物耐受力下降。⑤对排泄慢或易引起电解质失调的药物耐受性下降。老年人由于肾调节功能和酸碱代偿能力较差,输液时应随时注意调整,对于排泄慢或易引起电解质失调药物耐受性下降,故使用剂量宜小,间隔时间宜长。

4. 用药依从性较差而影响药效　用药依从性是指患者遵照医嘱服药的程度。遵照医嘱服药是治疗获得成功的关键。老年人用药依从性降低的原因可能与老年人记忆力减退、反应迟钝、对药物不了解、忽视按规定服药的重要性、漏服、忘服或错服、多服药物有关,从而影响药物疗效或引起不良反应。

(三)老年人用药的原则

1. 选药原则　确定诊断,明确用药指征。应尽量认清疾病的性质和严重程度,据此选择有针对性的药物,不要盲目对症治疗,妨碍对疾病的进一步检查和诊断。尽量减少药物种类,避免使用老年人禁忌或慎用的药物,不可滥用滋补药及抗衰老药,中药和西药不能随意合用,注意饮食对药物疗效的影响,使用新药要慎重,选择药物前应询问用药史。老年人除急症或器质性病变外,一般应用最少药物和最低有效量来治疗。一般合用的药物控制在 3～4 种,因为作用类型相同或不良反应相似的药物合用在老年人常更容易产生不良反应,例如抗抑郁药、抗精神病药、抗胆碱药、抗组胺药均有抗胆碱作用,它们的作用可相加而产生不良反应,出现口干、视物模糊、便秘、尿潴留和各种神经精神症状。镇静药、抗抑郁药、血管扩张药、利尿药均可引起老年人的直立性低血压,故尽量不要合用。

2. 剂量原则　老年人用药量在《中国药典》规定为成年人量的 3/4;80 岁以上老年人,最好不要超过成年人剂量的 1/2。一般来说,老年人初始用药应从小剂量开始,开始用成年人量的 1/4～1/2,然后根据临床反应调整剂量,逐渐增加到最合适的剂量,每次增加剂量前至少要间隔 3 个血浆半衰期,一般直至出现满意疗效而无不良反应为止。假如用到成年人剂量时仍无疗效,则应该对老年人进行治疗浓度监测,以分析疗效不佳的原因,根据不同情况调整给药次数、给药方式或换用其他药物。老年人用药后反应的个体差异比其他年龄的人更为突出,最好根据老年患者肝、肾功能来决定及调整剂量,严格遵守剂量个体化的原则。这对于具有肝肾毒性较大而治疗指数又较小的药物尤为重要。

3. 使用原则

(1)根据时间生物学和时间药理学的原理,选择最合适的给药方法及最佳的给药时间进行治疗以提高疗效和减少不良反应:降血压药选在早晨服,因为血压上升前 0.5h 是最佳时间;洋地黄、胰岛素,凌晨 4 时的敏感度比其他时间大几倍甚至几十倍。皮质激素的应用,目前多主张长期用药者在病情控制后,采取隔日 1 次给药法,即把 2 天的总量于隔日上午 6～8 时 1 次给药。这是根据皮质激素昼夜分泌的节律性,每日晨分泌达高峰,这时给予较大量皮质激素,下丘脑-垂体-肾上腺系统对外源性激素的负反馈最不敏感,因而对肾上腺皮质功能抑制较小,疗效较好;有些药物要求在空腹或半空腹时服用,如驱虫药、盐类泻药等。有些药要求在饭前服,如某些降糖药、健胃药、收敛药、抗酸药、胃肠解痉药、利胆药等。

(2)停药应掌握的原则:需立即停药的情况包括治疗感冒、肝炎等病时,在症状及各种实验检查指标正常后即可立即停药,长期用药只能增加肝脏负担,引起不良反应。见效就停的药物还包括镇痛药、解热药、催眠药等。需缓慢停药的情况:对骤然停药后常出现停药综合征或停药危象的药物应该选择不同的停药方法。β受体阻断药必须逐渐减量,减量过程以 2 周为宜,在 1 周内全部停药;使用糖皮质激素,必须逐渐减量停药,骤停可能会导致反跳现象;对治愈后易复发的疾病,如十二指肠溃疡、癫痫、结核、类风湿关节炎等,为巩固疗效,防止复发,显效后需进行维持治疗。

(3)用药治疗期间应当密切观察药物反应:安全指数较小的药物有条件的应当进行血药浓度监测,调整给药剂量;对于不良反应较大的药物应定期监测生化,如肝、肾功能异常应立即停药及时治疗。有条件的医院可建立药历,记录治疗方案、用法用量、服药时间、患者服药后的反应、用药指导、需继续观察的项目等,药师根据这些信息评估用药后的效果、药物间的相互作用。协助医师对患者提供个体化的给药方案,更好地指导患者用药,以收到最好的治疗效果。

(4)重视老年人的依从性:用药的危害包括由于不必要的或不适当的用药和使用拮抗药物而引起继发疾病,它通常在患者不会用药和不了解用药目的的情况下发生。因此,对老年患者用药宜少,尽量避免合并用药、疗程要简化,以提高用药依从性和防止误用药物。

4. 合理选择常用药物

(1)抗菌药:需注意老年人生理特点,其体内水分少,肾功能差,容易在与青年人的相同剂量下造成高血药浓度与毒性反应。对肾与中枢神经系统有毒性的抗菌药物,如链霉素、庆大霉素,应尽量不用,此类药更不可联合应用。

(2)肾上腺皮质激素:老年人常有关节痛,如类风湿关节炎、肌纤维炎,因而服可的松类药。而老年人常患有骨质疏松,再用此类激素,可引起骨折和股骨头坏死,特别是股骨颈骨折,故应尽量不用,更不能长期大剂量用药,如必须应用,须加钙剂及维生素 D。

(3)解热镇痛药:如吲哚美辛、保泰松、安乃近等,容易损害肾;而出汗过多又易造成老年人虚脱。

(4)利尿药:利尿药虽可以降血压,但不可利尿过快,否则会引起有效循环血量不足和电解质紊乱。噻嗪类利尿药不宜用于糖尿病和痛风患者。老年人在降压过程中容易发生直立性低血压,应注意观察血压变化,不能降得太低或过快。

二、小儿用药医嘱审核要点

我国每年约有 3 万名儿童因不合理应用药物而导致耳毒性药物致聋及其他不良反应。儿童是一个具有特殊生理特点的群体,处在生长发育阶段,机体各系统、各器官的功能尚未发育完善,对药物的吸收、分布、代谢、排泄差别很大,在不同的阶段对药物的反应也不同。因此,了解儿童的生理特点及药动学特点,掌握小儿用药原则,准确计算小儿用药剂量,是小儿用药医嘱审核的重点,以保证儿童合理安全用药。

(一)儿童药动学特点

1. 吸收　药物吸收的速度和程度取决于药物的理化性质、机体情况和给药途径。新生儿胃酸浓度低,排空时间长,肠蠕动不规律,如青霉素等抗生素在成年人胃内可被分解,但对新生儿则可很好地被吸收。新生儿肌肉量少,末梢神经不完善,肌肉给药则吸收不完全。经皮肤给药时,婴幼儿皮肤角质层薄,体表面积大,药物较成年人更易透皮吸收。

2. 分布　药物分布的主要因素是脂肪含量、体液腔隙比例、药物与蛋白质结合程度等。婴幼儿脂肪含量较成年人低,脂溶性药物不能充分与之结合,血浆中游离药物浓度增高。婴幼儿体液及细胞外液容量大,水溶性药物在细胞外液被稀释,血浆中游离药物浓度较成年人低,而细胞内液浓度较高。婴幼儿的血浆蛋白结合率低,游离型药物较多,且体内存在较多的内源性蛋白结合物,如胆红素等,因此与血浆蛋白结合力强的药物如苯妥英钠、磺胺类药物等能与胆红素竞争结合蛋白,使游离型胆红素浓度升高,出现高胆红素血症,甚至核黄疸。此外,新生儿的血-脑屏障不完善,多种药物均能通过,可以使之毒性增高。

3. 代谢　新生儿肝酶系统不成熟,直到出生后 8 周,此酶系统活性才达正常成年人水平。新生儿在出生后 8 周内,对于靠微粒体代谢酶系统灭活的药物敏感。新生儿还原硝基和偶氮的能力及进行葡萄糖醛酸、甘氨酸、谷胱甘肽结合反应的能力很低,对依靠这些结合反应灭活的药物也非常敏感。另外,新生儿若大量给予氯霉素有可能引起中毒反应,导致灰婴综合征。

4. 排泄　药物的主要排泄器官是肾,而肾功能随年龄增长而变化。儿童尤其是新生儿肾血流量低,只有成年人的 20%～40%,出生后 2 年大致接近成年人值;肾小球滤过率按体表面积计算,在 4 个月时只有成年人的 25%～50%,2 岁时接近成年人值;而肾小管最大排泄量在出生后 1 个月内很低,在 1—5 岁接近成年人值。此外,肾小管分泌酸能力低,尿液pH 高,影响碱性药物排泄。因此,可能导致肾排泄药物(如地高辛、庆大霉素)消除减慢,易致蓄积中毒。所以在给药时应注意新生儿的月龄、药物剂量及给药间隔。

(二)小儿用药的原则

1. 选择合理药物　在用药之前必须进行正确的诊断才能有针对性地选择药物,避免儿科药物不良反应的发生。以抗菌药物应用为例,应首先确定是细菌感染还是病毒感染,儿科常见的病毒性感染有水痘、麻疹、流行性腮腺炎、病毒性肠炎和大多数急性上呼吸道感染等,这些疾病各自有特异性症状与体征,对细菌感染者应把握所用药物的适应证、剂量、用药途径及药物的不良反应。在使用药物时应遵循"可用一种药物治疗时就不用两种药物"的原则。临床上抗菌药物的滥用不但会增加不良反应发生率,且易导致耐药菌株的产生,给治疗带来很大困难。

2. 选择合适剂量　剂量选择不当是儿科不良反应发生的另一主要因素。许多药品没有小儿专用剂量,普通常用的方法是由成年人剂量来换算,多数仍按年龄、体重或体表面积来计算小儿剂量,一般可根据年龄按成年人剂量折算;对于毒性较大的药物,应按体重方法计算,有的按体表面积计算。这些方法各有其优缺点,可根据具体情况及临床经验适当选用。在联合用药时,应注意有无药物浓度较单一用药时的改变,要及时调整用量。

(1)按年龄折算法:按年龄折算法是较常用的一种方法,对于剂量幅度大并且不需十分精确的药物可以按年龄计算,这种方法比较简单,按年龄折合成年人剂量见表 4-3。

表 4-3　小儿剂量及体重的计算

年龄	按年龄折算剂量(折合成年人剂量)	按年龄推算体重(kg)
新生儿	1/10～1/8	2～4
6 个月	1/8～1/6	4～7
1 岁	1/6～1/4	7～10

（续 表）

年龄	按年龄折算剂量（折合成年人剂量）	按年龄推算体重（kg）
4 岁	1/3	1 周岁以上体重可按下式计算：
8 岁	1/2	实足年龄×2＋8＝体重（kg）
12 岁	2/3	

具体计算公式是：

$$1 \text{岁以内用量}＝0.01×（月龄＋3）×\text{成年人剂量}$$
$$1 \text{岁以上用量}＝0.05×（年龄＋2）×\text{成年人剂量}$$

（2）按体重计算法：这种方法在临床上应用最广，但需要记住每种药物的剂量和小儿的体重，即小儿（每天或每次）的药量＝（每天或每次）每千克体重的药量×小儿体重（千克）。此法算出的药量较准确，但记忆较难，不易掌握。年长儿按体重计算如已超过成年人量时则以成年人量为上限。每日量计算之后应按具体要求分次给药。例如红霉素，每天每千克体重 25～50mg，2 岁小儿每天的药量就是 40mg×12（kg）＝480mg，每天 3 次，即每次 150mg；每天 4 次，则每次 125mg。

小儿可按年龄推算体重，见表 4-3，具体计算方法如下：

＜6 个月龄婴儿体重＝出生时体重（kg）＋月龄×0.7（kg）；

7～12 月龄婴儿体重＝6（kg）＋月龄×0.25（kg）；

1 岁至青春前期体重＝年龄×2（kg）＋8（kg）。

（3）按体重折算法：这种方法适用于 2 岁以上的小儿，可按小儿药量＝成年人剂量×小儿体重（kg）/成年人体重（50 或 60kg）这一公式来计算。此法简便易行，但年幼者求得的剂量偏低，年长儿求得的剂量偏高，应根据临床经验作适当增减，如所得的剂量超过成年人剂量时，可按成年人剂量或略低于成年人剂量应用。

（4）按体表面积计算：按体表面积比按年龄、体重计算更为准确，因为这种方法与基础代谢、肾小球滤过率等生理活动关系更为密切。用体表每平方米表达药量，能适合于各年龄小儿，同样也适合于成年人。对新生儿来说更为突出，新生儿体重、表面积和长度分别为成年人的1/21,1/9 和 1/3.3，如果按体重折算用量偏低，按身长折算用量偏大，大多数药物以采用表面积计算用量更接近临床实际用量。

按体表面积计算小儿用量公式为：小儿用量＝成年人剂量×某体重小儿体表面积（m²）/1.7，其中 1.7 为成年人（70kg）的体表面积。

小儿体表面积可根据体重推算，公式如下：

＜30kg 小儿体表面积（m²）＝体重（kg）×0.035＋0.1；

30～50kg 小儿体表面积（m²）应按体重每增加 5kg，体表面积增加 0.1m² 计算；

60kg 小儿体表面积（m²）为 1.6m²；

70kg 小儿体表面积（m²）为 1.7m²；

小儿体表面积也可根据小儿身高、体重计算求得：表面积（m²）＝0.006 1×身高（cm）＋0.012 8×体重（kg）－0.152 9。

以上 4 种方法在应用上都要根据具体情况，具体对待，灵活掌握。因为小儿有胖有瘦，病有轻有重，不能硬套公式。一般主张，胖的、病重的小儿，可取年龄组药量的高限，反之取其低限为宜。有些药物，小儿和成年人用量差不多，如维生素类就是如此。还有一些药物，如苯巴比妥、异丙嗪和阿司匹林类解热药、泼尼松等激素类药物及利尿药等，小儿耐受性较大，因此，按每千克体重剂量计算较好，如按年龄折算往往偏小。

3. 选择给药途径　给药途径由病情轻重缓急、用药目的及药物本身性质决定。正确的给药途径对保证药物的吸收、发挥作用至关重要：①能口服或经鼻饲给药的小儿，经胃肠道给药安全。有些药物(如地高辛)，口服较肌内注射吸收快，应引起注意。②皮下注射给药可损害外周组织且吸收不良，不适用于新生儿。③地西泮溶液直肠灌注比肌内注射吸收快，因而更适于迅速控制小儿惊厥。④由于儿童皮肤结构异于成年人，皮肤黏膜用药很轻易被吸收，甚至可引起中毒，外用药时应注意。

4. 选择合适剂型　在我国，90％的药物缺乏可供儿童安全方便使用的儿童剂型，患儿家长和医生在患儿用药时只能根据小儿体重、年龄或体表面积与成年人的比例进行计算经验用药，在用药剂量方面很难把握，造成偏失。小儿用药没有经过严格的临床实验指导，用药不良反应屡见不鲜。此外，小儿使用成年人药品导致的浪费也不容忽视，药品分剂量时很容易导致损坏、浪费。像一些控释、缓释药品，往往因为拆分药品而导致药物过早地在胃里吸收掉，达不到治疗效果，相反的，还容易导致不必要的胃肠刺激。目前，儿科药物剂型改革方向主要有：①研制口服制剂来替代一些注射剂，原则上要求能够口服给药的就不需要进行注射治疗。②开发多种口服制剂(如滴剂、混悬剂、咀嚼片和泡腾片等)并改善口感，方便患儿服用。③研制缓释制剂，减少服药次数和服药天数，提高小儿用药依从性。现在我国儿科药品在药物剂型的改进方面有了很大的提高，许多口服制剂(如阿莫仙干糖浆、泰诺滴剂等)添加了适于儿童口味的果味剂，大多数滴剂还配有小量杯或刻度滴管，这些都极大地方便了小儿用药。

5. 小儿常用药物的合理应用

(1)抗生素类药物：不规范使用抗生素是我国儿科临床长期存在的严重问题，尤其在儿科常见的呼吸道感染中。有资料显示，80％～85％的门诊患儿使用抗生素，普通感冒患儿92％～98％使用抗生素，肺炎患儿则达100％，治疗的关键是针对病原菌选用敏感的抗生素并合理应用。就抗菌治疗而言，尤应关注药物浓度与抗菌效果及不良反应的关系。当前抗菌药物的滥用现象较为突出，对非感染性疾病如肠痉挛、单纯性腹泻及一般感冒、发热患儿不究其原因就首先使用抗生素。在应用抗生素方面正确的做法应当是在病原学诊断后及时调整治疗方案，选用窄谱、低毒的药物来完成治疗。如需联合应用，应以疗效好、不良反应小为原则，为防止累积毒性作用，严禁联合使用对同一器官均有毒性的抗生素，如头孢唑啉与阿米卡星都具有较强的肾毒性，应尽量避免联合使用。青霉素类抗生素为时间依赖型抗生素，这类抗生素由于在体内消除快，欲维持合适的血药浓度，给药次数应每日2～4次。喹诺酮类(如环丙沙星)、四环素类(如土霉素)不宜应用，对于氨基糖苷类及磺胺类等不良反应较大的药物应慎用。值得注意的是，长期使用广谱抗菌药物容易引起肠道菌群失调，如消化道菌群失调可以引起腹泻、便秘等，严重者可以引起全身真菌感染。

(2)解热镇痛类药物：目前适用于小儿的解热镇痛药品种及剂型相对较多，各种解热药成分不同，但其药理作用基本相同，只要一种足量即有效，没有联合用药的必要。而对乙酰氨基酚、布洛芬制剂因其疗效好、不良反应小、口服吸收迅速完全，是目前应用最广的解热镇痛药。阿司匹林易诱发儿童哮喘，诱发雷耶综合征、胃肠道黏膜损害，剂量过大引起出汗过多而导致患儿体温不升或虚脱，故应慎用。新生儿一般不使用药物降温，3个月以内婴儿发热应慎用解热药,在物理降温无效的情况下可选择外用栓剂,以减少不良反应,或结合年龄及自身特点选用适宜的对乙酰氨基酚或布洛芬制剂。解热药用药时间应间隔4h以上,用药3d以上如不见症状缓解或消失,应重新考虑发热原因,不得长期使用解热药,治疗原发病是基础。

(3)微量元素及维生素类药物:很多家长及部分医生认为微量元素及维生素类药物可以长期、无条件使用,因此经常给孩子服用一些诸如某些钙制剂、锌制剂、氨基酸制剂、多种维生素制剂等药物。其实服用此类药物治疗要根据身体的需要,若滥用或过量地长期使用会产生不良反应,如维生素D过量的使用可致使体内维生素A、维生素D浓度过高,出现高钙血症。对于新生儿,不宜长期使用维生素K,否则易引起高胆红素血症。

三、妊娠期用药医嘱审核要点

妊娠期是一个特殊时期,妊娠期用药关系着胎儿的生长发育,一旦选用的药物不慎重、不恰当、不合理,不仅会给孕妇本人造成不同程度的痛苦和伤害,还会危及胚胎、胎儿,可以引起胎儿生长受限,胎儿体表或脏器、器官畸形,甚至发生流产、死胎、新生儿死亡的不良后果。所以妊娠期用药医嘱审核主要关注孕妇和胎儿的安全性,保证用药的安全有效。

(一)药物对不同孕期胚胎的影响

1. 细胞增殖早期:受精卵着床于子宫内膜前为着床前期(受孕后2W)。此期虽然对药物高度敏感,但如受到药物损害严重,其结果往往是导致胚胎死亡,受精卵流产或仍能存活而发育成正常个体,药物的致畸作用在此期几乎不能见到。

2. 器官发生期:受精后3周至3个月,胎儿心脏、神经系统、呼吸系统、四肢、性腺、外阴相继发育,此时如接触不良药物最易发生先天畸形,因此,此期为药物致畸的敏感期。

3. 胎儿形成期:妊娠3个月至足月,胎儿发育的最后阶段。此时器官已形成,除中枢神经系统或生殖系统可因有害药物致畸外,其他器官一般不致畸,但可能影响胎儿的生理功能和发育成长。

(二)妊娠期用药的基本原则

1. 没有一种药物对胎儿的发育是绝对安全的,孕期应尽量避免不必要的用药,特别是孕期的前3个月,可推迟治疗的尽量推迟到此期以后。

2. 必须使用药物治疗时,应选用对母体、胎儿无损害,而对孕妇所患疾病有效的药物,尽量选用已经临床验证的A、B类药物。孕期前3个月不应使用C、D类药物。

3. 能用一种药物治疗就避免联合用药,能用效果肯定的老药就避免使用对母体、胎儿影响不明的新药,能用小剂量药物就避免使用大剂量药物。

4. 一般情况下,整个孕期都不应使用D类药物。如病重或抢救等特殊情况下,使用C、D类药物,也应在权衡利弊后,确认利大于弊时方能使用。

5. 在必须使用C、D类药物时,应进行血药浓度监测,以减少药物不良反应。如万古霉素、磺胺类、氟胞嘧啶(C类),氨基糖苷类(D类)。

6. 很多中药及中成药在妊娠期是禁用或慎用的,对此必须予以重视。

禁用的中药:巴豆、牵牛子、斑蝥、麝香、铅粉、商陆、芦荟、马钱子等。慎用或应避免单独使用的:附子、乌头、生大黄、生南星、生半夏、皂角刺、穿山甲、雄黄、当归尾、红花、桃仁、槟榔、牛黄、木通等。

禁用或慎用的中成药:安宫牛黄丸、大活络丸、华佗再造丸、六味安消胶囊、麻仁润肠丸、牛黄解毒片、七厘胶囊、麝香保心丸、胃舒冲剂、益母草制剂、云南白药等。在使用中成药时,必须仔细阅读并参考说明书中对妊娠妇女的使用规定,以避免产生不良反应。

7. 整个妊娠期中使用各种疫苗应十分小心,大部分活病毒疫苗对孕妇是禁用的。

(三)美国 FDA 药物对胎儿危险性等级标准分类

1979 年起,美国 FDA 根据药物对胎儿产生危害性的等级制定颁布了药物对胎儿的危害等级标准,即分为 5 类:A、B、C、D、X。在随后的时间里,大多数药物对妊娠期危险性级别均由药厂根据美国 FDA 标准拟定,并随着新药的不断问世,分级药品不断增多。以下是有关分级的说明。

1. A 类药物　已有妊娠妇女对照研究证实,在妊娠前、中、后三个月未能证明药物对胎儿具有危险性,且几乎无出现胎儿损害可能性。

2. B 类药物　指动物研究未证明药物对胎儿有危险性,但未曾进行合适的妊娠妇女对照研究。或指动物研究显示药物对胎儿具有某些危险性,但妊娠妇女对照研究未能证明药物对胎儿具有危险性。

3. C 类药物　动物研究显示药物具有致畸性和胚胎毒性效应,但无充分的妊娠妇女对照研究。或无动物与妊娠妇女研究资料可供应用。此类药物仅在权衡对胎儿的利大于弊时给予。

4. D 类药物　已存有该药物对胎儿危险性证据,但在某些情况下(例如威胁生命时或严重疾病状态下且无安全性药物可供使用),虽有阳性证据存在,但仍可应用于妊娠妇女。

5. X 类药物　该药物的动物实验和人类研究均已证实可造成胎儿异常,或基于人类经验具有胎儿危险性证据,且其危险性明显地超过任何可能的效益,该药物禁用于妊娠或可能妊娠的妇女。

第三节　全静脉营养液医嘱审核要点

近年来,静脉用药集中调配中心(PIVAS)已成为医院药学的重要组成部分,如何为患者提供安全、有效、合理的静脉药物治疗,是临床医师、药师和护士共同的目标。在 PIVAS 这个联系医、药、护、患的工作中,药师通过处方审核和药物配置,有了更便捷的参与临床治疗的机会。可以说,PIVAS 是药师发挥优势的一个工作平台,也是开展药学服务的切入点。

在世界范围内,住院患者的营养不良问题一直是一个普遍存在的问题。国内临床流行病学调查显示,我国有 30%～70% 的住院患者在入院时或住院期间存在营养不良现象。营养支持的目的是维持与改善机体器官、组织及细胞的代谢与功能,促进患者康复,营养不足和营养过度对机体都是不利的。因此,在药师进行全静脉营养液处方审核时,要着重把握以下几点:患者的能量需求是否满足,全静脉营养液中有关营养物质的含量配比如糖脂比、热氮比是否恰当,主要电解质浓度是否合适等。

一、能量需要量

(一)正常人体所需的营养素

主要包括:糖类、脂肪、蛋白质、水、电解质、微量元素和维生素。其中三大营养物质(糖类、脂肪和蛋白质)的代谢是维持人体生命活动及内环境稳定最重要的因素,影响因素如下:

1. 正常情况下主要是年龄、性别、体表面积、体温及环境温度等。

2. 饮食习惯和食物构成不同,各种营养物质被机体作为能量贮存或转化为其他物质的量也有较大变化。

3. 针对患者还要考虑疾病情况、营养状态及治疗措施等的影响。

(二)人体能量的需求

正常情况下机体所需的能量来自体内能源物质的氧化,而这些能源物质一方面来自机体储备,另一方面来自摄入的外源性营养物质。

1. **基础能量需要** 基础代谢是维持机体最基本的生命活动所需要的能量,其中,10%的部分用于体内机械运动(如呼吸和心跳等),大部分用于维持细胞内外液电解质的浓度差,或用于蛋白质及其他大分子物质的生物合成。基础代谢的测定要求在餐后 12~15h,一般在清晨睡醒时,全身肌肉放松,情绪和心理平静,周围环境舒适安静,温度 22℃左右的特定条件下进行,所测能量即为基础能量消耗(BEE)。

Harris-Benedict 公式至今一直作为临床上计算机体基础能量消耗(BEE)的经典公式:

男:$BEE(kcal/d) = 66.473 + 13.751W + 5.003H - 6.775A$

女:$BEE(kcal/d) = 655.095 + 9.563W + 1.849H - 4.675A$

(W:体重,kg;H:身高,cm;A:年龄,岁)

近年来多数研究结果表明,Harris-Benedict 公式较我国正常成年人实际测量值高出了10%左右。因此在估计正常人体的能量消耗时需要注意。

单位时间内人体单位体表面积所消耗的基础代谢能量称为基础代谢率(BMR)。我国正常人基础代谢率的平均值见表 4-4。

表 4-4 中国正常人 BMR 平均值[kcal/(m² · h)]

年龄(岁)	男性	女性
11	46.7	41.2
16	46.2	43.4
18	39.7	36.8
20	37.7	35.0
31	37.9	35.1
41	36.8	34.0
51	35.6	33.1

除了基础能量消耗外,临床上更多使用静息能量消耗(REE)。它是在人体餐后 2h 以上,在合适温度下,安静平卧或静坐 30min 以上所测得的人体能量消耗。与 BEE 相比,REE 增高10%左右。增高部分主要包括部分食物特殊动力作用和完全清醒状态下的能量消耗。REE测定较 BEE 简单,故应用亦较广泛。上海中山医院提出根据我国人体测量结果计算住院患者REE 的公式。

男性:$REE(kcal/24h) = 5.48H(cm) + 11.51W(kg) - 3.47A(岁) - 189$

女性:$REE(kcal/24h) = 2.95H(cm) + 8.73W(kg) - 1.94A(岁) + 252$

2. **体力活动能量消耗** 不同体力活动所需要的能量不同。活动量越大,则每分通气量和耗氧量越大,心率越快,每分的能量消耗也越大(表 4-5)。

表 4-5　各级体力劳动能量消耗

活动分级	每分通气量(L)	每分耗氧量(L)	心率(次/min)	每分能量消耗(kcal)
极轻	<10	<0.5	<80	<2.5
轻	10~20	0.5~1.0	80~100	2.5~5.0
中	20~35	1.0~1.5	100~120	5.0~7.5
重	35~50	1.5~2.0	120~140	7.5~10.0
很重	50~65	2.0~2.5	140~160	10.0~12.5
极重	65~85	2.5~3.0	160~180	12.5~15.0

3. 糖类　对正常成人来说,大多数饮食中,糖类提供 35%~70% 非蛋白质热量。每天糖类摄入不应超过 7g/kg。

4. 脂肪　脂肪的主要生理功能是提供能量、构成身体组织、供给必需脂肪酸并携带脂溶性维生素等。脂肪供能应占总能量的 20%~30%(应激状态可高达 50%)。每天脂肪摄入不应超过 2g/kg。其中亚油酸(ω-6)和 α-亚麻酸(ω-3)提供能量占总能量的 1%~2% 和 0.5% 时,即可满足人体需要。

(三)人体蛋白质需求

1. 正常成年人每日蛋白质的基础需要量为 0.8~1.0g/kg,相当于氮 0.128~0.16g/kg。但其需要量可能随代谢的变化而提高到 2g/(kg·d),甚至更高。

2. 在疾病状态下,机体对能量及氮的需求均有增加,但非蛋白质热量(kcal)与氮量(g)的比例一般应保持在(100~150):1。另外,不同疾病对氨基酸的需求是不同的,如创伤状态下谷氨酰胺的需要量明显增加,肝病则应增加支链氨基酸,肾功能不良则以提供必需氨基酸为主等。

(四)人体水的需求

水分占成年人体重的 50%~70%,分布于细胞内液、细胞间质、血浆、去脂组织和脂肪中。人体进行新陈代谢的一系列反应过程都离不开水,保持水分摄入与排出的平衡是维持内环境稳定的根本条件。成年人需水量可因气温、活动量及各种疾病而不同。一般工作量的成年人每日需水量为 30~40ml/kg。

(五)人体电解质的需求

水和电解质平衡是人体代谢中最基本的问题,细胞内和细胞外的电解质成分和含量均有差别,但其内外的渗透压经常是处于平衡状态,主要靠电解质的活动和交换来维持。

1. 电解质——镁

(1)体内总量 12~24g,正常值 0.8~1.2mmol/L(2~3mg/dl)。1g $MgSO_4$ 含镁 8mmol(200mg)。镁缺乏诊断应用镁负荷试验。

(2)PN 时每天补镁量 12~14mmol(1.4~1.7g $MgSO_4$,5~7ml 25% $MgSO_4$)。

(3)胃肠道丢失增加时补镁量增加,1~2g/d 可预防低镁。

(4)补镁量过多可导致呼吸麻痹;肾功能正常时不会中毒,肾功能不全时补镁要慎重。

(5)Mg^{2+}<0.41mmol/L 时有临床症状,>7.5mmol/L 心脏停搏。

2. 电解质——磷

（1）总量 400～800g，87.6% 为骨盐，肾排出 60%，正常浓度是 0.87～1.46mmol/L（2.5～4.5mg/dl）。<0.5～1mg/dl 时出现症状。

（2）PN 时补充 0.15～0.5mmol/（kg·d）。

（3）补充葡萄糖时，胰岛素释放导致糖和磷进入骨骼肌和肝脏增多，血磷下降。

（4）肠外营养时每 1 千卡热量需磷 15mmol。

（六）正常成人微量元素的需求

微量元素在人体内虽含量很少，但分布广泛，且有重要生理功能。目前体内检出的微量元素达 70 余种，临床上常提及的必需微量元素有 9 种，即铁、铬、铜、氟、碘、锰、硒、钼和锌。它们与机体代谢中的酶和辅助因子密切相关，具有重要的生物学作用。

（七）正常成年人维生素的需求

维生素是维持正常组织功能所必需的一种低分子有机化合物，均外源性供给。已知许多维生素参与机体代谢所需酶和辅助因子的组成，对物质的代谢调节有极其重要的作用。

需要强调的是，每个患者对上述 7 大营养素的确切需要量应当作个体化的调整，既要考虑到权威机构的推荐量标准（如中国营养学会的参考值），又要根据不同机体组成和功能来进行调整。调整因素包括个体的年龄、性别、劳动强度、妊娠和哺乳、气候条件、体型，身高、体重及食物成分的不同等，同时还要考虑到机体的生理和病理状态。

2000 年中国营养学会颁布的中国居民膳食营养素摄入量参考值见表 4-6 至表 4-8。

表 4-6　每日正常成年人电解质的 RNIs* 或 AIs*

钙	25mmol（1 000mg）
磷	23.3mmol（700mg）
钾	51mmol（2 000mg）
钠	95.6mmol（2 200mg）
镁	14.6mmol（350mg）

* RNIs 为推荐营养素摄入量；** AIs 为适宜摄入量

表 4-7　每日正常成年人微量元素的 RNIs 或 AIs

铁	15mg
磷	150μg
锌	11.5mg
硒	50μg
铜	2.0mg
氟	1.5mg
铬	50μg
锰	3.5mg
钼	60mg

表 4-8　每日正常成年人维生素的 RNIs 或 AIs

维生素 A	750μg RE
维生素 D	10μg
维生素 E	14mg α-TE*
维生素 B$_1$	1.3mg
维生素 B$_2$	1.4mg
维生素 B$_6$	1.5mg
维生素 B$_{12}$	2.4μg
维生素 C	100mg
泛酸	5.0mg
叶酸	400μg DFE**
烟酸	13mg NE***
胆碱	500mg
生物素	30μg

* α-TE 为生育酚当量；** DFE 为膳食叶酸当量；*** NE 为叶酸当量

2002 年美国肠内外营养学会（ASPEN）在肠内外营养杂志 JPEN［2002,26（1）］上颁布了正常成年人营养素摄入量,详细而具体,现予分列如下（表 4-9,表 4-10,表 4-11）。尽管有种族、饮食习惯和社会文化背景等因素的差别,但这些数据对我们仍有临床参考之价值。

表 4-9　每日电解质需要量

电解质	肠内给予量	肠外给予量
钠	500mg(22mmol/kg)	1~2mmol/kg
钾	2g(51mmol/kg)	1~2mmol/kg
氯	750mg(21mmol/kg)	满足维持酸碱平衡的量
钙	1 200mg(30mmol/kg)	5~7.5μmol/kg
镁	420mg(17mmol/kg)	4~10μmol/kg
磷	700mg(23mmol/kg)	20~40μmol/kg

表 4-10　每日微量元素需要量

微量元素	肠内给予量	肠外给予量
铬	30μg	10~15μg
铜	0.9mg	0.3~0.5mg
氟	4mg	无确切标准

（续　表）

微量元素	肠内给予量	肠外给予量
碘	150μg	无确切标准
铁	18mg	不需常规添加
锰	2.3mg	60～100μg
钼	45μg	不需常规添加
硒	55μg	20～60μg
锌	11mg	2.5～5mg

表 4-11　每日维生素需要量

维生素	肠内给予量	肠外给予量
维生素 B_1	1.2mg	3mg
维生素 B_2	1.3mg	3.6mg
烟酸	16mg	40mg
叶酸	400μg	400μg
泛酸	5mg	15mg
维生素 B_6	1.7mg	4mg
维生素 B_{12}	2.4μg	5μg
生物素	30μg	60μg
胆碱	550mg	无标准
维生素 C	90mg	100mg
维生素 A	900μg	1 000μg
维生素 D	15μg	5μg
维生素 E	15μg	10mg
维生素 K	120μg	1mg

二、热氮比、糖脂比与电解质

（一）热量和液体需要量

热量需要量取决于患者的基础代谢和病情需要。成年人一般每日在 1 800～4 000kcal，约 2 000kcal 能满足大部分患者的能量需要。

液体需要量：在正常情况下，成人每天需水 30ml/kg，儿童 30～120ml/kg，婴儿 100～150ml/kg。成年人每提供 1kcal 能量需 1.0ml 的水，婴儿为 1.5ml/kcal，所以成年人每天约需

2 000ml 的水,但患有肾、肺或心功能代偿失调时不能耐受这一液体量,应酌情减少。对伴有腹痛、腹泻、体重减轻的吸收不良、炎性肠道疾病患者,需补给较高的液体量以纠正体液和电解质失衡。

(二)TPN 主要能源需要量和电解质的需要量

1. TPN 中有 3 种供能物质:葡萄糖、脂肪乳、氨基酸 葡萄糖和脂肪乳提供双重的非蛋白质热量,占人体能量消耗的 85%,是人体最主要的能源,它们所产生的能量为人体基本需要。氨基酸主要提供氮能,占人体能量消耗的 15%。

(1)糖:脂肪热量=(1~3):1,一般为 2:1,脂肪提供人体 25%~50% 非蛋白质热量。

(2)非蛋白质热量与氮量的比值:非蛋白质热量与氮量的比例一般应保持在 100:1~150:1。在不同的疾病状况下热氮比应相应调整。中度应激状态如术前术后营养不良患者、创伤后患者,有并发症的癌症患者术后需 0.16~0.24g 氮/(kg·d),非氮热量:氮为150:1。严重应激状态如腹膜炎,败血症、多发性创伤及烧伤面积>30% 的患者需 0.24~0.32g 氮/(kg·d),非氮热量:氮为(120~150):1。对肾衰竭患者非氮热量:氮为300:1~400:1 也是合适的。

2. 电解质的需要量 TPN 由于它特殊的配方,还有多种成分的混合所带来的相互作用会对稳定性造成影响,特别是 TPN 液中高浓度的脂肪乳化颗粒对溶液的离子浓度很敏感,容易造成脂肪乳微粒的聚集,使脂肪乳微粒增大,有引起血栓性静脉炎的危险,但临床医生对此并没有给予足够的重视。为保证制剂的稳定性,阳离子浓度必须控制,才能使脂肪乳稳定,不致产生沉淀,其中,Na^+ 应控制在 100mmol/L 以下;K^+ 应控制在 50mmol/L 以下;Mg^{2+} 小于 3.4mmol/L;Ca^{2+} 小于 1.7mmol/L。

3. 维生素与微量元素的补充 维生素制剂有水溶性维生素(水乐维他)和脂溶性维生素(维他利匹特),微量元素有成年人用的安达美。这些制剂定量使用即能满足成年人的每日需要,不用单独地计算。通常,维他利匹特最多只需补充 1 支,水乐维他可酌情用到 4 支。安达美一般每日 1 支。

(三)TPN 的配方调整

对于不同情况的患者所需营养及其他物质各有所异,因此,配方的设计必须考虑到患者的年龄、性别、体重、体质,民族,生活状况、疾病等,以确定各成分用量。

例如,外科患者能量和蛋白质需要量见下表 4-12。肠外营养每日推荐量见表 4-13。成年人不同病生理状态下每日营养需要见表 4-14。

表 4-12 外科患者能量和蛋白质需要量

患者条件	能量 kcal/(kg·d)	蛋白质 g/(kg·d)	NPC:N
正常-中度营养不良	20~25	0.6~1.0	150:1
中度应激	25~30	1.0~1.5	120:1
高代谢应激	30~35	1.5~2.0	(90~120):1
烧伤	35~40	2.0~2.5	(90~120):1

NPC:N. 非蛋白热量与氮量比值;体温上升 1℃ 热量增加 12%,大手术后增加 20%~30%,败血症增加 40%~50%,烧伤增加 100%

表 4-13　肠外营养每日推荐量

能量	20～30kcal/(kg·d)[每 1kcal/(kg·d)给水量 1～1.5ml]
葡萄糖　2～4g/(kg·d)	脂肪　1～1.5g/(kg·d)
氮量　0.1～0.25g/(kg·d)	氨基酸 0.6～1.5g/(kg·d)

电解质(肠外营养成年人平均日需量)

　钠　80～100mmol　　　钾　60～150mmol　　　氯　80～100mmol

　钙　5～10mmol　　　　镁　8～12mmol　　　　磷　10～30mmol

脂溶性维生素:A　2 500U　D　100U　　E　10mg　　K₁　10mg

水溶性维生素:B₁ 3mg　　B₂ 3.6mg　　B₆ 4mg　　B₁₂ 5μg

　　　　　泛酸 15mg　烟酰胺 40mg　叶酸 400μg　维生素 C 100mg

微量元素:铜 0.3mg　碘 131μg　锌 3.2mg　硒 30～60μg

　　　　钼 19μg　锰 0.2～0.3mg　铬 10～20μg　铁 1.2mg

表 4-14　成年人不同病理生理状态下每日营养需要

	水 (ml/kg)	热量 (kcal/kg)	氨基酸 (g/kg)	葡萄糖 (g/kg)	脂肪 (g/kg)	钠 (mmol/kg)	钾 (mmol/kg)	钙 (mmol/kg)	镁 (mmol/kg)
基本	30	30	0.7	2	2	1～1.4	0.7～0.9	0.11	0.04
消耗	50	50	1.5～2	5	3	2～3	2	0.15	0.15～0.2
高代谢	100～150	50～60	3～3.5	7	3～4	3～4	3～4	0.2	0.3～0.4

三、几种疾病的全静脉营养液审核要点

(一)糖尿病

1. 糖尿病及其营养代谢变化的特点

(1)糖尿病是一组以长期高糖血症为主要特征的代谢紊乱综合征,其基本病理生理为胰岛素绝对或相对分泌不足,从而引起糖类、脂肪、蛋白质、水和电解质等的代谢紊乱。其表现早期可无症状,病情加重可出现多尿、多食、消瘦、乏力等症状。

(2)胰岛素缺乏情况下总的代谢改变是糖、脂、蛋白质合成下降而分解代谢增加。在外伤、手术、感染等创伤应激状态下,将加重三大营养物质的分解代谢,严重者可发生酮症酸中毒、高渗性昏迷等严重并发症。因此在治疗糖尿病时应重视对患者提供恰当的营养支持。

(3)葡萄糖供给不足,机体必然动员脂肪代谢供给能量,容易发生酮症酸中毒。糖原分解及糖异生作用增加,则容易出现反应性高血糖。因此,适宜地给予糖类,对提高胰岛素的敏感性和改善葡萄糖耐量均有一定作用。

(4)摄入的蛋白质不足以弥补消耗,就会出现负氮平衡。若长期未予纠正,青少年糖尿病患者可有生长发育不良,成年人则出现消瘦、贫血和衰弱,抗病能力下降,极易并发各种感染性疾病。因此足够的蛋白质供应是重要的治疗环节。

(5)患糖尿病时,机体脂肪合成减少,分解加速,脂质代谢紊乱,从而引起血脂增高,甚至导致大血管和小血管动脉硬化。当脂肪摄入的种类与数量不当时可使高脂血症、脂肪肝,高血压等并发症加速出现。

（6）由于糖尿病患者需限制主食和水果的摄入量，往往造成维生素的来源不足，尤其容易出现因缺乏维生素 B_1 而引起的手足麻木和多发性神经炎等。晚期糖尿病患者还常常合并营养障碍和多种维生素缺乏，成为糖尿病性神经病变的诱因之一。

2. 糖尿病的营养支持原则

（1）糖尿病营养支持的目的是提供适当的营养物质和热量，将血糖控制在基本接近正常水平（此点至关重要），降低发生心血管疾病的危险因素，预防糖尿病的急慢性并发症，并改善整体健康状况，提高患者的生活质量。

（2）糖尿病营养支持的原则是实行个体化营养治疗，避免给予热量过多或不足。可根据不同患者和病情，选择可使血糖和血脂控制在较佳状态的营养方式、营养配方、输入方法和剂量，消除因高糖血症、脂肪、蛋白质代谢紊乱等引起的各种症状，避免各种急慢性并发症的发生。

3. 糖尿病患者全静脉营养液审方要素

（1）对糖尿病患者应该及早进行营养指标的检测和营养评估，以指导制定营养治疗计划。及时的营养评估和营养治疗将有助于避免各种糖尿病并发症的发生。

（2）血糖的动态监测对于热量的供给、胰岛素和降糖药的给予，以及有效的血糖控制至关重要。

（3）糖尿病患者血糖控制的目标值为空腹血糖 $4.44\sim6.66mmol/L$，睡前血糖 $5.55\sim7.77mmol/L$，糖化血红蛋白 $<7\%$。应激状态下住院患者的血糖可保持在 $5.55\sim11.1mmol/L$，而对病情平稳者则希望血糖稳定在 $5.55\sim8.33mmol/L$。

（4）营养支持的时机：对于近期体重丢失 $10\%\sim20\%$ 的患者，如有中度或重度应激就应接受营养治疗。急性应激患者的分解状态常会持续 $6\sim10d$ 或以上，可有 20% 的体重丢失，故应迅速及时进行营养支持。

（5）多数文献报道，糖尿病饮食推荐量标准为：蛋白质提供热量的 $10\%\sim20\%$，糖类和脂肪提供热量的 $80\%\sim90\%$，同时每日应提供膳食纤维 $20\sim35g$。

（6）糖类中提高膳食纤维的供给量，可加速食物在肠道里通过的时间，延缓葡萄糖的吸收，改善葡萄糖耐量。脂肪中 $65\%\sim70\%$ 的热量由单不饱和脂肪酸提供。这既可提高脂肪能量比例，又可改善血脂状态，减少心脑血病变危险，还能使胃排空延迟，避免餐后高血糖的发生，减少胰岛素用量。

（7）胰岛素依赖型糖尿病以及合并严重感染、创伤、大手术和急性心肌梗死等的非胰岛素依赖型糖尿病必须接受胰岛素治疗。

（8）患者的胰岛素需要量受多种因素影响，如食品量和成分、病情轻重和稳定性，患者肥胖或消瘦、活动量、胰岛素抗体、受体激素和亲和力等。所以胰岛素用量、胰岛素类型和给予方式（如皮下注射、静脉输注等）主要根据血糖控制情况来调节。胰岛素与营养液混合输注时有一定量的胰岛素会黏附于输液袋或输液管上，所以配制营养液后及时输注及密切监测血糖较为重要。

（9）补充铬和锌可能有助于某些糖尿病病情的控制。有报道谷氨酰胺可增加胰岛素介导的葡萄糖利用，使血糖降低。

糖类中提高膳食纤维的供给量，可加速食物在肠道里通过的时间，延缓葡萄糖的吸收，改善葡萄糖耐量。脂肪中 65%～70% 的热量由单不饱和脂肪酸提供,这既可提高脂肪能量比例,又可改善血脂状态,减少心脑血病变危险,还能使胃排空延迟,避免餐后高血糖的发生,减少胰岛素用量。

(二)肾衰竭

1. 急性肾衰竭(ARF)　见表 4-15。

(1)肾功能有严重损害尚不予透析者,可给低蛋白饮食,8 种必需氨基酸的摄入不应超过 0.3～0.5g/(kg·d)。

(2)若患者存在较多的残余肾功能,无明显分解代谢且能正常进食者,可给予高生物效价蛋白质 0.55～0.60g/(kg·d)或蛋白质 0.28g/(kg·d)加上必需氨基酸 6～10g/d。若患者不能经肠道摄入,则应静脉补充必需和非必需氨基酸混合液 0.55～0.60g/(kg·d)。过多的必需氨基酸的摄入对病者有害,因此主张必需氨基酸与非必需氨基酸输入的比例为 1:1。

(3)能量供应为 30～35kcal/(kg·d)。其中葡萄糖与脂肪乳剂的供热比为 2:1。输注脂肪乳剂时应持续 12～24h,以减少对网状内皮细胞功能的影响。

(4)电解质,微量元素和维生素可加入全静脉营养液中输注。其中电解质的补充应根据监测结果进行调整。

2. 慢性肾衰竭(CRF)　CRF 患者按下列标准摄入各种营养物质。

(1)蛋白质:非透析的 CRF 患者的蛋白质摄入量为 0.6g/(kg·d),维持性血液透析(MHD)患者为 1.0～1.2g/(kg·d),持续性非卧床腹膜透析(CAPD)患者由于蛋白质和氨基酸的丢失量大,因此,摄入的蛋白质量应为 1.2～1.5g/(kg·d),其中至少 50% 为高生物效价蛋白质。

(2)能量:非透析的 CRF 患者,能量摄入应为 30kcal/(kg·d),MHD 患者应为 38kcal/(kg·d);CAPD 患者应为 35kcal/(kg·d)。

(3)脂类:非透析的 CRF 患者、MHD 和 CAPD 患者每日摄入的脂肪能量不超过总能量的 30%。若血中三酰甘油水平很高,可给予 50～100mg/d 的 L-肉碱,经静脉注射。

(4)糖类:提供每日总能量的 70%,且为多样的糖类,以减少三酰甘油的合成。

(5)钠:未透析的 CRF 患者,每日钠的摄入量为 1 800～2 500mg,MHD 和 CAPD 患者,每天钠的摄入量也相同。

(6)钾:CRF 时引起钾潴留,每日摄入的钾量应少于 2 500mg。

表 4-15　急性分解代谢性疾病合并急性肾衰竭

非蛋白质能量 kcal/(kg·d)	蛋白质或氨基酸 g/(kg·d)
20～30	0.8～1.2
	1.2～1.5(每日透析者)

注意事项:能量由葡萄糖[3～5g/(kg·d)]及脂肪乳剂[0.8～1.0g/(kg·d)]提供;健康人的非必需氨基酸(酪氨酸、精氨酸、半胱氨酸、丝氨酸)此时则成为条件必需氨基酸。应监测血糖、三酰甘油

(三)肝硬化

1. 肝硬化患者的能量评估很难精确,与应用间接热量测量法相比,常低 15%～18%。

2. 一般推荐每天供应蛋白质 1～1.5g/kg 和热量 25～40kcal/kg,如果口服营养不能满足

需要,建议应用鼻饲或经造口管喂养。

3. 葡萄糖输注量应小于 $150\sim180g/d$,其余由脂肪乳剂供给。

4. 脂肪应用应控制在 $lg/(kg\cdot d)$ 范围内,MCT/LCT 乳剂对肝硬化患者更为理想,并且要求均匀输入,过多会导致脂肪肝。

5. 对急慢性肝性脑病患者,控制蛋白质的摄入量是关键见表 4-16,乳果糖和锌的补充至关重要。当肝硬化患者难以耐受足量的营养支持时,可采取"减量使用"的策略,即提供正常需要量的 50%。

表 4-16　慢性肝病、肝移植

	非蛋白能量,kcal/(kg·d)	蛋白质或氨基酸,g/(kg·d)
代偿性肝硬化	$25\sim35$	$0.6\sim1.2$
失代偿性肝硬化	$25\sim35$	1.0
肝性脑病	$25\sim35$	$0.5\sim1.0$(增加支链氨基酸比例)
肝移植术后	$25\sim35$	$1.0\sim1.5$

注意事项:肠外营养能量由葡萄糖[$2g/(kg\cdot d)$]及中-长链脂肪乳剂[$1g/(kg\cdot d)$]提供,脂肪占 35%~50% 热量;氮源由复合氨基酸提供,肝性脑病增加支链氨基酸比例

(四)围术期

1. 疾病及其营养代谢变化的特点

(1)许多疾病所表现的不同代谢状态,可引起不同程度和类型的营养不良。

(2)手术所致的应激,使机体分解代谢加重。营养不良患者手术后死亡率和并发症发生率明显增加,生活质量下降,住院时间延长,治疗费用增加。

(3)根据患者存在的营养不良及其程度、营养不良和原发病的关系,某些伴发疾病对机体和治疗方式的影响等情况,决定患者是否进行及如何进行营养支持。

2. 营养支持原则

(1)适应证:①营养摄入不足,如短肠综合征;②高代谢状态,严重烧伤、多发性创伤、机械通气、各种大手术前准备等;③消化道功能障碍,如胃肠道梗阻、炎性肠道疾病、严重放射性肠损伤、消化道瘘、各种肝脏及胆系疾病、重症胰腺炎、肠道准备等;④疾病所伴有的各种营养不良及重要脏器功能不全;⑤某些特殊患者,如器官移植、重症糖尿病。

(2)需要量:营养支持的补充量主要是根据患者摄入量不足的程度。可根据 Harris-Benedict 公式计算,由于该公式所得热量比实际需要量高 10%,所以在实际工作中应将计算值减去 10%。另外可使用间接能量测定仪测出热量需要量。根据热氮比为 $100\sim150kcal:1gN$ 的比例计算氮量。对于大多数患者可按 $25kcal/(kg\cdot d)$,氮量为 $0.16g/(kg\cdot d)$ 给予。

(3)时间:营养支持时间主要取决于病情缓急和病变性质,一般为术前 7d 左右及术后 7d 左右。良性疾病的术前营养支持的时间不受限制,待患者营养状态改善后再进行手术。但恶性肿瘤患者则应尽可能在 7~10d 内使其营养状态改善后尽早手术。

(4)患者有肠道功能者,应首选肠内营养,若不能进食或进食量少,则考虑肠外营养。肠内营养补充不足时,可加用肠外营养。

3. 围术期全静脉营养液审方要素　可选用外周静脉或中心静脉以及经外周静脉的中心静脉置管途径进行输注,根据病情的评估,将所需糖类、氨基酸、脂肪、水、电解质、维生素、微量

元素等成分按一定比例和浓度混合在 3L 袋内（全营养混合液），特殊病变和病态可选用特殊的制剂，如中一长链脂肪乳剂、支链氨基酸、谷氨酰胺等。

（五）老年人

1. 疾病及其营养代谢变化的特点

（1）随着医疗卫生和人民生活的改善，我国已步入老年化社会，老年患者逐渐增多。尤其在外科患者中，老年人有较高的手术死亡率和并发症发生率。

（2）老年人生理功能和应激能力下降，加之吸收障碍、营养摄入不足，营养不良发生率较高。

（3）老年人重要脏器功能减退，常合并慢性疾病，如血管硬化，阻塞性肺部疾病、心肾功能不全等。

（4）老年人能量消耗降低，一般下降 20％左右。包括静息能量消耗和食物的特殊动力作用等均降低。

（5）老年人对糖类的代谢能力降低，糖耐量下降，易发生高糖血症。手术创伤、感染时，糖利用障碍，无氧酵解增加，乳酸积聚，易出现代谢性酸中毒。

（6）老年人消化吸收功能障碍，对蛋白质、脂肪、糖的吸收减少，物质代谢转换率低，易发生负氮平衡。

2. 老年人全静脉营养液审方要素　全静脉营养支持方法基本与中青年相同，但老年人常需限制液体摄入量。因此，选择中心静脉通路并输入高渗性液体较好。

全静脉营养液应配制成混合营养液输入，从低热量开始，可按 25kcal/(kg·d)，糖脂比例 2∶1，氮 0.16g/(kg·d) 给予。肝病患者应增加支链氨基酸的用量。同时供给足量的维生素（包括水溶性和脂溶性）、电解质及微量元素。

（六）心脏病

由于充血性心力衰竭而导致的营养不良被称为心源性恶病质。瘦肉体丢失 10％可出现心脏病恶病质，引起器官功能和免疫功能的减退，患者的生存率下降。其营养代谢特点如下。

1. 热量消耗增加，可能与交感神经系统的代偿性兴奋或呼吸困难有关。

2. 热量摄入不足、厌食是慢性充血性心力衰竭患者营养不良的主要原因，这与肠壁水肿致胃肠运动减弱、恶心、低钠饮食有关。

3. 热量储备减少，如肠壁水肿致肠道营养吸收不良。

4. 充血性心力衰竭患者的体力活动较少，致瘦肉体减少。

5. 缺氧致血管舒缩功能长期失调，组织氧供不足、水钠潴留致全身组织水肿，使内脏蛋白合成降低。

6. 给予非蛋白质热量 20～30kcal/(kg·d)，糖脂比为 6∶4，热氮比(100～150)(kcal)∶1(g)。据患者应激程度可适当调低非蛋白热量的摄入量；可选择含谷氨酰胺的 PN 配方。配方中可选用高浓度的葡萄糖、脂肪乳剂及氨基酸，以减少输入的总液量。

（七）肺部疾病

1. 应合理判断肺部疾病患者的能量需要。过度喂养可导致二氧化碳产生过多，对 COPD 和 ARDS 患者都是不利的。对肺部疾病者提供营养支持时以补充适当（中等量）的营养素（糖、脂肪、蛋白质）为宜，其效果比较理想。虽可采用能量预测公式与间接热量测定仪，但仍需结合具体病情以确定营养支持用量。

2. 过度喂养(超出基础能量消耗量的 30% 以上),特别是过量葡萄糖输注[>5mg/(kg·min)],将明显增加 CO_2 的产生,加重呼吸的负担,并增加脱机难度。尤其对有 CO_2 潴留的患者,能量摄入量应予适当控制。

3. 脂肪氧化的呼吸商(RQ)较低(为 0.7),氧化后 CO_2 产生量较少。营养支持时以脂肪提供 50% 的非蛋白质热量,有助于减少 CO_2 的产生。中等量营养支持时,由于 CO_2 产生较少,对分钟通气量和 RQ 的影响也较小。应用时根据病情调整非蛋白质热量中糖类与脂肪的用量与比例。对急性呼吸衰竭和 COPD 患者采用高脂配方肠内营养(17% 蛋白质、55% 脂肪、28% 糖类配方),有助于降低 $PaCO_2$ 氧耗量和 RQ 值,可缩短机械通气时间,但对于临床预后的改善尚不明显。

4. 理论上,过量的蛋白质摄入可刺激呼吸驱动力而导致呼吸肌疲劳。

(八)重症患者

危重患者在病因治疗的同时应特别强调生命体征的稳定。为此必须施行全身管理,包括循环、呼吸、水电解质及营养管理。后者的目的是保障危重患者的摄入总热量,并保障营养的质和量。营养管理是通过营养支持,保障患者细胞和器官功能,使其免疫力增加,创伤愈合,并发症(多器官功能障碍综合征)和病死率下降,并减少住院天数和降低费用。

1. 正常人体能量的保有量 以 70kg 体重为例,人体总能量的保有量为 732 200kJ(175 000kcal),其中脂肪 623 416kJ(149 000kcal)、蛋白 100 416kJ(24 000kcal)、糖类 4 184kJ(1 000kcal)。

2. 绝食状态下的人体代谢变化 脑的主要能量为葡萄糖,部分为酮体。由于饥饿,体内贮存的糖原不能满足需要,其需求由氨基酸进行糖原异生,蛋白分解,主要是由肌肉组织分解。每日需 75g 蛋白,即 200~300g 肌肉的分解。绝食早期机体能量消耗下降约 7 531kJ/d(1 800kcal/d),其中蛋白、糖原提供 2 385kJ(570kcal),其他由脂肪供应。继续绝食,能量消耗再下降约 6 276kJ/d(1 500kcal/d),脂肪动员增加,而蛋白作为能源消耗减少到 20g/d,脑组织利用酮体作为能量增加到 50% 以上。一般营养状态不好,基础能量可下降 40%,若用 5% 糖液补充,可以抵消减少量的 10%~30%。

3. 各种应激状态下的能量代谢特点

(1)能量消耗明显增加,与饥饿状态不同,其表现为高代谢和高分解代谢。即动员脂肪和蛋白分解,分解代谢激素分泌亢进,其中包括儿茶酚胺、可的松和胰高血糖素等。例如,一般外伤比安静时能量消耗增加 10%,择期手术增加 10%~20%,重症外伤增加 20%~50%,败血症增加 20%~60%,重症烧伤增加 100%。

(2)糖利用能力下降,糖对胰岛素抵抗。

(3)氨基酸、甘油、乳酸增加,进入糖原异生。

(4)即使输入糖也不能阻止糖原异生。

(5)脂肪分解亢进。

(6)脂肪酸合成亢进。

(7)蛋白分解和合成均亢进,但分解代谢超过合成代谢,出现负氮平衡。氮排出由正常的 6~8g/d 增加到 20~40g/d。

4. 某些特殊的营养要素

(1)谷氨酰胺(glutamine,Gln):在正常情况下为非必需氨基酸,人体内含量丰富,由骨骼肌和肺提供,作为肠黏膜和生长快速细胞的必需营养,而肠黏膜尚需外源性 Gln 的支持。分解代谢情况下,人体需求大量增加,虽骨骼肌加速产生 Gln,可是血液中的浓度仍然下降,必须提供外源性 Gln。

(2)精氨酸:重症疾病有益的氨基酸是生长激素、催乳素、胰岛素和胰高血糖素的强有力的促分泌激素。口服精氨酸可促进对丝裂原的刺激,使淋巴母细胞合成增加。癌症术后口服精氨酸,可增强 T 细胞对伴刀豆球蛋白 A 的刺激反应,增加 CD4T 细胞的百分率,增加血浆生长抑素 C 的浓度。精氨酸能促进伤口愈合,改善免疫反应,减缓胸腺退化。现已了解,精氨酸是通过下丘脑-垂体轴完整性发挥作用的。

(3)其他:支链氨基酸(BCAA)可刺激胰岛素的分泌,是骨骼肌的能量来源。ω-3 脂肪酸亦可增加免疫反应,ω-3 脂肪酸加精氨酸可减少感染。在特殊代谢情况下,有些"条件必需氨基酸"除上述之外,尚有酪氨酸、半胱氨酸、鸟氨酸和牛磺酸。

(朱　曼　黄翠丽　王东晓　王伟兰　裴　斐)

第5章　静脉用药集中调配的药品调剂操作规程

静脉用药集中调配的药品调剂工作涉及接收用药医嘱、打印标签、排药、贴签、审方、退药、成品核对、输液成品包装与配送等多个环节，并经过医师、护士、药师、配液人员及工勤人员相互协作完成。为使整个工作向规范、长效、优化的方向发展，我们对临床静脉用药调配中心输液调剂工作的岗位职责、操作规程制定相关的规章制度与规范，对静脉用药集中调配的全过程进行规范化质量管理。随着工作的逐步深入、细化，一些规程和职责描述还将逐步完善。

静脉用药调配中心（室）工作流程如下：

临床医师开具静脉输液用药医嘱→用药医嘱信息传递→药师接收审核用药医嘱→打印标签→贴签摆药→审方核对→混合调配→输液成品核对→输液成品包装→分病区放置于密闭容器中、加锁或封条→由工人送至病区→病区药疗护士开锁（或开封）核对签收→给患者用药前护士应当再次与病历用药医嘱核对→给患者静脉输注用药。

第一节　接收审核用药医嘱、打印标签的操作规程

静脉用药集中调配的接收审核用药医嘱、打印医嘱标签工作，由具有药学专业本科以上学历、5年以上临床用药或调剂工作经验、药师以上专业技术职务任职资格的人员承担。接收审核用药医嘱、打印医嘱标签工作是整个静脉用药集中调配的开端与核心，要求参与人员能熟练掌握静脉用药集中调配所涉及的药学知识及用药医嘱电子信息系统，熟练使用计算机、打签机、打印机，熟悉药房药品供应情况、各临床科室用药要求和习惯，在工作过程中认真细致、沉着冷静、遇到问题灵活处理、和临床科室沟通顺畅，善于总结工作信息、经验、知识与大家分享。

静脉用药集中调配的接收审核用药医嘱、打印医嘱标签工作分别在 9:00 和16:00两个时间点完成。

一、9:00 用药医嘱审核

1. 接收审核用药医嘱药师采用身份标识登录 HIS 医嘱摆药系统，确定病区当天提交医嘱后，选择摆药的病区，接收该病区医嘱，提取医嘱的时间段为前日 9:00～次日 16:00，删除已经在此时间段已经停止的长期医嘱，审核医嘱的类型和执行时间、药品的名称、规格、用法、用量、给药途径等是否正确合理。如果发现问题，及时与病区医师、药疗护士电话联系，提出修改建议。修改完成后确认该病区医嘱并保存归档、自动减去医嘱组成药品库存数量，做到账务相符，随后可查询医嘱和药品数量，但不能修改。

2. 接收审核用药医嘱药师采用身份标识登录计算机静脉药物调配系统，提取从 HIS 医嘱摆药系统中保存的病区医嘱，安排排药药师、调配人员并在计算机静脉药物调配系统中

填写排药药师、调配人员姓名。然后点击提取摆药医嘱按键,确认该病区医嘱并保存归档,随后可查询但不能修改。依次打印出长期医嘱摆药单 1 张、临时医嘱摆药单 2 张(与病区药品交接签字后,药房和病区各留一张)、当日 03 批医嘱摆药单 1 张,打印当天 03 批次、次日 00、01、02、03 批次的输液标签。打印标签时要仔细核对标签的完整性,检查首尾页是否缺失。

(1)各医嘱摆药单说明

①长期医嘱摆药单是各病区患者次日配置时间点(9:00 和 15:00)需要静脉输液的长期医嘱药品汇总单。

②临时医嘱摆药单是各病区患者前日 9:00～次日 16:00 非配置时间点的所有用药医嘱药品汇总单。

③当日 03 批医嘱摆药单是各病区患者当日配置时间点 15:00 需要补充静脉输液的长期医嘱药品汇总单。

(2)各批次输液标签说明:各批次输液由病区药疗护士根据医生医嘱安排后传入药房。当天 03 批次输液标签是各病区患者当日配置时间点 15:00 需要补充静脉输液的长期医嘱药品输液标签。

①00 批次输液标签是各病区患者次日调配时间点 9:00 需要静脉输液的长期医嘱药品输液标签,记录不需要进调配操作间配制可直接使用的单瓶药品。

②01 批次输液标签是各病区患者次日调配时间点 9:00 需要静脉输液的长期医嘱药品输液标签,记录需要进调配操作间配制的药品,大部分为抗生素类、危害药品和普通输液。

③02 批次输液标签是各病区患者次日调配时间点 9:00 需要静脉输液的长期医嘱药品输液标签,记录需要进调配操作间配制的药品,大部分为全静脉营养液和普通药。

(3)03 批次输液标签是各病区患者次日调配时间点 15:00 需要静脉输液的长期医嘱药品输液标签,记录需要进调配操作间配制的药品,包括抗生素和普通药。

3. 当打印过程中如果需要更换打签纸、打印纸张,应认真核对更换前后打印标签的顺序或医嘱汇总单的数目,确保准确无误。

4. 审核医嘱药师记录计算机静脉药物调配系统中病区的排药组数,将当天 03 批次、次日 00、01、02、03 批次标签按照病区分类集中后交给负责各病区的排药人员。

输液标签内容:病区名称、批次、医嘱号、患者床号、姓名、ID 号、标签条码、使用方法、医嘱类型(抗生素类、危害药品、全静脉营养液和普通输液等)、药品名称、厂家、规格、用量、数量、非整瓶(支)标记、医生姓名、配液时间、用药时间、频次及特殊说明、排药时间、输液签页数(单组营养液的输液标签一般大于 1 页)、贴签人员签名、核对人员签名、调配人员签名、复核人员签名,还可酌情加入患者年龄、药品储存方法、特殊滴数、特殊用药监护等。

输液标签要求:字迹清晰,数据正确完整,大小适宜,按照每批次药品的药品名称、规格、厂家的顺序依次集中,便于排药退药。

5. 审核医嘱药师提取医嘱完毕后,检查提取医嘱的病区数量,防止漏提病区,确保准确无误,并在工作登记本上签字。

二、16:00 用药医嘱审核

步骤、方法同上午提取医嘱,但在 HIS 摆药系统接收病区医嘱时须注意以下 4 点。

①摆药医嘱时间区间是前日 9:00～次日 16:00 的时间点;

②药房下午不调配临时医嘱,所以选择医嘱的类型是长期医嘱;

③删除已经在此时间区段内停止的长期医嘱;

④给药方式一栏中只选择静脉滴注、续静脉滴注和滴斗入。

第二节 排药、贴签、审方、核对的操作规程

静脉用药集中调配的排药、贴签、审方、核对工作,由具有药士以上专业技术职务任职资格的人员承担。排药、贴签、审方、核对工作是整个静脉用药集中调配的重要过程,也是需要多人密切配合、相互协作才能顺利完成的工作。要求参与人员能熟练掌握静脉用药集中调配所涉及的药学知识及用药医嘱电子信息系统,熟练使用计算机、扫描枪,熟悉药房药品供应情况、放置货位、贮存等要求,在工作过程中认真细致、应轻拿轻放、注意保护药品、遇到问题灵活处理、具有团队精神、善于总结工作信息、经验、知识与大家分享。

静脉用药集中调配的排药、贴签、审方、核对工作涉及当日 03 批次、00 批次、01 批次、02 批次、03 批次。当日 03 批次的该项操作完成时间是 9:00～11:00(当日 15:00 静脉输液长期医嘱的补充)。00 批次、01 批次、02 批次、03 批次的该项操作完成时间分别是 9:00～14:00(次日 9:00 和 15:00 静脉输液长期医嘱)和 16:00～17:30(次日 9:00 和 15:00 静脉输液长期医嘱的补充)。下面以早上接收完医嘱后对 00 批次、01 批次、02 批次、03 批次排药为例,说明静脉用药集中调配的排药、贴签、审方、核对的操作规程与职责。

1. 由调配人员根据各病区长期医嘱摆药单调剂药品汇总,要求药品、厂家、规格、数量准确,调配完毕后在长期医嘱摆药单上签名,将药品及摆药单交给排药组药师。

2. 排药组调配人员与药师将调配好的药品按照药品类别放置排药桌面,普通药品与需冷藏药品用不同颜色排药筐以示区别,如分别使用蓝色排药筐和黄色排药筐。排药组调配人员协助药师对照长期医嘱摆药单再次清点核对药品名称、厂家、剂量、规格、数量,同时检查药品外包装完整性及有效期,抗生素药品重点核对药品批号,特别是批号要尽量一致。核对药品时要先核对需冷藏的药品,做好病区冷藏标识连同黄色排药筐放置冷藏柜保存。药品核对完毕后,药师在长期医嘱摆药汇总单上签名。

3. 排药前药师应仔细阅读、核对输液标签是否准确、完整,如有错误或不全,应告知接收审核医嘱的药师校对纠正。

4. 按照 00 批次、01 批次、03 批次、02 批次的顺序依次排药。

①00 批次输液药品是各病区患者次日调配时间点 9:00 需要静脉输液的长期医嘱药品输液,为不需要进调配操作间混合调配可直接使用的单瓶药品。

②01 批次输液药品是各病区患者次日调配时间点 9:00 需要静脉输液的长期医嘱药品输液,需要进调配操作间配制的药品,大部分为抗生素类、危害药品和普通输液。

③02 批次输液药品是各病区患者次日调配时间点 9:00 需要静脉输液的长期医嘱药品输液,需要进调配操作间配制的药品,大部分为全静脉营养液和普通药。

④03 批次输液药品是各病区患者次日调配时间点 15:00 需要静脉输液的长期医嘱药品输液,需要进调配操作间配制的药品,包括抗生素类、危害药品和普通输液。

5. 排药组负责贴签的调配人员将输液标签整齐地贴在输液袋(瓶)上,不能覆盖输液袋(瓶)原始标签上的任何字迹,便于配置和使用时阅读,部分打包药品和静脉营养袋可不贴标签。按照输液标签顺序依次将贴过签的输液袋(瓶)传递给负责加药的调配人员。

6. 负责加药的调配人员核对每组输液标签上药品的名称、规格、厂家、数量、用量后按照不同批次的输液标签,单患者单组次医嘱进行加药。不同批次的药品和输液袋(瓶)可放入不同颜色的排药筐中,使用不整支剂量的药品和需冷藏的药品要再次作出明显记号,00 批次药品放入橘色排药箱、01 批次药品放入蓝色排药筐内、02 批次药品放入绿色或方形浅蓝色筐内、03 批次药品放入红色排药筐内、需冷藏药品的标签或输液袋(瓶)放入黄色排药筐及药品传递给审核药师。

7. 负责排药审核的药师再次核对输液标签及筐内的药品,确保无误,同时依据药品使用说明书、药典及相关药学资料审核输液标签药品的用量、用法、给药途径和配伍是否正确适宜。如发现不合理问题,应当将此组药品和相应批次的标签归为打包药品,做好相应批次的打包标识,待排药完毕后及时联系病区医生或护士,告知不合理原因,商量药品使用的合理性,亦可通过联络信提出合理意见。按照每批次混合调配药品、混合调配药品需冷藏的药品、打包药品的顺序排好药筐内药品。

8. 核对完毕的药品,负责排药审核的药师采用身份标识登录计算机静脉药物配置系统,选择该病区名称和排药批次、点击排药复核。按照每批次调配普通药品、调配冷藏药品、打包药品的排药顺序和输液标签顺序依次进行扫描。每一批次扫描完毕后,对照计算机静脉药物配置系统检查相应批次扫描是否结束,扫描结束后方可进行下一批次扫描。负责排药审核的药师在排药时如发现少排或错排某组用药时,应及时予以更正。

9. 负责排筐的调配人员将每批次药品加上标识,按批次分别放在相应病区的药架上。

10. 排药结束后,负责排药审核的药师要进行排药复核的最后检查。在计算机静脉药物配置系统中选择该病区名称和排药批次、点击排药复核检查,检查是否有遗漏的组数。如果未复核结果显示为零,则表示排药全部结束。负责加药和排筐的调配人员检查各科室各批次排筐,确保准确。

11. 药师和调配人员在工作登记本上记录排药病区、排药组数、贴签人员签名、加药人员签名、核对人员签名、扫描人员签名、排筐人员签名、检查人员签名。要求内容真实、数据完整、字迹清楚。

临时医嘱摆药单记录的各病区患者前日 9:00 到次日 16:00 非配置时间点的所有医嘱用药不参加静脉用药集中调配。由负责临时医嘱调剂的药师按照各病区的医嘱单调配药品,要求药品、厂家、规格、数量准确,调剂完毕后双人核对,并在临时医嘱摆药单上签名后,将药品及摆药单交给工勤人员统一下送至各病区。

第三节　退药的操作规程

静脉用药集中调配的退药工作,由具有药士以上专业技术职务任职资格的人员承担。要求退药人员能熟练掌握静脉用药集中调配所涉及的药学知识及用药医嘱电子信息系统,熟练使用计算机、扫描枪,熟悉药房排完药品的放置位置,能按照位置号迅速准确地找出退药药品。在工作过程中认真细致、注意查对、遇到问题灵活处理。

退药数据是科室根据临床需要停止医嘱或修改了患者预出院的时间而产生的。为保证临床准确治疗,药师将对因病情等原因发生变化,医生更改的医嘱进行退药。

退药共分以下几个时间点。

1. 当日 6:00　提取　当日 00+01+02 批次的退药。

2. 当日 9:30　提取　当日 03 批次的退药。

3. 当日 13:00　提取　当日 03 批次的退药。

4. 当日 16:00　提取　明日 00+01+02+03 批次的退药。

5. 夜班退药药师夜间提取　明日 00+01+02 批次的退药。

(1)提取退药:负责退药的药师采用身份标识登录 HIS 医嘱摆药系统,点击提取退药,选择全部科室,提取退药数据,此时相关退药数据会按照不同的科室逐科打印出来。

(2)退药复核

①退药药师采用身份标识登录计算机静脉药物调配系统,点击提取退药,选择全部科室和退药批次,会显示出退药的总组数,打印机会陆续打印出各病区退药单据,药师记录退药的总组数。

静脉用药集中调配的退药单据记录内容:病区名称、患者姓名、床号、位置号(按排药扫描先后顺序产生,排筐时由下至上排列便于寻找)、批次、停医嘱时间、输液标签条码号、医嘱号、药品名称、厂家、规格、单位、数量、单据打印时间、退药人员签名、核对人员签名。

②调配人员按照各病区退药单据到固定位置的药架上找出需退药品,核对准确后在退药单据的退药人员处签名,将药品及单据交给药师。

③退药药师采用身份标识登录计算机静脉药物调配系统,点击退药复核,选择退药病区名称和批次,按照所退批次依次扫描。扫描完毕后,对照计算机静脉药物调配系统检查退药批次扫描是否结束,如果未复核结果显示为零,则表示该病区退药全部结束。

④负责退药审核的药师在退药时如发现少退,多退或错退某组用药时,应及时予以更正。确保一个科室退药准确无误完成后再进行下一个科室的退药。

⑤逐科退药结束后,退药药师要进行退药复核的最后检查,选择全部科室,点击退药复核键,检查是否有遗漏的组数,如果未复核结果显示为零,则表示退药全部结束。

⑥退药药师要在各病区退药单据上签名并整理退药单据,记录好退药总组数并装订成册,然后在工作登记本上签字记录,清场。

第四节　成品输液核对的操作规程

核对药师和工勤人员使用消毒肥皂对双手进行消毒,戴上一次性口罩,用乙醇消毒工作台、放置药品的蓝色药筐。

1. 核对药师从传递窗接收完成配制的静脉输液药品。

2. 核对药师认真检查已配制好输液的外观,看有无物理化学性质异常,如沉淀、变色及异物等。全静脉营养袋应检查有无油滴析出、胶塞等。

3. 稍稍用力挤压输液袋,观察有无渗漏,尤其是加药口位置。对于全静脉营养袋应检查止液夹是否夹紧,有无漏液情况。

4. 仔细核对加药筐内的安瓿及西林瓶与标签上的药品名称、规格、剂量和数量是否一致,确保加入的药品与标签所示信息完全一致。

5. 核对时发现错误应及时通知配置人员,纠正错误,并按常规程序进行重新配置。

6. 核对药师应查对排药、核对、配置人员签名,非整支用药应双人签名。

7. 如果查对无误,在输液标签上签字并将成品按病区和批次分类放入蓝色药筐内。

8. 将药筐内空的药瓶、西林瓶安瓿、输液袋等分类放入规定的医疗垃圾收集袋内,需清洗的药筐置于规定的区域,统一清洗处理。

9. 核对药师在成品核对本上记录自己核对的科室并签名。

第五节　输液成品包装与配送的操作规程

1. 静脉用药集中调配的输液成品包装工作由工勤人员或者具有药士以上专业技术职务任职资格的人员承担。

(1)要求工勤人员将核对好的输液成品按照科室,批次逐一打包。

(2)打好的包装须在打包袋外面做好标识,写明科室名称、批次、总数、打包人姓名。

(3)打包人员在输液成品包装过程中,要认真细致、注意查对、数清总数。

2. 静脉用药集中调配的输液成品配送工作由工勤人员承担。

(1)工勤人员将打好包装的输液成品,按照科室、批次装好,放置到下送药车上。

(2)工勤人员记录好需下送科室的名称、批次、数量并记录在下送本上,每一名工勤人员都配备一本下送科室明细记录本。

(3)要求工勤人员按照科室,逐一下送。

(4)在送达科室后,与护士做好输液成品的交接,要求护士清点好输液成品的的数量和质量,与工勤人员下送登记本上的数量总数核对无误后,签字交接。

(5)如果工勤人员在送达科室后,发现下送的液体出现漏液或者护士清点总数与记录本的数量不符时,工勤人员要在第一时间内将此信息反馈到药局,负责药师即刻下达病区进行协调解决。

3. 输液成品配送共分以下几个时间点。

(1)当日 9:00 之前,下送当日 00＋01 批次的药品。

(2)当日 10:00 之前,下送当日 02 批次的药品。

(3)当日 15:00 之前,下送当日 03 批次的药品。

具体操作流程见表 5-1,表 5-2。

表 5-1 静脉药物配制流程记录 1(当日 9:30)

审核医嘱清理单据		临时药品核对清理单据		退增当日 03 批药品清理单据		临床咨询（次）		排药日期	年 月 日
分组	科室	贴签	加药	核对	扫描	排筐	工作量统计	巡视检查	缺药或破损登记
第 1 组									
							合计		
第 2 组									
							合计		
第 3 组 ……									

表 5-2 静脉药物配制流程记录 2(当日 16:30)

审核医嘱清理单据		退药清理单据		检查补齐缺药 / 检查输液架		书写联络信（份）		排药日期	年 月 日
分组	科室	贴签	加药	核对	扫描	排筐	工作量统计	巡视检查	缺药或破损登记
第 1 组									
							合计		
第 2 组									
							合计		
第 3 组 ……									

（胡 静 谢婷婷）

第6章 静脉用药集中调配中心操作规程

第一节 无菌调配

一、静脉用药集中调配中应用无菌技术的意义

无菌技术在生物医学领域广泛应用,如药品生产、医疗手术等,是防止一切微生物侵入人体或防止无菌物品、无菌区域被污染的操作技术。无菌技术是一个完整的、系统的操作体系,是防止感染发生的一项重要措施,应强调整个操作体系的任何一个环节都不能受到微生物的污染。

建设符合 GMP 规范要求的静脉用药调配中心,建造万级洁净区,配备百级层流洁净台和(或)生物安全柜,使药物的调配从一开始就在洁净环境中进行,使用经过消毒的无菌用品,利用无菌传递系统,大大降低获得性感染的发生率。在保证调配的输液无菌、无热原、无微粒污染的同时,最大限度地降低输液反应及由不溶性微粒污染所带来的潜在危害,给患者提供了无菌安全的高质量输液,同时对调配人员的职业暴露防护也起到了保护作用。

大规模静脉用药调配中心的建立,为输液质量的提高提供了基础条件,但如果重硬件轻规范,不重视无菌操作和环境维护,所有一切就只能是纸上谈兵,调配间也不过是单纯提供了操作场地而已,因此,操作人员必须加强无菌观念,正确、熟练地掌握无菌技术,严格遵守操作规程,以保证患者安全用药。

二、无菌调配的技术要求

(一)调配器械

静脉药物调配用具包括层流洁净台、生物安全柜、输液袋、一次性注射器等。

1. 洁净层流台 洁净层流工作台是静脉药物调配中心内使用的最重要的净化设备,宜采用光洁的、耐腐蚀、抗氧化和容易清洁的材料,最好采用不锈钢材料的工作台面。

2. 生物安全柜 生物安全柜与洁净层流台的主要功能区别,是在提供百级洁净层流环境的同时,保护操作者和环境免于受到污染、毒性物的危害。材料要求与洁净层流台相同。

3. PVC 袋输液袋的选择。

(1)选择内在质量好的 PVC 袋产品:PVC 袋的质量是影响输液质量的重要因素,应选择外形美观、光泽度好、袋体材料厚薄均匀、袋体周边密封程度高的产品。

(2)选择适用的 PVC 袋型:国产 PVC 输液袋型一般有单头管型、双头管型及多头管型。单头管型袋只有一条管子,临床输液和加药均不方便。多头管型袋的管子多,制袋黏合时容易进入微粒而污染袋体。双头管型袋其一条管子用于输注液体,另一个条管子用于加药通道。

(3)选择标签印制完整的 PVC 袋:因 PVC 袋装输液的标签直接印制在袋体面上,故不

同品种和规格的标签应尽可能用不同的颜色加以区分,且标签说明书应完整,输液名称、规格、含量、作用与用途、用法与用量、注意事项、贮藏条件、批号、有效期、批准文号、生产单位等项目应齐全,字迹清晰,字体大小适度,排版美观,印刷质量好,字迹不残留气味且不易脱落。

4. 非 PVC 多层共挤膜输液袋的选择。

(1)以目力检验,袋体应无色,无明显杂质、斑点、气泡,袋内、外表面应平整、光洁,不应有明显的条纹、扭结和扁瘪。

(2)在灭菌时和储存期内不应有粘连,灌装口应有密闭的保护小袋,输液袋下端应有悬挂孔眼。

(3)输液袋应透明且印有标签,标签字迹应清晰,且包含品名、批准文号、规格、含量、适应证、用法用量、禁忌、注意事项、贮存要求、有效期、生产单位等内容。

(4)每个大包装(如 100 个/包)应贴有标签,标签上应有:输液袋名称、规格、消毒日期、有效期、贮存条件、生产单位等内容,并有"无菌""无热原""一次性使用""开封后禁止使用"等字样。

5. EVA 袋的特点

(1)EVA 袋透明度高,有优良的耐撕裂性和柔韧性。

(2)化学性质相对稳定,对 TPN 的影响较小。

(3)不耐极性溶液、碳氢化合物、氧化剂以及强酸。

6. 注射器

(1)调配液体的注射器应一次性使用,并选择 18G(直径 1.2mm)以下的侧开口针头。

(2)应使用具有合法"三证"厂家生产的合格注射器。

(3)从库房领取注射器时首先进行外观检查,检查外包装是否完好无损,是否潮湿,每套产品均应密闭包装。

(4)检查是否标有批号、有效期、失效期、"无菌""无热原""包装破损 禁止使用""一次性使用 用后销毁"等字样。

(5)注射器应刻度清晰,字迹清楚,粗细均匀,锥头密合性好,连接牢固。

7. 其他

(1)砂轮应用 75% 的乙醇溶液浸泡。

(2)锐器盒应定期更换。

(3)调配过程中无菌纱布应现用现拆。

(二)防静电工作服

1. 工作服质地应光滑,不脱落纤维和颗粒性物质。

2. 尺寸大小合身,边缘应包封缝订,接缝应内封,最好不做口袋,无金属附件。现在国内洁净室工作服一般分为 5 型,以有帽、有袜脚的连衣型对尘埃的遮挡力最好,此种工作服用整块布料裁剪,衣领和帽子连接在一起,帽子、领口、袖口、腰围、裤腿口用松紧带束紧,沿领口至腰部用拉链一头开口。

3. 不论选择何种防静电工作服,其防静电性能必需合格,即达到 A 级(耐洗涤时间 ≥ 33.0h,带电电荷量 < 0.6),服装的断裂强力和接缝断裂强力均达到合格。

4. 所有工作服每次使用完毕必须洗涤消毒。

(三)清洁消毒材料

1. 应准备免洗手消毒液、75％及 95％的乙醇溶液、含氯消毒液、普通清洁剂等。
2. 免洗消毒液主要用于操作人员进入调配间后手部的消毒。
3. 75％的乙醇溶液主要用于去除乳胶手套上的粉层和安瓿、加药口、操作台的消毒。
4. 95％的乙醇溶液用于紫外线灯管的消毒。
5. 普通清洁剂用于拖鞋、污渍等的预处理。
6. 含氯消毒液主要用于场地的消毒。

三、调配间洁净空气

(一)维持洁净空气的意义

静脉药物调配间的空气洁净程度,是影响静脉药物安全调配的一个重要因素,因此,采用有效的净化设备,减少空气中悬浮粒子的含量和有效去除业已存在的固体微粒,是避免环境污染、提高药品调配质量的重要措施之一。

一般而言,无菌操作区域内空气洁净度应为万级,静脉药物调配的核心区域(如无菌操作区内的水平层流台或生物安全柜)的空气洁净度应达到百级。

(二)药品调配洁净室(区)的空气洁净度标准

静脉用药是一种将无菌药液直接滴入人体静脉内的治疗方法,属侵入性操作。可见静脉用药的调配关系到患者的生命安全。由于空气中悬浮粒子以及可能携带的微生物可以随着调配人员的操作造成成品的污染,因此,调配区域空气的洁净度及质量是保证成品质量的必然要求。空气洁净度的标准参数见表 6-1。

表 6-1　空气洁净度标准

洁净度级别	尘粒最大允许数/m³		微生物最大允许数	
	$\geqslant 0.5\mu m$	$\geqslant 5\mu m$	浮游菌/m³	沉降菌/皿
100 级	3 500	0	5	1
10 000 级	350 000	2 000	100	3
100 000 级	3 500 000	20 000	500	10
300 000 级	10 500 000	60 000	1 000	15

(三)保持调配间空气达到无菌要求的措施

1. 空气净化系统应按规定清洁、维护、保养并做记录,每日空气记录应作为质量保证程序的一部分妥善保管。

2. 为保证空气净化级别,至少每月进行 1 次常规感染监测。在静态条件下,对调配间地板、天花板、工作台面、二次更衣室等区域按感染监测要求进行取样,及时送达感染监测部门检查,并将监测结果登记在当日工作日志上。浮游菌落数或沉降菌数量必须符合规定。

3. 在特殊气候条件或其他情况可能会影响到调配间空气净化级别时,应随时监控动态条件下的洁净状况,确定符合规定时方可使用调配间。

4. 空气过滤网需定期更换,应至少每月 1 次对调配间下排风口进行清理,调配间高效过滤网应 2 年 1 换,洁净层流台和生物安全柜高效过滤网应 3 年 1 换。由于过滤网更换间隔时间较长,最好在醒目位置处标明上次更换滤网及下次应更换的时间。

5. 每次更换高效过滤网后,均须彻底清洗、消毒。先用清水,再用 75％乙醇彻底打扫洁净区域,然后进行感染监测。监测合格后,方可重新开展调配工作。

6. 调配间的净化空气如果是循环使用,应采取有效措施避免污染和交叉污染。

四、操作人员的基本要求

(一)人员的基本要求

1. 必须由经过专门培训,且合格的药学人员或护士担任,应当遵循卫生学和无菌技术操作规程。

2. 保持个人卫生,扎紧头发。不可扑粉化妆、佩戴手镯、戒指等饰物。

3. 不得在调配间及周边洁净区内进食、吸烟。

4. 人员进入调配间,应尽可能一次性完成调配任务,尽量减少人员中途外出。如确需临时外出,进出均须严格按照无菌要求正确洗手、换装。

5. 无菌调配工作期间频繁进出调配间是绝对禁止的。

6. 有授权的人员进入调配间前,须向负责人上报身体情况,如患呼吸道或消化道疾病应及时上报,由负责人调换其他人员。

(二)六步洗手法

1. 取适量清洁液于手心。

2. 一手指尖在另一手掌心旋转搓擦,双手交换进行。

3. 掌心相对,手指并拢相互搓擦。

4. 一手手心对另一手手背沿指缝相互搓擦,双手交换进行。

5. 掌心相对,双手交叉沿指缝相互搓擦。

6. 弯曲各手指关节,双手相扣相互搓擦。

7. 一手握另一手大拇指旋转搓擦,双手交换进行。

8. 清水冲淋。

(三)无菌手套佩戴方法

1. 戴手套前须洗手。

2. 检查手套的有效使用期限及包装袋有无破损。

3. 双手从开封处将外包装袋撕开,分成左右两片,向下翻转以左手捏住。右手取出手套内包装。

4. 按手套左右提示放好并打开手套内包装纸两侧,右手捏住左手手套的反折边,取出左手手套。

5. 左手插入取出的手套内,右手同时上提,戴上左手手套。

6. 用已戴好手套的左手手指插入另一只手套的反折边内,将手套取出。

7. 右手插入手套内,左手同时上提,并将右手手套的反折部向上翻并套住静电服袖口,戴上右手手套。

8. 已戴好手套的右手指插入左手已戴手套的反折边内,将手套边向上翻套住袖口。

9. 戴好手套后双手挤压,查看有无破裂,可用乙醇纱布擦去滑石粉。

第二节　无菌调配操作规程

一、调配操作准备

(一)空气洁净的准备与记录

1. 空气净化级别分别为：一次更衣室 10 万级，二次更衣室万级，调配间万级，工作台百级。

2. 每日调配前应至少提前 0.5h 进入调配间，开启洁净层流台和(或)生物安全柜(生物安全柜应将前窗上提至红色安全线以下)的循环风机，开机人员离开后，至少稳压运转 0.5h。

3. 观察温湿度、压力显示，如达到要求，将详细数值登记在工作日志上。调配人员方可以进入调配间。

(二)调配人员的分组与协调

顺利开展调配中心工作，合理安排人力，统筹兼顾，巧妙发挥"节力"原则是必不可少的。建议每日在岗调配人员分为 2 组，1 组辅助调配(又称巡回)，另 1 组专职调配。以每 3～5 个工作台或 6～10 工作位配备 1 名巡回人员为宜。

【实例】以某中心为例，描述调配人员的分组与协调。该中心保障床位 400 张，16 名调配人员，实行 7 日工作制，生物安全柜 6 个，每日排药量 2 300～2 500 组，调配量约 1 800 组，每日在岗调配人员班次分配及具体工作细则如下。

1. 早班　作息时间 6:30～9:30，人员安排 2 人。

(1)6:30 前到岗，先做好进入调配间的个人准备工作。

(2)6:30 准时进入调配间，依次进入一次更衣室、二次更衣室，更换静电服，开始调配前准备工作。

(3)1 人协助药师向调配间内传递待调配药品，另 1 人在调配间内接收药品。

(4)上工位参与药品调配操作。

2. 早 1 班　作息时间 6:30～11:45，人员安排 2 人。

(1)6:30 前到岗，先做好进入调配间的个人准备工作。

(2)6:30 准时进入调配间，依次进入一次更衣室、二次更衣室，更换静电服，开始调配前准备工作。

(3)上工位参与药品调配操作。

(4)调配工作结束后，出调配间，参与药品粗排调配及药品去包装工作。

3. 早 2 班　作息时间：6:30～14:30，人员安排 2 人。

(1)6:30 前到岗，做好进入调配间的个人准备工作。

(2)6:30 准时进入调配间，依次进入一次更衣室、二次更衣室，更换静电服，开始调配前准备工作。

(3)药品调配操作。

(4)调配工作结束后，协助药师排药，负责 03 批贴签、扫描等；12:30 开启生物安全柜。

(5)13:00 分别与药师组成贴签排药小组，进行次日 01、02 批次贴签或扫描工作。

4. 早 3 班(巡回班)　作息时间 6:45～10:00,13:15～17:15,人员安排 8 人。

(1)6:45 前到岗,做好进入调配间的个人准备工作。

(2)6:45 准时进入调配间,依次进入一次更衣室、二次更衣室,更换静电服,开始药品调配工作。

(3)早 3 班中 2 人负责巡回,巡回人员另外负责每周消耗品请领单填写(巡回人员每周一轮)。

(4)13:15 准时进入调配间,负责下午 03 批次的药品调配工作。

(5)下午调配工作结束后,接替早 2 班与药师共同完成贴签排药工作。

(6)贴签排药结束后,再协助药师做药品拆包装及药品上架整理、清洁等工作。

(7)1 人负责每日调配工作量统计,并上报窗口主班药师。

(8)每周四有 4 人负责整个净化区域的全面清洁。

(三)更衣操作规程

1. 进入调配间前,先整理头发,要扎紧不留散发,长发要盘起。不可在洁净区域内梳头,以减少头皮屑、碎发等脱落。

2. 一次更衣室门口内侧放置除尘垫,除尘垫每日一换。进入一次更衣室时,先站在除尘垫上更换拖鞋,并将生活用鞋放入指定鞋柜。不可穿着生活用鞋跨入除尘垫外的洁净区域,穿着洁净区内的拖鞋不可踩上除尘垫。

3. 脱去白大衣,更换调配间工作服。

4. 按照"六步洗手法"洗干净双手。为方便手指用力,可在着力的手指节处缠上医用胶带,缠胶带应在手洗净晾干后进行。

5. 进入二次更衣室,穿静电服,佩戴口罩,戴手套。着装顺序:穿静电服,拉上拉链,戴口罩,戴静电服帽,戴手套。注意里面的调配间工作服及头发不可漏在静电服外。

6. 细胞毒药物的调配人员,佩戴双层手套,内层戴 PE 手套,外层戴橡胶手套,均应包住静电服袖口。

7. 准备就绪,进入调配间。

(四)调配前物品准备

1. 调配用物品都要有固定的存放位置,摆放整齐,标示明显。每次使用后须及时归位。使用过与未使用的物品应严格分区,分类放置。

2. 调配间内可配备数量周转车,用来移动储药调配筐及做辅助工作台使用,三层调配周转车更方便使用,数量应根据病区数量及调配工作量酌情考虑,但每个调配工作台至少配一辆专用周转车。调配时周转车放于调配人员身后,距离不可过远,应保证调配人员无需离开座位,转身即可取到调配车上的物品。

调配周转车的长宽尺寸以略短于工作台,宽窄以保证在调配间内通行顺畅为宜。最高层存放待调配的药品,第二层放置调配后的成品,最下层放置待用注射器、纱布等。

3. 调配人员进入调配间后,每个工作台(柜)安排 2 名人员,调配前 1 人协助巡回人员接收分配、传入的待调配药品,另 1 人准备 75％乙醇壶、签字笔、砂锯、纱布、振荡器、锐器盒、注射器等。75％乙醇壶、签字笔、砂锯每工作台 2 份,分别放于工作台左右两侧。大量的纱布、注射器存放于调配周转车最下层,工作台两侧放置少许,随用随补。

4. 操作台面上放置物品时,应特别注意放置的位置,不允许阻挡空气散流孔,以保证空气流向一致及一定流速(水平层流 0.3m/s,垂直层流 0.45m/s),防止空气紊流或反流影响空气洁净度。

5. 每周一、五更换 75％乙醇。签字笔不可使用铅笔。

(五)成品批的分批原则

1. 每日调配的成品要按照药物稳定性及临床使用时效等因素分批次调配,通常第一批次各病区药品全部调配完并清场后,开始第二批次的调配,每批次调配结束时均应安排工勤人员及时下送至临床。

2. 通常上午 8:00 前后是患者使用药物的高峰时段,应保证每日早 8:00 前完成第一批次的调配,早 9:00 前完成第二批次的调配,其余批次各工作室可根据所保障的病区床位数及下送条件、下送速率等自行确定。

3. 各工作室可根据医院编制、场地、床位数、成品下送至临床的速度等因素决定是否承担临时医嘱的调配。

4. 调配完成每批次内的某个病区,调配工作台均需清场后,方可开始下一病区的调配。

(六)调配间巡回人员的工作要求

1. 巡回人员要求　承担调配间巡回工作的人员应由有一定调配经验的人员担任。巡回人员须有一定的统筹能力,要眼看八方,正确判断各工作台调配速度,及时到位的给予辅助配合,做到手稳、眼勤、腿轻快、言话简练、心里有数。如果有病区护士支援调配间工作,病区护士不可承担调配间巡回工作,应安排其承担本病区静脉药物混合调配工作。

2. 巡回人员巡视范围　每名巡回人员可负责 3～5 个工作台(柜),如过多容易造成巡回人员照看不到,工作衔接不好,调配工作松紧不一或药品传出混乱等现象。

3. 巡回人员调配间内常规工作内容

(1)接收进入调配间的药品,并以病区分类摆放,设置醒目标识。

(2)为各工作台分配待调配药品,补充调配耗材。

(3)及时为所照看的工作台(柜)补充调配周转车最高层上的待调配筐,取走调配周转车第二层的调配成品。

(4)将不同工作台(柜)的调配成品按病区归位,并及时传出调配间,交由复核药师进行核对。

(5)随时应答和处理调配中的突发状况。

(6)如有空暇,可做一些调配前的处理工作,如剥去西林瓶外层塑料盖。

4. 巡回人员调配前准备工作

(1)确定调配顺序:调配前一天下午,巡回人员应根据各病区排药量确定次日第一批次、第二批次内各病区药品的调配顺序,原则是:先开始调配数量少的病区,以便接下来成品传出调配间、成品复核、成品送达病区的各个环节都能尽快行动起来。

(2)调配筐分类汇总:确定调配某病区后,巡回人员先以药品种类进行分类汇总,尽可能地将同一药品调整在一起,以便于调配。如有条件的,可在贴签排药时,以同病区同种药品排相连的流水号,方便某种药品集中调配,便于核查,降低差错。

5. 巡回人员工作要点

(1)以病区为单位向调配人员分配调配筐,一个病区的调配结束清场后,方可再分配另一病区,不可不同病区的药品交差进行。

(2)分配前把某病区某种药品相对集中,即将存放同种药品的调配筐进行集中码放,以便于调配人员审核、操作,可提高效率。

(3)在开始分配一个新病区之前,应在调配筐上加放醒目的该病区标识。在同一辆调配周转车上一次只能放一个病区的待调配筐,不得混合放置。

(4)当调配周转车上的待调配筐快配完时,巡回人员应及时补充药品,并将调配成品取走。

(5)应根据各药品抽取的难易程度及调配人员工作速率,进行调节,避免调配工作出现堆积或等待现象。

(6)及时将成品向调配间外传送。

(7)不得将不同病区、不同批次混同。

6. 巡回人员参与的其他辅助调配工作

(1)第一批次调配完毕后,将拖布和抹布泡入75%乙醇,做好消毒的准备工作。

(2)巡回人员负责擦拭调配间内药品柜、架、墙、地等公共区域的卫生,调配人员负责生物安全柜或水平层流台及周转车的卫生养护。

(3)调配操作用具的清点与补充。调配结束后,对操作用具进行清点、检查,对毁损或消耗部分及时补充。

(4)每周一次对调配间操作用具的库存情况进行清点,并对不足部分请领。

(七)调配筐的式样与清洗要求

1. 调配筐式样 调配筐内应设置分隔,将调配筐分为两部分,前部较小,用于放置药品及空安瓿等调配后的废弃物;后部较大,用于放置液体,最好长、宽、高能保证一袋液体水平放置,略有空隙。

2. 调配筐清洗要求 如果有条件,应做到每次使用后均清洗。如果因每日调配筐使用数量较大,无法做到逐一清洗,但至少应做到肉眼检查筐内有异物的必须清洗。且每周将全部调配筐轮换清洗1遍。

3. 调配筐清洗设施要求 清洗调配筐的水池不可太小,应可以满足浸泡需求。应配备冷、热水。不宜采用常规感应水龙头。因常规感应水龙头,须保持感应区持续感应方能连续出水,且水流大小不易控制。清洗人员在刷洗筐时,手和筐均很难持续保持在一个位置,水流时断时续,不利于工作。

4. 刷筐用具要求 应为清洗人员配备不易掉毛、易干的刷子,调配筐内存放空安瓿、西林瓶等废弃物的区域,应用小刷子重点清洗。

5. 调配筐清洗的监督 清洗工作简单,重复操作,清洗人员易产生懈怠,为防止出现仅用水冲淋等清洗不到位情况的发生,调配工作负责人应经常检查调配筐清洗质量,避免由调配筐污浊,引发调配间污染。调配筐清洗不干净的另一危害是,碎玻璃留在调配筐内,容易扎伤工作人员,并易造成液体破损。

二、传输窗的设置与使用

(一)传输窗

1. 调配间至少应设置2个传输窗,如条件允许,应分设传入与传出窗。内外窗门不可同时打开。

2. 传输窗旁可设置对讲电话,方便调配间内工作人员与外面药师或病区沟通。

3. 每个班次结束,均应对传递窗进行消毒,传递窗外部窗框也要消毒,不可忽视。

(二)药品传入、传出操作

1. 药品传入、传出时,应分病区进行操作。

2. 开始某病区药品传入或传出时,应在传输窗内放置醒目标示牌,表示此病区药品开始传输,全部传入或传出完毕,放置结束标识牌,待接收人员将调配筐连同结束标识牌全部取出后,方可开始下一个病区药品的传输。

3. 传输窗内不可同时放置不同病区药品,待调配药品与调配成品不得同时放置于同一传输窗内。

三、无菌调配规程

(一)调配前校对

1. 调配开始前,首先检查液体外观包装,如为袋装液体,用手轻轻挤压,检查是否漏液,如有漏液,立即通知仓外人员并更换;如为瓶装液体,将药瓶倒置,检查是否有浑浊、沉淀、异物等;如有异常现象,立即更换。

2. 调配人员应仔细校对输液签与药品名称、规格、厂家、数量是否相符,检查输液签上的批次与调配筐是否对应。如有误,立即通知巡回人员,与药师共同寻找原因,并将此事项登记在案。

(二)调配操作

1. **操作区域**　所有的配药操作必须在离工作台外沿 20cm、内沿 8～10cm,并离台面至少 10～15cm 区域内进行。

2. **注射器的选择**　选用适宜的一次性注射器,检查空针的有效期及密封性(不漏气),无误后,在操作台上拆开注射器外包装,旋转针头连接注射器,安装针头时应注意针头斜面与注射器刻度一致,将注射器垂直放置于操作台的内侧。调配用针头使用侧孔针头更适合调配。

3. **输液袋(瓶)口消毒**　用 75％乙醇消毒输液袋(瓶)的加药处,放置于操作台的中央区域。

4. **安瓿药液抽取**　砂轮事先用 75％乙醇消毒。用手指轻拍安瓿颈部,使安瓿颈部药液流至体部,用砂轮在安瓿颈部划一道环形锯痕,用 75％乙醇喷在液体和砂轮划痕处消毒。用左手手指持住体部,右手手指持住颈部,双手将颈部向右呈 45°再向后用力折断,将颈部放入调配筐前部的小槽内。注射器针头进入安瓿不超过 1/3,斜面朝下,紧靠安瓿瓶颈口抽取药液。应注意需在操作台侧壁打开安瓿,避免对着高效过滤器打开,以防药液喷溅到高效过滤器上。抽取药液时,不可用手握住注射器活塞,只能持活塞柄。药液抽取完毕,将针头垂直向上,轻拉活塞,使针头中的药液流入注射器内,并使气泡聚集在乳头口,驱除气体。

5. **瓶装药液抽取**　如所加液体为玻璃瓶装溶液,先将保护性瓶盖(多为金属易拉盖)取下,放在调配筐前部的小槽内,用 75％乙醇消毒液体和药瓶。选择合适的注射器,从瓶塞中间部位刺入,向瓶内注入与药液等体积的空气,倒转药瓶,保持针头在液面以下,吸取药液,边吸边退针头,直至吸完后拔针。将空药瓶放入调配筐前部的小槽内。

6. **瓶装粉针剂调配**　如所加液体为玻璃瓶装粉末,先将瓶盖取下,放在调配筐前部的小槽内,用 75％乙醇消毒液体和药瓶。按要求先从液体中抽吸溶液注入玻璃瓶内,使其充分溶解。对部分难溶药品可使用振荡器帮助溶解,如振荡产生泡沫,应静置片刻,待泡沫减少后方用同一注射器抽取药液,以防药液抽取不完全。溶解后按玻璃瓶装溶液调配方法进行调配。

7. **药液加入**　抽取药液后,将注射器针头从液体进药口插入,轻推活塞,将药液注入液体中,应注意不可速度过快。

如需要加入药液量为非整支药品,加入液体前应仔细查看输液器刻度,缓慢推注,即将达到加液量时,应再次查看刻度,进行确认。

如有两种以上的粉针剂或注射液需加入同一输液中时,应严格按照药品说明书要求和药品性质顺序加入。

8. 其他注意事项　成立大规模的调静脉用药调配中心,可在一定程度上节约器材使用成本,其中输液器的节约是多篇文献中均提到的一个部分。为节约输液器,药品与液体均相同的几组输液可使用同一个输液器。但应注意,不得盲目追求节约,禁止用同一支注射器抽取数种不同类的西药或中药。如同一药品,预溶溶媒相同,但医生医嘱下达的输注液体不同,也不可使用同一输液器。

在调配过程中,应尽可能减少回套针帽的次数,以降低锐器伤的发生。

废弃的输液器针头放于锐器盒内,针筒放入医疗垃圾专用袋内。

(三)调配结束后检查核对

1. 调配结束,调配人员在输液签上签名,如使用的是半支药品,应在该药用量旁同时签名。

2. 调配成品放回调配筐内,放于调配周转车第二层,由巡回人员收集传出调配间,药师进行成品复核。

四、静脉用药集中调配中心清场

每次调配完成后,均需要清场,用清水和75%乙醇擦拭及消毒。清场时要做到整齐、有序。每周大扫除1次,每月对洁净工作区、一次更衣室、二次更衣室进行1次彻底清洁,要做到一丝不苟,不留任何死角,确保空气洁净度标准。

(一)器械处理原则与方法

调配完毕,调配间清场。针头放入锐器盒,注射器、纱布、手套、砂轮放入医疗垃圾专用袋,纱布外包装放入生活垃圾袋。锐器盒应48h更换1次,医疗垃圾专用袋及生活垃圾袋每次清场立即按规定丢弃至规定地点。

(二)衣物的清洗与消毒

调配间工作服及静电服应每次调配完毕后,统一清洗及消毒。调配间拖鞋每日清洗1次。

(三)操作台及场地消毒

1. 调配完毕,关闭风机,进行操作台消毒。先用清水擦拭,再用75%乙醇纱布擦拭。

2. 应注意不可仅擦拭台面,应对洁净层流台或生物安全柜内部侧面、后部、上部全部按先清水后75%乙醇的次序擦拭。

3. 内部擦拭完毕,离开调配间时开启紫外线灯消毒。生物安全柜应关闭玻璃门。

4. 每周一次用清洁剂擦拭台面,去除顽固的污迹,按清水—清洁剂—清水—75%乙醇的次序擦拭。

5. 场地消毒在每日清洁完操作台内部后,对操作台外部、传递窗、周转车也用75%乙醇纱布进行消毒。消毒周转车时,应注意不可仅擦拭周转车表层台面,应对周转车台面上下均消毒,周转车轱辘也应消毒,不可懈怠。

6. 地面消毒在每日调配完 01 批药品后,巡回人员将抹布放入消毒液中浸泡 30min,捞出用清水洗净,然后进行地面清洁。先将地面碎屑清理,禁用能产生气流的清洗方式。擦拭顺序:调配间、二次更衣室、一次更衣室。清洁完毕,用洗衣粉将抹布洗干净、悬挂、晾干。

7. 工作鞋(工作拖鞋)清洁,每次调配结束后,由专人统一用清洁剂刷洗。

8. 每月应对调配间进行彻底消毒。每周用 100ppm(0.01%)的含氯消毒液擦拭洁净间墙壁、天花板,10min 后再用清水擦拭。

9. 清洁用具的管理及要求:洁净区与控制区的清洁用品(水桶、抹布、梯子等)应专室专用,不得混用,尤其不可逆净化级别使用。每次用后应清洗并晾干。及时处理医用垃圾、生活垃圾,按指定时间和路线运送。

(四)剩余药品的处理

对于调配中节约下来的剩余药品,如氯化钾等应由巡回人员统一清点,登记于《调配间节余药品登记本》上,由药师签收确认后放回药架。药师应每月根据该登记本对节余药品作盘盈处理,以保证药品账物相符。

第三节　全静脉营养液的调配规程

全静脉营养(total parenteral nutrition,TPN)是一种支持疗法,即将机体所需的糖类、氨基酸、脂肪乳、维生素、微量元素、电解质和水等 7 大营养要素按比例在密闭的 3L 袋中混合调配后,再将这种注射剂以外周或中心静脉插管输入的方式直接输入机体。在纠正负氮平衡,加速伤口愈合,提高患者对疾病的耐受力,降低疾病并发症防止多器官衰竭,以及帮助患者度过危险期等方面发挥着重要作用。

合格优质的 TPN 是临床营养疗法的关键。静脉药物调配中心以其在环境、人力技术等方面的优势,在降低细菌污染、配伍安全合理、提高稳定性等方面发挥重要的作用。

一、设备的准备与要求

(一)层流台的要求与使用

1. 层流台的长度和宽度要符合功能要求,调配人员要保持台面的干净、整洁。

2. 使用有挂钩的水平层流台,洁净等级为百级,层流风速 0.4~0.6m/s。

3. 带有脚轮的工作台,安放定位后必须将箱体下 4 支撑脚调至平稳,以减少噪声及振动,操作台面震动≤2μm,噪声≤5dB。

4. 水平层流台应放置于洁净间内高效送风口正下方,洁净间内的空气经高效过滤器后直接被水平层流台吸入,再经过一层高效过滤器后送出。

5. 使用前开机运行至少 30min,同时开启紫外线灯 30min;使用其间保持水平层流工作台的持续运转。

6. 应将水平层流台划分为 3 个区域①内区:最靠近高效过滤器的区域,距离高效过滤器 10~15cm,可用于放置已打开的安瓿和其他一些已开包装的无菌物体。②工作区:工作台的中央部位,所有的调配应在此区域完成。③外区:台边向内 15~20cm 的区域,可用于放置有外包装的注射器和其他带外包装的物体。

7. 工作面上不应放置过多物品,台面上摆放的物体之间要有一定的距离,大件物品间距离最小15cm,小件物品间距离最小5cm,物品要横向一字排开,以免阻挡层流气体而引起涡流,同时避免回风过程中造成交叉污染。不要把手腕或肘部放置在台面上,不要把手放置在所配液体的空气流向的上游,以确保随时保持"开放窗口"。

8. 避免在洁净空间内剧烈的动作,避免在调配时咳嗽、打喷嚏或说话;应严格遵守无菌技术操作原则,避免用手直接接触无菌部位。

9. 为保证人员安全,应在没有人员在场的情况下,开启紫外线灭菌灯。

10. 每次调配结束以后,都应先用干净的湿无纺布擦拭操作台,再用70%的乙醇擦拭干净,紫外线灯管用95%的乙醇擦拭,保证操作台的清洁,减少菌落的形成。

(二)水平层流台的维护与测试

1. 水平层流台的维护方法

(1)水平层流台的初效过滤器应根据生产厂商的说明定期进行清洗或更换。

(2)高效过滤器只可以进行更换,不可清洗。

2. 水平层流台的测试 水平层流台应定期进行监测,确保工作状况完好,一般建议由专业测试机构每年定期监测1次。

(三)器材的准备

1. 调配前应准备能满足医疗及药学要求的全静脉营养液所需要的全部辅料,如一次性使用的静脉营养输液袋、混匀器、常用规格的空针、无菌纱布、无菌手套、乙醇喷壶、砂轮、签字笔等。

2. 调配设备应符合制剂调配要求,易于清洗、消毒或灭菌,便于操作、维修和保养,并能防止差错和减少污染。

3. 调配用的物料要先清洁、灭菌,放入层流台的药品应先用75%乙醇消毒外表面。

4. 一次性使用静脉营养输液袋主要由瓶塞穿刺器保护套、瓶塞穿刺器、带空气过滤器和塞子的进气口、止液夹、三通、滴斗、流量调节器、注射器、药液过滤器、外圆锥接头保护套、袋体、导管、加药件等组成,适用于患者静脉输送营养液体。

5. 空针准备时应注意,在撕开一次性注射器的外包装、旋转针头连接注射器后,要确保针尖斜面与注射器刻度面处于同一方向,并将注射器垂直放在层流工作台的内侧。

6. 垃圾桶置于操作台的两侧,靠近侧壁处。

(四)药品传输筐

全静脉营养袋调配后的成品体积远大于一般的调配成品,所以对全静脉营养液所使用的传输筐也与其他输液不同。

1. 每组全静脉营养液应使用1大1小共2个配套的传输筐。

2. 小筐与普通药品所使用的调配筐相同,用于放置小安瓿、西林瓶或玻璃瓶装的药品。小筐放于大筐内,靠一侧放置,另一侧放置全静脉营养袋。

3. 大筐长度以略长于展开后的3L静脉营养输液袋(一次性)为宜,宽度以小调配筐和营养袋能并排放置略有空隙为宜,高度以10cm左右、多个叠放不挤压药袋为宜。

二、人员的要求

调配工作专业技术性强、风险大、操作繁琐,因此,对操作人员有严格的要求。

1. 调配操作人员应当具备良好的职业道德、高度的责任感,经规范的岗前培训,考核合格后才能上岗。

2. 必须自觉遵守无菌要求,如着装时应注意,头发、头屑的脱落易污染空气,须完全遮住,不得外露。调配室内要限制人数,出入频率要尽量减少等。

3. 应有计划地开展专业技术培训,全体人员需掌握微生物污染的来源、洁净区设施药品的清洁和维护、检测仪器的使用和维护、洁净室内物料的准备和运输、洁净区内人员行为要求、相容性和稳定性、各种营养药的加配顺序、药物浓度的限量等。

4. 熟练掌握无菌技术的基本原则,层流台内的操作规范、无菌技术和无菌混合调配的规范。

5. 人员卫生管理,建立调配人员健康档案,每年至少体检 1 次。传染病、感染性疾病、皮肤病及体表有开放性伤口者不得从事调配工作。

三、无菌技术与调配操作规程

(一)审核处方

1. 每升全静脉营养液中,10％氯化钾注射液的用量不超过 35ml;10％氯化钠注射液不超过 60ml;若有葡萄糖氯化钠注射液、复方氯化钠注射液、果糖氯化钠注射液等含电解质输液,应将所含的电解质计入。如 500ml 葡萄糖氯化钠注射液内含 4.5g 的氯化钠,相当于 4.5 支的 10％氯化钠注射液;25％硫酸镁注射液不超过 3ml;10％葡萄糖酸钙不超过 5ml。

2. 葡萄糖注射液的 pH 较低,而氨基酸注射液为两性分子,对 pH 具有一定的缓冲和调节作用。所以,葡萄糖注射液的液体量不能超过氨基酸注射液的液体量。氨基酸、葡萄糖和脂肪乳三者液体量的最佳比例为 2：1：1 或 1：1：1 或 2：1：0.5,而且葡萄糖的最终浓度应为 0％～23％。

3. 胰岛素能增加葡萄糖的利用和降低血糖,其用量应根据患者血糖高低来调整,每 4～20g 的葡萄糖加 1U 胰岛素,通常为每 10g 葡萄糖加 1U 胰岛素,当然血糖比较高的患者尤其糖尿病患者可适当多加,＜4g 的葡萄糖就可加 1U 的胰岛素。

4. 脂溶性维生素最多用 1 支,高脂血症患者如处方中没有使用脂肪乳则不能使用脂溶性维生素。短期应用 TPN 时,因体内有储备可不用脂溶性维生素。水溶性维生素最多可用 4 支;多种微量元素一般用 1 支;其他药物不应加入 TPN 内,除非其与 TPN 内各组分的相容性已得到验证。

5. TPN 总液体量一般＞1.5L,但对心、肺、肾功能代偿失调的患者应限制液体量,可酌情减少。

6. 对不合理的用药医嘱,坚决给予退回,并与经管医生沟通,了解病情,提出修改建议。

(二)调配规程

1. 操作步骤

(1)安瓿、西林瓶等药品分别按无菌调配操作规程加入适宜的溶液中。

(2)将加药后的液体分别挂至水平层流台的挂钩上。

(3)按操作规程打开一次性使用的静脉营养输液袋,启封前在外包装袋封口处检查效期,然后检查外包装袋,如包装破损、保护套脱落或内有异物,禁止使用,应立即更换。检查无误,在无菌操作台上打开无菌包装。为不接触无菌部分,用撕拉两边的方法剥开外包装袋,拿住撕开袋子的一面,然后将它朝下,拿住另一面,将袋子的输注部分朝向高效过滤器放下;将外包装袋清除到层流台外面收纳筐内。

（4）再次检查输液袋，如有异物、保护套脱落、破损等，禁止使用，应立即更换。

（5）检查完毕，准备加药。首先关闭输液袋的流量调节器，然后关闭所有止液夹，将加药导管上的瓶塞穿刺器逐一插入药液袋中，按次序依次打开输液管夹，加药完毕后关闭。如为瓶装液体，需同时打开进气针口。

（6）加药完毕，将 EVA 或 PVC 袋口向上竖起，打开其中一路输液管夹，排出袋中多余的气体后关闭输液管夹，分离输液导管，套上无菌保护帽，固定在输液导管末端。挤压 EVA 或 PVC 袋，观察液体是否有渗漏。

（7）将成品放在大传输筐内；安瓿、空瓶等放入小调配筐内，放置时应注意所有安瓿、空瓶开口均不得朝向营养袋。如空瓶过多，可将空瓶横向躺倒放置在大传输筐内，然后将调配后的成品放于空瓶上方。

（8）配液时因层流台要持续运行，操作人员应注意所有无菌操作必须在层流台的过滤器范围内进行，即所有的配药操作必须在离工作台外沿 20cm、内沿 8～10cm，并离台两边至少 10～15cm 进行，尤其是容易污染的关键环节，如转移液体和穿刺瓶塞、打开安瓿、连接和分离无菌部分等操作。

（9）调配人员应正确选择和使用注射器，选用适宜的一次性注射器，检查空针的有效性及密封性（不漏气），无误后，在操作台上拆开注射器外包装，旋转针头连接注射器，安装针头时应注意针头斜面与注射器刻度一致，将注射器垂直放置于操作台的内侧。调配用针头使用侧孔针头更适合调配。

（10）调配时不能接触注射器针头和推杆的任何部分，并且对被加药物进行分类，一类药物用 1 支注射器，换种类时应更换注射器，以确保用药安全。

2. 正确调配顺序

（1）将电解质（10％氯化钾注射液、10％氯化钠注射液、25％硫酸镁注射液、10％葡萄糖酸钙注射液等）和微量元素（如安达美）先加入氨基酸注射液中。电解质也可加入葡萄糖液中，但多种微量元素因其 pH 为 2.2 呈酸性，可使葡萄糖脱水形成有色聚合物而变浅黄色 500ml，只能加入氨基酸注射液中。

（2）将丙氨酰谷氨酰胺、门冬氨酸鸟氨酸、精氨酸、谷氨酸钠、醋谷胺加入氨基酸注射液中。

（3）将水溶性维生素（如水乐维他）溶解到脂溶性维生素（如维他利匹特）中混合均匀，以乳剂的形式与脂肪乳混合。因水溶性维生素化学性质不稳定，易受光线、空气影响，而脂肪乳可以保护水溶性维生素免受紫外线照射而发生降解。

（4）若 EVA 或 PVC 袋内不加脂肪乳，则不能使用脂溶性维生素，水溶性维生素溶解后加入到葡萄糖注射液中，但此过程需注意避光。

（5）胰岛素、磷制剂（格列福斯、复合磷酸氢钾等）只能加入葡萄糖注射液中。

（6）其他成分如维生素 K_1、复方维生素 B_4、辅酶 A、复合辅酶、三磷腺苷二钠氯化镁、三磷腺苷、二丁酰环磷腺苷钙等优选是加入葡萄糖注射液中，也可加入氨基酸注射液中。

（7）最后，先将氨基酸注射液和葡萄糖注射液混入营养袋内，并肉眼检查有无沉淀，再将脂肪乳加入营养袋中混合均匀。

（8）混合完毕后，应先进行排气再锁口，然后翻转全静脉营养袋，使里面各组分充分混均；配好的 TPN，最好现配现用，若暂不使用，应存放在 4℃条件下保存，不得冰冻，并于 24h 内输完。

3. 核对

(1)要核对标签上的药品数量与实物数量是否相符。

(2)调配人员在调配前后进行核对,主要包括:检查各药品的澄明度,如是否有玻璃屑、橡胶塞,是否有变色、沉淀等,以及留意不是整支用量的药品。

(3)成品的核对,除要完成前两道所核对内容外,更主要的是检查成品是否存在破乳、分层等现象,同时要检查各通路是否锁紧,并轻挤全静脉营养袋看是否有渗漏、破袋。

4. 调配中的注意事项

(1)TPN 成分:从制剂角度看,既有脂溶性成分,又有水溶性成分,整个体系以胶体溶液、乳浊液的混合形式共存,属不稳定体系。TPN 的稳定性取决于多种因素,包括调配步骤、温度、电解质、pH 和渗透压等,其中脂肪乳剂和维生素的稳定性最容易受影响。

(2)TPN 的 pH:TPN 的最终 pH 决定脂肪乳的稳定性。pH<5 时,可导致中性脂肪颗粒凝聚,使脂肪乳丧失稳定性。pH 偏高,可对微量元素注射液中的铜、铁、锌等产生沉降作用,对葡萄糖及氨基酸产生褐变反应。维生素 B_1、维生素 B_2、维生素 B_6、维生素 C 等在 pH 偏高时,其结构不稳定,易破坏失效,甘油磷酸钠(格利福斯)易产生磷酸盐沉淀,维生素 C 易产生草酸盐沉淀,故须将 TPN 液的 pH 调整至 5～6。

常用注射液的 pH 范围见表 6-2。

表 6-2 常用注射液的 pH 范围

品名	pH 范围	备注
葡萄糖注射液	3.2～5.5	
葡萄糖氯化钠注射液	3.5～5.5	
0.9% 氯化钠注射液	4.5～7.0	
复方氯化钠注射液	4.5～7.5	含 Ca^{2+}
乳酸钠林格注射液	6.0～7.5	含 Ca^{2+}
复方乳酸钠葡萄糖注射液	3.6～6.5	含 Ca^{2+}
灭菌注射用水	5.0～7.0	

(3)电解质:调配前根据输液签计算加入阳离子的总量。因阳离子可中和脂肪颗粒上磷脂的负电荷,使脂肪颗粒互相靠近,发生聚集和融合,导致水油分层;还可与格利福斯产生磷酸盐沉淀。因此,为保证 TPN 的稳定性,应严格控制阳离子的浓度。

(4)葡萄糖浓度:TPN 中葡萄糖的浓度过高时,可使部分脂肪乳颗粒表面受破坏,颗粒之间空隙消失,使脂肪颗粒凝聚,故葡萄糖最终浓度应控制在 23% 以内。

(5)氨基酸的液量:氨基酸除了可维持机体正氮平衡外,TPN 中的氨基酸还具有缓冲和调节 pH 的理化特性,能抵消低 pH 的葡萄糖溶液对乳剂的破坏作用,氨基酸量越多,缓冲能力越强,因此,应控制 TPN 配方中氨基酸液量达到总液量的 1/3 左右,并先与脂肪乳剂或葡萄糖液混合,来保证脂肪乳剂的稳定性。

(6)胰岛素的加入:PVC 输液袋对胰岛素有吸附作用,吸附率达 31.25% 左右,胰岛素应尽量避免加入 PVC 营养袋中,无法避免时,应加大胰岛素用量。

（7）钙、磷制剂：钙制剂（10％葡萄糖酸钙注射液）与磷制剂（格列福斯、复合磷酸氢钾）会形成磷酸氢钙沉淀，故两者应分开加入不同瓶中。

（8）维生素 C 和含维生素 C 制剂（水溶性维生素）为还原剂，会与多种微量元素、醌类维生素 K_1 发生氧化还原反应，故应分开加入不同瓶中。

（9）每加完一种药都需及时核对澄明度，以防有色物质加入后影响检查，不是整支的药物应先及时取量加入，以防后面不小心将整支加入，并把取量写在瓶签或输液标签上，以便核对。

四、全静脉营养液的成品质量监测

TPN 含有 7 大类营养物质，调配和注射操作不慎极易造成微生物污染从而导致感染。处方中含 50 多种化学物质，是一个热力学不稳定系统，配伍不当可导致乳剂及成分发生物理化学变化，给患者生命安全带来危害。由于 TPN 调配工作专业技术性强、风险大、操作繁琐，因此调配 TPN 的生产管理和质量监测十分重要。

1. TPN 的卫生质量监测　对调配 TPN 常规进行微生物培养和细菌内毒素检查。留取样本方法：日常调配 TPN 时，将确定抽取样品混合均匀后，再把少量混合液挤回 3 条加药导管中，压封，剪断留样。取其分别进行微生物限度检查、细菌内毒素等项检查。

2. 调配用料的质量监测　应对调配用物料如注射器、3L 袋、消毒剂的质量进行定期抽样检查。

3. 脂肪乳的稳定性监测　在调配过程中应注意观察成品的溶液颜色、均匀度、脂肪乳粒粒径的变化、有无沉淀产生等。

4. 放置 TPN 的容器的质量监测　放置 TPN 的容器有 PVC 袋和 EVA 袋。PVC 对脂肪颗粒有破坏作用，其增塑剂邻苯二酸（2-乙基己基）酯（DEHP）具有肝细胞毒性和致畸致癌作用。储存 48h 可测得 DEHP，且随储存时间增加而增加；储存温度 4℃测得的 DEHP 含量较 25℃时低。但 PVC 袋在 24h 内是完全无毒的，因此可做短期贮存（24h 内）。EVA 袋可做长期贮存。

通过常规开展 TPN 的质量监测，可以有效地控制成品的质量，而且督促了调配人员自觉遵守调配规程和无菌操作制度，做到调配环境、调配过程、最终产品的检验评估等各环节都有质量管理活动贯穿其中，从而保障了 TPN 的质量。

第四节　细胞毒性药物的调配规程

一、细胞毒性药物的概述

1985 年，美国医院药师协会颁布细胞毒性药物操作指南，将具有生殖毒性、致癌、致畸变、低剂量器官损伤的药物归为细胞毒性药物。按此标准，临床上细胞毒性药物多为抗肿瘤药物。

细胞毒性药物主要通过杀伤或抑制肿瘤细胞的增殖来达到抗肿瘤的目的，按其作用机制可以分为 4 类：①干扰核酸合成；②干扰蛋白质合成；③直接与 DNA 结合，影响其结构和功能；④改变机体激素平衡而抑制肿瘤。

细胞毒性药物在杀伤肿瘤细胞的同时,对正常增殖的细胞尤其是增殖活跃的骨髓、消化道上皮细胞等有不同程度的毒性,所以细胞毒性药的主要不良反应为恶心、呕吐、头晕、致癌、致畸变、骨髓抑制和脏器损害等。

二、细胞毒性药物集中调配的意义

临床上细胞毒性药物多为常用的抗肿瘤药物,其中大多数都有致畸变或致癌作用,有些已被证实,如环磷酰胺、阿霉素、博来霉素等。对接触这类药的医务人员可能产生的职业危险性不可忽视。

细胞毒性药物在调配过程中会产生肉眼看不见的溢出,在空气中形成含有毒性微粒的气溶胶或气雾,可直接通过口、皮肤、眼睛和呼吸道进入人体,对医务人员的身体健康带来危害。而 PIVAS 建立后,调配中心的调配室设置专门的送回排风系统,药品调配室为相对负压,药品调配是在专用百级生物安全柜内操作(操作台内为相对负压),保证受污染的空气不会进入非操作区,同时在无菌静电服的保护下,即使有药液的溅出或溢出,也可实现对调配人员的保护。最大限度地限制了细胞毒性药物的接触人群和空间,有利于配液人员的职业安全和环境保护。

三、细胞毒性药物调配的要求

(一)对调配人员的要求

1. 所有 PIVAS 的工作人员在上岗前必须进行严格有效的岗前培训,掌握各岗位工作程序和基础操作。

2. 了解细胞毒性药物的危害,接受相关药物潜在危险的岗前培训,知晓做好调配细胞毒性药物过程中防护工作的重要性。

3. 熟悉细胞毒性药物的调配环境要求。

4. 熟练掌握调配细胞毒性药物设备的使用方法和调配技术,并定期接受安全操作程序的更新。

5. 能够准确区分细胞毒性药物的小量溅洒和大量溢出,掌握处理溅洒和溢出的装备和操作步骤。

6. 了解被细胞毒性药物污染物的洗涤方法。

7. 掌握细胞毒性药物废弃物的处理要求。

8. 了解处理细胞毒性药物的工作人员的健康检测及监督。

(二)对调配人员的保护

1. 定期对接触细胞毒药物的人员体检,至少每年 1 次,包括肺、皮肤、肝、肾、血液、生殖系统功能等,并建立健康档案。

2. 对妊娠与哺乳期妇女应调离岗位,对长期从事调配细胞毒药物的工作人员,要定期进行工作岗位的轮换。

3. 调配人员必须穿上由非透过性、无絮状物防静电材料制成的连体制服、工作鞋、戴防护口罩和眼罩,戴双层手套,内面为聚氯乙烯手套,外面为无粉的乳胶手套。

(三)药物调配的区域和设备

细胞毒性药物调配的区域和设备与营养液和普通药的调配要求不同,应做到如下几点。

1. 调配室、第二次更衣室衣室、第一次更衣室衣室全部为负压,并与外界保持压力梯度。

2. 应尽量避免频繁的物流及人员的进出,避免毒性微粒的气溶胶或气雾带入周围环境。

3. 在调配区门口应有醒目的标记说明只有授权人员才能进入。

4. 禁止在药物调配区域进食、喝水、嚼口香糖和储存物品。

5. 在调配毒性药物时应使用无菌操作技术。

(四)设备准备与要求

1. 生物安全柜的准备与使用

(1)在调配前30min先开启安全柜通风机组、紫外照射消毒按钮进行自净,待柜内空气与调配室均达标后,方可使用。所有的细胞毒性药物调配工作均应在垂直层流生物安全柜中完成。

(2)生物安全柜玻璃门的开启,不能高于安全警示线。否则,操作区域内将不能保证负压,造成药物气雾外散,伤害调配人员及污染调配洁净间,同时操作区域内有可能达不到百级的净化要求。

(3)将一张一面吸水一面防水的垫布置于生物安全柜的台面上,该垫布在遭溅洒或调配工作完成后立即密闭封装,置于医疗垃圾袋中。

(4)调配前应当将调配需要的药品和器材准备好并传入调配室,尽可能减少对柜内气流的影响,从而减少对药品的污染。

(5)生物安全柜的台面应分为3个区域来使用。①内区:最靠近高效过滤器的区域,放置已打开的安瓿及其他一些重要的物件;②工作区:工作台中央部位,所有的调配都在此区域完成;③外区:从台边到10~15cm距离的区域,用来放置有包装的注射器和其他带外包装的物体。

(6)应根据生产厂商说明定期对生物安全柜进行清洁和消毒以确保产品调配的安全。用清水清洁台面或台面下的风道,再用75%的乙醇消毒。在清洁和消毒时,应将生物安全柜关闭。

(7)定期检测生物安全柜的各项指标,建议每年至少安排1次。

【附】A/B₃型生物安全柜测试要求

①空气微粒计数:0.5μm以上微粒≤3 500/m³。

②沉降菌计数≤1/(φ90mm·0.5h)。

③送风风速:0.35m/s±20%。

④吸入口风速≥0.5m/s。

⑤DOP法高效过滤器检漏测试标准要求:在任何点上,气溶胶的穿透率不能超过0.01%,对于对数型粒子计数器来说,在使用校准曲线时,气溶胶的穿透率不能超过0.01%。

⑥照度测试≥300lx。

⑦噪声测试≤60dB(A)。

⑧烟雾流型测试符合要求。

方法:采用烟雾发生器测试气流的走向。

标准:垂直气流为烟雾应垂直从上到下传送,没有失效点或回流及外泄等现象。各区域标准如下。

①前窗气流保持力标准:位于工作台前窗向后25cm且开口面顶部向上15cm的高度喷烟雾,烟雾应展示出没有失效点或回流及外泄等现象。

②前窗区域外部气流保持力标准:沿工作台开口面的整个周边向安全柜外延伸4cm喷

雾。烟雾应不能从安全柜向外倒流,在工作台面上不出现翻腾或贯穿现象。

③滑槽气流标准:烟雾应于窗内边槽的密封垫处迅速沿着安全柜内部向下流动,安全柜内不存在烟雾的泄漏及向上气流的倒流。

2. 生物安全柜的气流特征

(1)安全柜内的气流应70%循环,30%排放,且采用垂直单向气流方式送风。安全柜应具备负压风道,风速风压应保持均匀。

(2)安全柜的台面要具有高速吸风槽,避免工作腔内有毒气溶胶向安全柜外泄漏。同时,安全柜应采用"无阻碍回风洁净设备",防止外界空气对工作腔内的影响,从而有效的保护作业者和调配药品的安全。

3. 生物安全柜的日常维护与保养 测为了使安全柜能够正常使用,必须做好日常的维护保养工作。

(1)更换荧光灯:先关闭荧光灯,松开螺钉取下灯箱,更换灯管。

(2)更换或维护紫外灯

①紫外灯的杀菌强度会随着使用时间逐渐衰减,故应在其杀菌强度降至70%后,也就是紫外灯使用2 000h后,及时更换紫外灯。

②紫外灯管的清洁,应用毛巾蘸取无水乙醇擦拭其灯管,并不得用手直接接触灯管表面。

③虽然设备配备紫外灯累计时间显示,如果有条件应填写"紫外灯的使用管理记录"并由使用者签名,累计使用超过2 000h后应该更换。

④紫外灯有异常情况应及时进行更换。

(3)移门玻璃的清洁:用洁净剂擦拭玻璃表面,以达到视觉清晰的效果。

(4)工作腔体的保养:在每次使用前和作业完毕后都应用过氧化氢溶液或75%乙醇擦拭表面,当有腐蚀性液体接触表面时,应及时擦拭干净并用布蘸一些干净的水擦干净。

(5)更换高效空气过滤器

①建议采用高效过滤器,过滤效率能达到99.995%(≥0.3μm颗粒)。随着捕集灰尘越来越多,滤层的过滤效率也随着下降,同时阻力增大;当到一定的阻力值或效率下降到某值时,过滤器就需要及时加以更换,以保证净化洁净度的要求。

②设备中应配备送、排风过滤器风速探头,当送、排风过滤器阻力达到设定之后,设备应报警提示需及时更换过滤器。

③更换高效过滤器后,需对安全柜进行物理性能检测。

(6)建议每半年用热球式风速计,测量工作区风速。

(7)建议每年对安全柜进行一次物理性能检测。

(8)如果有条件,建议每3年更换过滤器。

(9)风机不需要特别的维护,但是,建议每年1次进行定期检查。

4. 其他器材使用的注意点

(1)选择大小合适的针头和针筒,严格固定针筒上可活动部件,防止针栓等同针筒分离。

(2)针筒中的液体不能超过针筒长度的3/4,防止针栓从针筒中意外滑落时药液洒溢。

(3)在调配过程中使用的针筒和针头应避免挤压、敲打、滑落。

(4)用后应立即将针筒丢入一次防刺容器中,防止药物滴液的产生或被针头刺伤。

(5)配备剩余药品警告标识粘贴。

(6)用过的注射器、针头、手套及其他物品放到生物安全柜内防漏防刺的专用盛器内,调配完后封口由专人统一焚烧处理。专用盛器应标有细胞毒药品废弃物醒目标志。

四、生物安全柜内调配操作规程

(一)操作前准备

1. 调配人员进入洁净区按规程更衣洗手,进入调配区。

2. 从传输窗接收已排好的药物并检查,如有破损、泄漏、无标签或标签不清的不得调配。核对标签内容与药物是否相符,核对用法、时间、药物剂量、批次。

3. 严格按照无菌操作技术进行调配。操作时各类物品必须严格有序,标准统一地放置于生物安全柜内。

4. 所有的物品应轻拿轻放于生物安全柜内的布上操作,任何物体放置位置都不能阻挡吸风口,以维持相对负压。

5. 先用75%乙醇消毒台面,每隔3～5分钟或接触未消毒设备后用75%乙醇消毒戴手套的双手。不要把手腕或胳膊放置在台面上。

(二)抽取药物方法

1. 撕开一次性注射器外包装,旋转针头连接注射器,确保针尖斜面与注射器刻度处于同一方向,垂直放在工作台的内区。

2. 打开药瓶后用右手拇指及中指执注射器针栓后端,左手拔帽后拿起已开启的药瓶,使之倾斜至与水平呈20°角,针尖插入液体最深点稍上方,示指尖放在注射器针管后端边缘外推针栓,将液体全部吸入注射器中。

3. 拿离药瓶然后转动针尖向上,将针栓稍向下拉一点,然后向上推排出空气。

4. 操作中注意双手姿势不能阻碍流经药瓶及注射器的气流。

5. 整个操作过程中,严禁用力过大或操作不当导致使针头对着高效过滤网喷溅而造成污染堵塞。

(三)稀释加药方法与注意点

1. 输液袋的加药口用75%乙醇消毒,放在生物安全柜的工作区,提取加药口与桌面成45°角。持注射器进针至穿透内膜,注入药物后上下转动输液袋使之充分混匀。

2. 为了能够使患者得到足够、精确的给药治疗剂量,抽吸稀释药物时要确保用药剂量准确。

3. 需稀释的药物应完全溶解后再抽净,液态或油态药液抽吸时要仔细确认抽吸干净。抽吸用的空针应避免排空药液后空针中药液的残留量。

4. 一般12号针头能容纳0.15～0.30ml的液体,因此尽量抽净排空,使药量在药瓶和空针内"零残存"。

5. 药物调配后应及时使用,避免效价降低和增加不良反应。

(四)安瓿装药品调配注意点

1. 轻轻地拍打安瓿,使颈部和顶端的药物落于其底部,以保证没有药液留于该处,防止安瓿折断时药物在空气中传播和雾化。

2. 以75%的乙醇擦拭安瓿的瓶颈处,并注意避免过多的乙醇残留于瓶子表面。

3. 打开安瓿时要用一块无菌的纱布包绕安瓿颈,朝着生物安全柜侧面打开。掰开后置于生物安全柜的台面。

4．如果安瓿内是需要再溶解的干燥物质,应将溶媒沿安瓿壁慢慢加入,以避免药物粉末的逸出。

5．最好使用带过滤网膜的针筒和(或)侧开口针头,以避免碎玻璃屑被抽入针筒。

6．如果医嘱剂量小于药品的单支剂量时,将剩余的药液连同安瓿一起装入密闭小盒内,盒外贴有"细胞毒性废物"的标识,和其他空安瓿一起装入专用的塑料袋内。

(五)西林瓶装药品调配注意点

1．揭去瓶盖的药物西林瓶进针处用 75% 的乙醇擦拭消毒。

2．进针时西林瓶应与针筒成 45°,针尖斜面向上,稍用力进针,防止橡胶碎屑进入瓶内。

3．在向西林瓶中加入液体时,应当去除与液体量等容的空气,以防西林瓶内产生过高压力。

4．在从西林瓶中抽取液体前应,必须先确认瓶中药品已完全溶解。

5．抽液体前向瓶内注入少量空气,以便造成轻微压力,便于液体抽吸。

(六)细胞毒泵用药的调配

1．细胞毒泵近年来广泛用于大剂量氟尿嘧啶等药物的持续灌注。

2．调配前应根据药物的总量,算好需稀释液体的量。

3．配药时首先加入稀释液,然后加入药物。

4．注药时避免因用力过度或加药的速度太快损坏细胞毒泵内的单向阀导致药液外流。

5．每次不要打开太多的安瓿,避免不慎把药液碰倒,造成药液流失和环境污染。

6．为了减少药液中肉眼看不到的微粒如药物结晶体微粒、玻璃碎屑微粒,可使用过滤器连接注射器,药液经过滤网膜滤过后再注入细胞毒泵。

(七)难溶药物的处理

1．调配一些粉针剂如环磷酰胺等,溶解时每瓶溶媒量不能过少,一般为 8～10ml,这样振摇时可加快粉末的溶解。

2．有些药物振摇后会产生大量泡沫,因此振摇后应放置 1～2min,使混合溶液的泡沫破裂易于抽吸。

3．若从冰箱中取出的药物,需在室温下放置 5min,便于抽取或溶解。

(八)生物安全柜的清洁

1．操作完毕至少 30min,待药物气雾吸除干净,才能清洁安全柜。

2．使用无菌的一次性无纤维纸清洁,用后密封放在标有"细胞毒药品废弃物"且牢固防刺透、防漏的垃圾桶中由专人按细胞毒污染物品的相关规定处理。

五、细胞毒药物成品输液的转运

1．将配好的液体装入专用的塑料袋内密封好,上贴有明显的标识:"警告:细胞毒性药物",以易辨认。

2．将液体和空瓶均放在摆药筐内传给药师核对。药师核对无误后,将同一科室的细胞毒性药物放入打包袋内,并在打包袋外贴上明显的标识:"警告:细胞毒性药物"。

3．细胞毒素药物运输时应使用防碎和易清洗的运输工具,或放置于加锁的运输车或运输箱内,由下送人员下送到科室,尽量使运送距离保持最短。

4．运输车或运输箱内,在随手可及的地方备有"溢出工具袋",袋内应包括一次性手套、护目镜、吸附剂、塑料背面吸水垫、至少2只厚塑料袋,还应备有收集玻璃碎片的一次性药匙及防破的容器。

5. 建立成品输液移交记录本,下送、临床接收护士双方签字。

六、废弃物品的处理

1. 调配后药物空瓶要用密封的塑料袋封好,并在袋外贴上"警告:细胞毒性废物"的标识;成品核对结束后,把空瓶弃于带盖防漏的专用桶里,每天调配完毕后及时按医疗垃圾处理。

2. 配液完成以后,针头应放入专用的防刺容器内;针筒、手套、和纱布应装入塑料袋内密封好,放入专用的医疗垃圾袋内,并在袋外贴上"细胞毒性废物"的醒目标识。

3. 处理废弃物品时,应保证不发生泄漏。

4. 使用过的药篮、污物桶、推车等应及时清洁以防污染环境。

5. 所有废弃物按卫生部《医疗废物管理条例》收集由医院统一处理。

七、细胞毒性药物的溢出处理

(一)充分认识暴露于细胞毒药物产生的不良后果

细胞毒药物可通过不同的途径如皮肤或呼吸道等进入人体,在人体累计并产生损害作用。主要临床表现为:局部刺激症状,如红斑、水疱、溃疡、皮肤色素沉着等;皮肤过敏或全身过敏反应;通过呼吸道进入人体,可引起鼻黏膜酸痛不适、眼睛烧灼感、头晕、头昏、头痛和恶心、胸闷和气急等症状;严重者还可出现部分脱发、白细胞减少、月经紊乱甚至产生不同程度的肝功能损害。

(二)意外接触的预防和处理原则

1. 意外接触的预防　防止细胞毒药物意外接触,关键在于对细胞毒药物进行集中管理,设置细胞毒药物调配中心,在专用生物安全柜内完成药物准备工作,并由专职人员配药。应遵循以下三个原则。

第一,一丝不苟地采取各种必要的防护措施,包括药物调配、储存、运送、处置等各环节。细胞毒药物的储藏与运输必须有专人负责,专门储藏、专项运输。储藏柜必须有明显的标记,药品要有明显标签。

第二,尽量减少不必要的接触。凡是进行细胞毒药物操作的地方,尽可能限制在小范围。无关人员禁止进出,严禁在隔离区内进食,饮水,吸烟,以防摄入毒物。尽可能防止肌肤接触细胞毒药品,严格按规定置换与存放防护品。

第三,尽量减少细胞毒药物对环境的污染。工作人员应按照标准操作规程调配药品,并执行无菌操作。调配过程中注意防止药液喷溅、渗漏,减少污染废物的产生。污染物或废弃物应弃置到有警告标记的专用容器中,送专门处理。特别注意,当开启玻璃瓶装冻干药粉时,药粉易于喷出,所以在开瓶前,用注射器将溶剂沿瓶壁缓慢注入瓶中,使药粉充分润湿后再开启;打开安瓿前,应轻敲安瓿,使停留在安瓿顶部及颈部的药粉落下,并用乙醇擦净安瓿,用无菌纱布包裹颈部后,敲开安瓿。此外,非注射用抗肿瘤药物,同样具有危害性应避免药物雾化或溶液污染环境,污染废物同样按危险药物处理。

2. 细胞毒药物意外接触的处理技巧

(1)皮肤意外接触时,需立即使用肥皂及冷清水清洗。

(2)若药物意外地溅到眼睛时,需用大量冷清水冲洗并送眼科治疗。

(3)外漏药物应立即由专职人员处理。

(4)应立即标出警示信号以免附近人员被污染和再接触。

(5)所有外漏液必须用吸水毛巾吸干,然后用肥皂和水清洗 3 次,不能用吸尘器吸外漏液。

(6)如果过滤器和操作台内出现外漏液时,需及时更换过滤器,清洗操作台。

(7)污染清扫物品或其他污染物必须置入专用的污物桶内。

3. 细胞毒药物调配过程溅洒(溢出)的处理程序 在细胞毒药物的调配过程中,所有物品均应小心轻放,有序处理,尽量避免溅洒或溢出的发生。当发生细胞毒药物溅洒时要及时处理。

(1)在细胞毒药剂制备和贮存的地区应具有处理溢出的工具,员工必须熟悉他们的使用方法及程序。当运输、操作时发生药物容器的破碎及药物溶剂的溅洒,必须立即清理现场,仔细清除破碎物,标明危险区,进行个人防护。

(2)在细胞毒药剂的制备中,可用无菌的塑料包裹有吸收能力的薄布片或有吸收力的麻料来吸收少量的溢出物。

(3)清除溢出物的人员必须穿戴好防护服、双层手套和眼罩。当处理量大时要戴呼吸器。

(4)少量药剂溢出,可用有吸收力强的拖把来清除。污染的区域最后用强碱来清洗。

(5)所有被溢出物污染的物料和废弃物必须废弃并按照相关部分列出的处理方法来处理。

(6)被溅出的药剂污染的人员必须脱去被污染的衣服,受到污染的部位必须用肥皂清洗或用清水冲刷。若有针刺伤更应正确处理。

4. 少量溢出的具体操作处理程序 少量溢出是指在安全生物柜以外体积≤5ml 或剂量≤5mg 的溢出。当发生小量溢出时,首先正确评估暴露在有溢出物环境中的每一个人。如果有人的皮肤或衣服直接接触到药物,必须立即用肥皂和清水被污染的皮肤。处理小量药物溢出的操作程序如下。

(1)穿好工作服,戴上两副无粉末的乳胶手套,戴上面罩。

(2)如果溢出药物会产生气化,则需要戴上呼吸器。

(3)液体应用吸收性的织物布块吸干并擦去,固体应用湿的吸收性的织物布块吸干并擦去。

(4)用小铲子将玻璃碎片拾起并放入防刺的容器中。

(5)防刺容器、擦布、吸收垫子和其他被污染的物品都应丢置于专门放置细胞毒药物的垃圾袋中。

(6)药物溢出的地方应用清洁剂反复清洗 3 遍,再用清水洗干净。

(7)需反复使用的物品应当由受训人员在穿戴好个人防护用品的条件下用清洁剂清洗 2 遍,再用清水清洗。

(8)放有细胞毒药物污染物的垃圾袋应封口,再放入另一个放置细胞毒废物的垃圾袋中。所有参加清除溢出物员工的防护工作服应丢置在外面的垃圾袋中。

(9)外面的垃圾袋也应封口并放置于细胞毒废物专用一次性防刺容器中。

(10)记录下以下信息:药物名称;大概的溢出量;溢出如何发生;处理溢出的过程;暴露于溢出环境中的员工、患者及其他人员;通知相关人员注意药物溢出。

5. 大量溢出的具体操作处理程序 大量溢出是指在安全生物柜以外体积>5ml 或剂量>5mg 的溢出如果有人的皮肤或衣服直接接触到药物,其必须立即脱去被污染的衣服并用肥皂和清水清洗被污染的皮肤。溢出地点应被隔离出来,应有明确的标记提醒该处有药物溢出。大量细胞毒药物的溢出必须由受训人员清除,处理程序如下。

(1)必须穿戴好个人防护用品,包括里层的乳胶手套、鞋套、外层操作手套、眼罩或者防溅眼镜。

(2)如果是可能产生气雾或汽化的细胞毒药物溢出,必须佩戴防护面罩。

(3)轻轻将吸收药物织物布块或防止药物扩散的垫子覆盖在溢出的液体药物之上,液体药物则必须使用吸收性强的织物吸收掉。

(4)轻轻将湿的吸收垫子或湿毛巾覆盖在粉状药物之上,防止药物进入空气中去,然后用湿垫子或毛巾将药物除去。

(5)将所有的被污染的物品放入溢出包中备有的密封的细胞毒废物垃圾袋中。

(6)当药物完全被除去以后,被污染的地方必须先用清水冲洗,再用清洁剂清洗3遍,清洗范围应由小到大地进行。清洁剂必须彻底用清水冲洗干净。

(7)所有用来清洁药物的物品必须放置在一次性密封的细胞毒废物垃圾袋中。

(8)放有细胞毒药物污染物的垃圾袋应有封口,再放入另一个放置细胞毒废物的垃圾袋中。所有参加清除溢出物员工的个人防护用品应丢置在外面垃圾袋中。

(9)外面的垃圾袋也应有封口并放置于细胞毒废物专用一次性防刺容器中。

(10)记录以下信息:药物名称;大概的溢出量;溢出如何发生;处理溢出的过程;暴露于溢出环境中的员工、患者及其他人员;通知相关人员注意药物溢出。

6. 生物安全柜内溢出　在生物安全柜内体积≥150ml 的溢出的清除过程同小量和大量的溢出。在生物安全柜内的药物溢出≥150ml 时,在清除掉溢出药物和清洗完药物溢出的地方后,应该对整个安全柜的内面进行另外的清洁。处理过程如下。

(1)使用工作手套将任何碎玻璃放入位于安全柜内的防刺容器中;

(2)安全柜的内表面,包括各种凹槽之内,都必须用清洁剂彻底地清洗;

(3)当溢出的药物不在一个小范围或凹槽中时,需用肥皂液来清除不锈钢上的溢出物;

(4)如果溢出药物污染了高效微粒气体过滤器,则整个安全柜都要封在塑料袋中直到高效微粒气体过滤器被更换。

7. 溢出包　在所有细胞毒性药物的准备、配发、使用、运输和丢置的地方都应该备有溢出包。包中的物件应该有:1件由无渗透性纤维织成的有袖的工作服;1双鞋套;2双乳胶手套;1副化学防溅眼镜;1个呼吸面罩;1个一次性吸尘盘(收集碎玻璃);1个塑料小笤帚;2块塑料背面的吸收毛巾;2块一次性海绵;1块擦除溢出物,1块擦洗溢出物祛除后的地板;1个装尖锐物的容器;2个大、厚的一次性垃圾袋。

第五节　中药注射剂的调配规程

中药注射剂系指在中医药理论指导下,以中药为原料,经提取、纯化制成的专供注入机体内的一种无菌制剂。其中包括灭菌或无菌溶液、乳状液、混悬液,以及供临用前配成溶液的无菌粉末或浓缩液等类型。

由于中药及其复方原料的成分比较复杂,以往大多数中药注射剂采用水醇法或醇水法制备,其药液中往往多种成分并存,杂质难以除尽,对注射液的澄明度、稳定性和临床疗效均有很大影响。不断改进中药注射剂的制备工艺,提高中药注射剂的质量及标准,成为 20 世纪 90 年代以来中药注射剂研究开发的重点。

近年来,在我国新的中药注射剂不断涌现,供静脉注射的品种也不断增加。虽然确保中药注射剂有效、安全稳定,已被越来越多的开发者重视。但不同厂家、不同品种、不同制剂间的质量差异仍然较大。

确保中药注射液静脉使用时安全、有效,是摆在医院药学工作者面前的重要任务,也给参与中药注射液静脉药物调配工作提出了更高更迫切的要求。

一、中药注射剂有效化学成分

中药原料中含有的化学成分种类繁多,常见大类有生物碱、苷类、黄酮、皂素、香豆精、强心苷、酚苷、氰苷、硫苷、挥发油、鞣质、多糖类等。

二、中药注射剂常用溶剂

1. 注射用水　其是注射液溶剂中应用最广泛的一种,具有良好的生理适应性与对化学物质的溶解性。

2. 注射用非水溶剂　对于不溶或难溶于水,或在水溶液中不稳定或有特殊用途(如水溶性药物制备混悬型注射液等)的药物,可选用非水溶剂制备注射剂,常用的有以下几种,油、乙醇、甘油、丙二醇、聚乙二醇。此外,还有油酸乙酯、苯甲酸苄酯、二甲基乙酰胺、肉豆蔻异丙基酯、乳酸乙酯等可选作注射剂的混合溶剂。

三、中药注射剂常用附加剂

注射液中除有效成分(主药)以外,根据药品的性质还可以加入其他适宜的物质,这些物质统称为"附加剂"。

(一)增加有效成分溶解度的附加剂

为了增加主药在溶剂中的溶解度,以达到治疗所需的目的。常用的品种有聚山梨酯-80(吐温-80)、动物胆汁、甘油等。

(二)促进有效成分混悬或乳化的附加剂

为了使注射用混悬剂和注射用乳状液具有足够的稳定性,保证临床用药的安全有效。常用的助悬剂有明胶、聚维酮、羧甲基纤维素钠及甲基纤维素等。常用于注射剂的乳化剂有聚出梨酯-80、油酸山梨坦(司盘-80)、普朗尼克(pluronic)F-68、卵磷脂、豆磷脂等。

(三)防止有效成分氧化的附加剂

这类附加剂包括抗氧剂、惰性气体和金属络合剂,添加的目的是为了防止注射剂中由于有效成分的氧化产生的不稳定现象。

1. 抗氧剂　抗氧剂为一类易氧化的还原剂。当抗氧剂与药物同时存在时,抗氧剂首先与氧发生反应,从而保护药物免遭氧化,保证药品的稳定剂有:亚硫酸钠、亚硫酸氢钠、焦亚硫酸钠、硫代硫酸钠、硫脲、维生素 C、二丁基苯酚、叔丁基对羟基茴香醚、叔丁基对羟基茴香醚等。

2. 惰性气体　高纯度的 N_2 或 CO_2 置换药液和容器中的空气,可避免主药的氧化,一般统称为惰性气体。

3. 金属络合剂　药液中由于微量金属离子的存在,往往会加速其中某些化学成分的氧化分解,导致制剂变质。加入金属络合剂,使之与金属离子生成稳定的络合物,避免金属离子对药物成分氧化的催化作用,从而产生抗氧化的效果。注射剂中常用的金属络合剂有乙二胺四乙酸(EDTA)、乙二胺四乙酸二钠(EDTA-Na$_2$)等。

(四)抑制微生物增殖的附加剂

这类附加剂也称为抑菌剂,添加的目的是防止注射剂制备或多次使用过程中微生物的污染和生长繁殖。一般多剂量注射剂、滤过除菌或无菌操作法制备的单剂量注射剂,均可加入一定量的抑菌剂,以确保用药安全。常用的有苯酚、甲酚、氯甲酚、三氯叔丁醇、苯甲醇、苯乙醇等。

(五)调整 pH 的附加剂

这类附加剂包括酸、碱和缓冲剂,添加的目的是为了减少注射剂由于 pH 不当而对机体造成局部刺激,增加药液的稳定性及加快药液的吸收。

注射剂中常用的 pH 调整剂有盐酸、枸橼酸、氢氧化钾(钠)、枸橼酸钠及缓冲剂磷酸二氢钠和磷酸氢二钠等。

(六)减轻疼痛的附加剂

这类附加剂也称为镇痛剂,添加的目的是为了减轻使用注射剂时由于药物本身对机体产生的刺激或其他原因引起的疼痛。常用的有苯甲醇、盐酸普鲁卡因、三氯叔丁醇、盐酸利多卡因等。

(七)调整渗透压的附加剂

正常人的血浆有一定的渗透压,平均值约为 750kPa。渗透压与血浆渗透压相等的溶液称为等渗溶液,如 0.9% 的氯化钠溶液和 0.5% 的葡萄糖溶液即为等渗溶液。常用的渗透压调整剂有氯化钠、葡萄糖等。

四、中药注射剂存在的主要问题

1. 澄明度　如出现沉淀、乳光等问题。
2. pH　某些成分的溶解性与 pH 相关,pH 不当,则易产生沉淀。
3. 温度　中药注射液中所含高分子杂质呈胶体分散状态,具热不稳定性及动力学不稳定性。致使中药注射液在加热灭菌时的高温下及放置过程中,会因胶粒凝结而产生药液浑浊或沉淀。
4. 注射液浓度过高或配伍影响　有些成分在水中溶解度不大,经灭菌和放置,可有部分析出。
5. 引起乳光的原因　药液中挥发油及挥发性成分较多时,水溶性差,微量即饱和,饱和时往往有乳光现象。

五、中药静脉注射液集中调配注意事项

中药注射液中的色素、鞣质、淀粉、蛋白质等以胶态形式存在于药液中,药液与输液配伍后可发生氧化、聚合等反应。也可能有一些生物碱、皂苷在配伍后由于 pH 改变而析出,导致不溶性微粒大大增加。近年来,中药注射剂引发的不良事件频发。有报道药液中可见异物检查、不溶性微粒检查不合格的占输液反应原因的 64%。可见,不同药物应选择不同的溶媒。若选

择不当,轻则影响疗效,重则产生不良反应。

(一)中药注射剂不溶性微粒对人体的危害

微粒是指注射剂中流动的、不溶性物质。它一般是在输液生产或应用过程中经各种途径和原因所污染或产生的微小颗粒杂质。不溶性微粒对人体的危害主要表现在以下几个方面。

1. 炎症反应　微粒的输入会导致局部堵塞和供血不足、组织缺氧等而引起静脉炎、肺动脉损伤。

2. 肉芽肿　肉芽肿是机体的一种增生反应,可发生在肺、脑、心脏、肾等部位。少数肉芽肿对机体影响不大,但大量的肉芽肿的发生可直接干扰这些器官的正常生理功能,甚至危及生命。

3. 栓塞　大于毛细血管内径的微粒可引起栓塞。栓塞容易发生在脑、肺、肝及眼底。

4. 其他　微粒还可引起其他危害,包括肿块、变态反应,重复输入相同微粒的输液可导致过敏反应等。

(二)中药注射液中微粒存在和增加的原因

1. 与输液配伍使用的溶媒　相关研究表明,同一种中药注射液与不同种类的输液配伍后,不溶性微粒增加情况不尽相同。有研究表明,8种注射液在0.9%氯化钠注射液中微粒增加程度要小于在5%葡萄糖注射液中的,且经过一次性输液器过滤后,前者基本能达到《中国药典》2005年版的要求。

2. 联合用药　由于合并用药,有可能出现配伍禁忌或微粒累加及倍增而导致热原反应。对输液配伍微粒累加的研究结果提示,配伍药物越多,微粒增加越明显。

3. 中药注射液的剂型　粉针复配液中的不溶性微粒远比水针复配液中的不溶性微粒多。这可能与粉针的溶解不全有关。

4. 原药材来源、生产工艺与环境的影响　研究发现,同种中药注射液不同批次或不同种类注射液之间测得的微粒数也有很大差异。原因之一是各中药注射液的配方不同,原料药材的来源及成分有较大差异,质量不一,导致批间差异;原因之二是各生产厂家的提取分离纯化的工艺流程、工作环境不同。

杨朋彬等研究发现,同批号药液各安瓿间的微粒数个体差异较大。其原因除中药注射液制备工艺导致成分残留外,还由于在运输、贮存过程中常因温度、光线等条件改变而产生大量的微粒;也可能因为小针剂安瓿在清洗、灌注、熔封等生产制备及工艺过程和运输、贮存过程中发生爆裂、脱屑、漏气等现象。

5. 配伍液放置时间与药液浓度　中药注射剂配伍后随放置时间延长,微粒数有显著增加。在使用中药注射剂时,应注意其在输液中的浓度,不应随意加大药物用量。

(三)静脉用中药复配稀释原则

遵循临床用药原则,即能采用口服用药就不采用注射用药,能肌内注射用药就不采用静脉注射的原则。必须采取静脉注射或滴注时,正确选择溶媒是避免输液微粒增加的一个重要控制点。

1. 静脉用中药注射剂是独立的、不需稀释即可直接输注的一次性包装,原则上不加入其他药物混合注射,这样可以减少更多的操作环节,从而减少不溶性微粒的增加。

2. 调配时应使药物充分溶解完全,避免因溶解时间不足或震摇无力造成微粒增加,陈奇等研究显示,中药注射粉针剂复配液中的不溶性微粒远比水针复配液中的不溶性微粒多。尽管大多数的中药粉针都为冻干粉型,溶解度比以往有所提高,但溶解稀释后所含较小的微粒数较注射液为多。

3. 应注意复配后成品的浓度,按说明书推荐剂量使用,不应随意加大药物用量。

4. 静脉用注射液与输液配伍以后,尽量现配现用。放置时间长,不溶性微粒产生会增加。

5. 由于各生产厂家生产工艺、质量的不同,在选用稀释剂时,应按照说明书的推荐选用选择说明书或配伍实验中确定的安全溶媒。不要随意更换溶媒,因为当中药注射剂与输液配伍时容易因为 pH 的改变而析出,从而导致沉淀、变色、不溶性微粒的出现。

6. 建议在静脉输注中药注射液时,用有终端过滤器的输液器具,防止不溶性微粒进入体,对患者造成危害。

7. 中药注射液一般应用 5% 或 10% 葡萄糖注射液稀释。除有特殊规定以外不宜选用生理盐水或乳酸林格注射液,以防止配伍后因为盐析作用产生大量不溶性微粒,增加不良反应的发生率。

8. 实际工作中需牢记常用的中药注射液可允许的配伍输液,见表 6-3。

表 6-3　常用中药注射液配伍静脉输液表

序号	药品名称	0.9%氯化钠	5%葡萄糖	10%葡萄糖	5%氯化钠葡萄糖	10%氯化钠葡萄糖	林格注射液	碳酸氢钠	低分子右旋糖酐	5%木糖醇	复方乳酸钠葡萄糖	乳酸林格	复方电解质MG3
1	丹参酮ⅡA磺酸钠	○		○	◉	◉			○	○			
2	清开灵注射液	○	○	○	◉	◉	○	○			★	★	
3	派克昔林注射液		○										
4	苦碟子注射液	○	○	○			●						
5	参附注射液	○	○		◉	◉		○					
6	注射用灯盏花素	○	○		◉	◉	○						
7	茵栀黄注射液	●	○	○	◉	◉	★						
8	艾迪注射液	○	○										
9	复方苦参注射液	○	○										
10	康艾注射液	○	○										
11	黄芪注射液	○	○	○	○								○
12	注射用双黄连	○	○	●			●						
13	银杏达莫注射液	○	○		◉	◉							
14	参麦注射液	○											
15	痰热清注射液	●	○	●			●						
16	香丹注射液	○	○	●	○		●						
17	复方甘草酸苷注射液	○	○		○	○							○
18	刺五加注射液	○	○	○	◉	◉							

（续　表）

序号	药品名称	0.9%氯化钠	5%葡萄糖	10%葡萄糖	5%氯化钠葡萄糖	10%氯化钠葡萄糖	林格注射液	碳酸氢钠	低分子右旋糖酐	5%木糖醇	复方乳酸钠葡萄糖	乳酸林格	复方电解质MG3
19	葛根素注射液	○	○	○									○
20	红花注射液	○	○		○			○					
21	华蟾素注射液	○	○	○			○	○	○				

"○"表示能配伍；"⊙"表示能配伍,但未标明浓度；"●"表示不宜配伍；"★"表示有配伍禁忌；空白表示不详

六、中药注射剂的调配规程

（一）调配前准备

1. 注意药物的外观,中药注射液都有深浅不同的颜色,且沉淀物很容易被本身的颜色所掩盖而不易被发现。所以在检查药液质量时,第一要掌握每种药物的正常颜色以便比较,第二要认真对光观察药液有无浑浊、沉淀、絮状物、漏气等。

2. 注意药物的有效期,中药注射液的有效期通常较短,在使用前应多加关注。一旦超过有效期,就不得使用。

（二）中药静脉用药集中调配

1. 操作方法

（1）配液用具的选择:配液用具必须采用化学稳定性好的材料,并且要安全、无菌。

（2）抽取药物并加药:先将药液抽入注射器内,再缓慢注入液体内,避免快速注入而产生大量气体和泡沫。如果操作不慎出现大量气泡,应将注射器和针头脱开放气片刻(注意针尖不能超过袋或瓶内液面),再迅速拔出针头。加完药后应稍停片刻,再观察瓶内颜色、沉淀、絮状物等,一切正常方可给患者使用。

2. 调配中的注意事项

（1）注意减少泡沫的产生,中药注射液是从中药材中提炼而成,配药时会产生较多泡沫,且易从针眼处往外溢,给配药带来不便,同时增加药物污染的机会。因此要缓慢调配,防止泡沫的产生。具体操作步骤如下:常规检查液体及注射液无误后消毒,若配药量较小,可直接加入;若配药量较大(250ml 液体内加>20ml,500ml 内加>40ml),则先抽出与调配药液等量的液体弃去,然后按无菌抽液法抽取药液,迅速将针头插入输液袋内,倾斜输液袋 45°～90°,然后再将药液轻轻注入袋内,竖直放正输液袋,针头在液面上抽出等量空气,此法至将药液配完,轻拿轻放输液袋,不可摇晃。这样配出的液体不会产生气泡,给配药和输液带来方便、快捷、安全。

（2）预防颗粒污染,中药制剂每次静脉输入用剂量通常为 20～60ml,病情需要时可达80ml,而临床上 20ml 注射器应用较为广泛。为了避免反复穿刺瓶塞,应选择 50ml 注射器加药。刺入加药口塞时注意瓶或袋体倾斜针头斜面朝上,选好进针点快速刺入,以免塞碎屑掉进入液体内造成颗粒污染和引入致热原。

（3）注意配伍禁忌,中药注射液成分复杂、稳定性差,配伍不当容易引起有效成分含量下降、成品澄明度改变、产生沉淀等后果。因此要注意配伍禁忌。

（4）注意操作规范,如有些药物双黄连、穿琥宁、丹参等粉针剂静脉滴注调配时,先以适量

注射用水充分溶解,再用稀释剂稀释。若直接用稀释剂溶解,会导致溶解不充分而使微粒数增加,也容易导致不良反应的发生。

(5)注意现配现用,当调配时间过早时,一是会导致不溶性微粒大量增加,二是不稳定的中药注射液,会因时间过长,导致含量降低,甚至变色、析出沉淀等现象。要求在使用时应新鲜调配,即用即配。

(6)避免多种药物合并使用。药物流行病学研究显示,用药品种越多,药物之间发生反应的机会也越多,药物间发生配伍禁忌的概率也大大增加。中药注射液常有多种成分组成,与其他多种药物混合使用,会加大不良反应的发生概率。在使用中应尽量避免中药注射液与多种药物的合并使用。

(7)中药注射剂之间互相配伍,在临床使用中没有配伍考察数据支持,中药注射液之间不能随意配伍。如欲将灯盏花素与川芎嗪配伍时,因灯盏花素的有效成分总黄酮偏碱性而川芎嗪 pH 偏酸性,两者混合使用时,容易析出沉淀(输液器滤器上易出现一层淡黄色粉末沉淀)。灯盏花素应避免与 pH 过低的液体或药物配伍使用。建议灯盏花素与川芎嗪尽量分开使用,避免药物的同瓶配伍。

(8)关注稀释液体的酸碱度,避免引发药物水解等反应,如注射用炎琥宁为穿心莲内酯提取物,葡萄糖注射液或葡萄糖氯化钠注射液。因葡萄糖注射液或葡萄糖氯化钠注射液 pH 为 3.2~5.5,药物在此 pH 范围内不易水解;而氯化钠注射液 pH 为 4.5~7.0,容易水解甚至析出油滴样乳状沉淀。

(三)中药注射液的质量规范

1. 澄明度　澄明度是中药注射剂稳定性考核项目之一。除特殊规定外,注射液必须完全澄明,不得含有任何肉眼能见异物。

2. pH　人体血液的 pH 为 7.4 左右,因此要求注射液的 pH 应与血液相等或接近,注射液偏酸或偏碱都会产生疼痛或组织坏死等不良反应,故 pH 一般列为质控必须检查的项目。

3. 热原　热原是微生物的代谢产物,含有热原的注射液注入人体后约 0.5h,被注射者出现发冷、寒战、发热、出汗、恶心呕吐的症状,有时体温上升至 40℃ 以上,严重者出现昏迷、休克甚至死亡。故注射剂,特别是供静脉及脊椎腔注射的注射剂,均应进行热原检查。

4. 含量　含量测定项是评价药物内在质量的主要指标之一。应按照该注射剂质量标准规定的含测方法依法进行测定。

第六节　静脉用药混合调配注意事项

一、调配中异常情况的处理与报告

1. 调配失误的处理方式　调配人员在操作时未按规范操作,致使成品不能使用,调配操作人员应立即告知巡回人员,巡回人员协调调配间外面的药师重新排药,重新调配。原药品及液体用塑料袋单独包好,袋外注明"作废"。待调配工作全部结束后,填写《工作差错登记本》和《药品报损申请单》,当日调配巡回人员在工作日志上注明,当事人将药品、液体与《药品报损申请单》一齐交药师核对无误后,按科室相关规定处理。

2. 药品与输液签不符时的处理方式　立即报告巡回人员,巡回人员通知早班药师,重新排药并查找原因。调配人员继续调配,该病区药品调配完毕,对该病区的成品由 1 人复核增加为 2 人复核。当日调配巡回人员在工作日志上做记录,并登记药师最终查找结果。

3. 调配过程中发生锐器伤的处理方式　立即按锐器伤或细胞毒性药物外溢处理办法处理伤口,巡回人员将尚未开始调配的调配筐调剂至其他工作台。调配中的该组药品做报废处理,调配间外药师重新排药,他人重新调配。

二、特殊情况的处理

1. 安瓿掰开时易碎的处理方式　目前临床多使用凹颈安瓿,有些安瓿因玻璃厚度或生产工艺的差异,必须用砂轮割据后才能掰开。首先用浸泡在 75％乙醇的砂轮在安瓿颈部割据一小于安瓿颈 1/4 周的割痕,再用蘸有 75％乙醇的棉签擦拭 1 次,徒手掰开。如第 1 次未掰动,不可硬掰,需再次用砂轮划一下。

2. 冲入溶剂后,瓶内压力大易顶出针栓的处理方式　当瓶内压力过大,影响药物的抽取时,可以把针头和针管分开,先排出瓶内气体,静置片刻,再安上针管,继续抽取药液。

3. 溶解时易起泡沫药品的处理方式　某些注射液在溶解时易产生泡沫,因此在检查药液质量及整个配液过程中不要过度振荡,在溶解时应缓慢注入溶剂,静置 5～10min,待药品完全溶解后,再抽取药液,以免产生大量泡沫。

4. 进针时橡胶塞易产生碎屑的处理方式　由于密封瓶的瓶塞均采用医用橡胶制成,具有一定伸缩性、脆化性、硬度等,当针头在穿过瓶塞时,可将极少部分切割下来的胶塞碎屑带入瓶内,从而造成多种不良影响。因此进针时要注意,从靠近铝盖处进针,针孔面向自己朝上,针尖斜面向上,使针柄与瓶塞呈 70°～80°角,缓慢进针,尽量减少胶塞碎屑的产生。

5. 调配细胞毒药品出现药品外溢情况的处理方式　接触细胞毒药物会对人体组织、细胞产生各种不良影响,如骨髓抑制,危害生殖系统,致癌作用,过敏反应等。因此,调配时要注重安全操作,增强防护意。细胞毒药品一旦外溢,应立即将台面上塑料布反卷,将外溢药液卷好封闭,在溢出处标明污染标志,隔离污染区域,即刻进行清理。清理时,用清水和湿纱布从污染边界开始,逐渐向污染中心进行反复冲洗、擦拭。清理时采用的工具及衣服,一并密封处理。若药物污染皮肤,立即用清水冲洗 3min,然后用肥皂水清洗;若飞溅到眼睛,立即用大量生理盐水或洗眼剂反复冲洗 5min,即刻就医。污染发生时的衣物,应立即脱下密封处理。

三、特殊药品调配注意事项

(一)多西他赛注射液混合调配操作规程

1. 多西他赛是一种抗肿瘤药物,同其他有毒化合物一样,处置及调配时一定要非常小心。如果多西他赛溶液的预注射液或注射原液碰到了皮肤,立即彻底的用肥皂及水冲洗;若碰到了黏膜,则要立即彻底的用水冲洗。

2. 从冰箱里取出多西他赛,需要在室温下放置 5min 后才可使用。

3. 将装溶剂的瓶子倾斜,用注射器将溶剂全部按无菌操作法吸出,然后全部注入多西他赛注射原液瓶中。

4. 拔出针管及针头,手工反复倒置混合至少 45s,不能摇动(摇动会导致晶体析出)。

5. 将混合后的预注射液药瓶室温放置 5min,然后检查溶液是否均匀澄明(由于溶液中含有吐温-80,放置 5min 后通常还会有泡沫)。

6. 此时预注射液含多西他赛浓度为 10mg/ml，患者每次所需剂量可能要超过一瓶预注射液的药量。根据计算所得药量的毫克数，用标有刻度的注射器从已经混合好预注射液的药瓶中（每毫升含多西他赛 10mg）无菌抽出所需药量，如 140mg 剂量多西他赛需抽取预注射液 14ml。

7. 预注射液的理化特性表明，在 2~8℃或室温保存，稳定性为 8h。

8. 将所抽取的预注射液注入 250ml 装有 5% 葡萄糖液或 0.9% 生理盐水的注射袋或瓶中，如果要求剂量超过 200mg，则要选用容积大一些的注射容器，以便多西他赛的最终浓度不超过 0.74mg/ml。

9. 用手摇动注射袋或瓶，混合成品输液。

10. 混合好的多西他赛成品溶液，应在室温及正常光线下，于 4h 内使用，无菌静脉滴注 1h。

11. 同其他注射液一样，多西他赛预注射液及注射液使用前需目测，含有沉淀的注射液即废弃不用。

12. 所有用于稀释，注射用的物品全部按标准操作程序弃置。

(二)注射用转化糖混合调配操作规程

1. 准备一次性使用输液辅助用导管，按标准操作规程在无菌操作台上打开。

2. 将液体挂上操作台挂钩，消毒注射用转化糖瓶口及液体加药口，将输液辅助用导管插入注射用转化糖，再将导管另一端插入液体加药口，最后将排气针头插入注射用转化糖。

3. 注意观察，待注射用转化糖全部溶解后，将液体取下，转化糖挂上操作台挂钩，使溶解后的转化糖溶液注入液体内。

4. 所有用于操作用物品全部按标准程序弃置。

四、锐器材料与锐器伤的处理

1. 锐器盒应合乎国家规定，能够防渗漏、防穿刺。

2. 锐器盒整体为硬质材料制成，应坚固、密封、环保。

3. 锐器盒每 48 小时更换 1 次，废弃的锐器盒须使用有效的封口方式，使封口严密紧实并做好标识。一旦封口，不可在不破坏的情况下再次打开。

4. 锐器盒不得重复使用，锐器不可折断或弯曲。

5. 严禁直接用手传递或清理损伤性废物。

6. 发生锐器伤时，应按照锐器伤的处理流程，立即采取相应措施。

(1)立即由伤口近心端向远心端轻轻挤压，尽可能挤出损伤处的血液。

(2)立即用肥皂水或清水冲洗伤口。

(3)用 75% 的乙醇或 0.5% 碘仿，对创面进行消毒，并包扎伤口。

五、输液成品的药物终浓度要求

由于外周血管单位时间通过的血流量有限，当从外周血管通过高浓度药物时，药物对血管壁刺激可引起相应部位皮肤血管炎性反应，造成血管通透性增加，组织炎性渗出。轻者可引起局部组织发红、疼痛，重者静脉血管条索状改变伴剧痛，甚至局部组织坏死。

为了减少静脉炎的发生，在静脉用药调配时，需掌握成品的终浓度要求。表 6-4 汇总了部分常见药品静脉调配成品终浓度。

表 6-4 部分常见药品静脉调配成品终浓度

药品名称	最大浓度	药品名称	最大浓度
注射用盐酸表柔比星	2mg/ml	奥拉西坦注射液	4.0g/100ml
多西他赛注射液（苏恒瑞）	0.9mg/ml	艾迪注射液	25ml/100ml
多西他赛注射液（罗纳普朗克）	0.74mg/ml	注射用帕米膦酸二钠	15mg/125ml
依托泊苷注射液	0.25mg/ml	复方苦参注射液	12ml/200ml
注射用盐酸吉西他滨	40mg/ml	注射用盐酸去甲万古霉素	0.8g/200ml
紫杉醇注射液	1.2mg/ml	门冬氨酸钾镁注射液	20ml/250ml
盐酸伊立替康注射液	2.8mg/ml	注射用小牛血去蛋白提取物	1.2g/250ml
注射用阿糖胞苷	100mg/ml	康艾注射液	60ml/250ml
注射用阿奇霉素	2mg/ml	痰热清注射液	40ml/250ml
盐酸乌拉地尔注射液	4mg/ml	香丹注射液	20ml/250ml
注射用厄他培南	20mg/ml	醒脑静注射液	20ml/250ml
注射用盐酸丙帕他莫	20mg/ml	生脉注射液	60ml/250ml
注射用盐酸吡柔比星	1 000μg/ml(膀胱内给药)	血塞通注射液	5ml/250ml
长春西丁注射液	0.06mg/ml	薄芝糖肽注射液	4ml/250ml
注射用盐酸万古霉素	0.5g/100ml	苦碟子注射液	40ml/250ml
注射用亚胺培南西司他丁钠	0.5g/100ml	脱氧核苷酸钠注射液	150mg/250ml
注射用氟氯西林钠	1g/100ml	注射用二乙酰氨乙酸乙二胺	1.2g/250ml
甘露聚糖肽注射液	10mg/100ml	注射用丹参多酚酸盐	200mg/250ml
注射用帕尼培南倍他米隆	0.5g/100ml	注射用夫西地酸钠	500mg/250ml
注射用美罗培南	0.5g/100ml	异甘草酸镁注射液	40ml/250ml
银杏叶提取物注射液	10ml/100ml	门冬氨酸鸟氨酸注射液	60ml/500ml
α-硫辛酸注射液	20ml/100ml		

（裴保香 董圣惠 陈海滨 单文治）

第7章 静脉用药集中调配的安全防护与质量控制

第一节 PIVAS操作的常规安全防护

静脉用药调配中心（PIVAS）中的各项调配操作均由经过培训的专业人员进行，既保证了静脉用药调配的专业性，又保证了调配操作的高效率，在无菌操作的条件下实现大规模集中调配，及时全面地保障临床用药。PIVAS虽然可以提供无菌洁净环境，很大程度上解决了药物调配过程中可能受到污染的问题。但调配人员进行调配操作时仍具有一般性职业损伤和损害的潜在风险，如针刺伤、玻璃刺伤、西林瓶爆裂致伤等。为避免和减少这种一般性职业损伤对调配人员的伤害，调配人员应严格遵守PIVAS的各项操作规程。按照PIVAS常规安全防护的要求，在调配前、调配中和调配后做好各项防护措施，最大限度地做好常规职业安全防护，降低发生损伤和损害的可能性。

调配人员上岗前应接受专业技术和操作技能的岗前培训，包括调配间设施的放置、清洁和维护，调配间物料的准备和流动，层流台的工作流程和规范，无菌调配技术的原则、要求和规范，调配过程中的职业伤害知识、职业防护规程等内容。PIVAS应从加强安全操作技能训练、规范调配操作行为并要求调配人员养成良好的调配操作习惯等方面开展防范职业伤害的工作，使调配人员严格遵守操作规程，改变不安全操作行为，使职业危害的发生率降至最低程度，保证职业安全。

在制定完善的相关制度和措施的同时，应大力加强对调配人员的自我保护意识的教育。调配人员应当提高自我保护意识，加强对职业安全防护的重视。有研究表明，调配人员自我保护意识的缺失是影响其防护意识的一个重要因素。调配人员接受的职业防护知识越多，对自身的防护意识将越强。PIVAS应加强常规安全防护的教育和宣传，提高调配人员自觉纠正不良调配行为的意识。

药师在PIVAS调配间外的核对工作，因接触并处理空安瓿和空输液瓶等，也有发生锐器伤等职业损害的风险。对此，PIVAS也应制定相关流程操作规范，药师应严格根据规程进行操作和处理，加强自我防护意识，避免一般性职业损伤。

一、调配前的常规安全防护措施

（一）调配间和层流台净化系统及生物安全柜预热

应提前至少30min开启调配间和层流台净化系统，并确认其处于正常工作状态，使调配间内达到适宜的温度、湿度和压力，以使调配人员能够在适宜的工作环境中开展调配，特别避免过冷、过热、过湿和压力过大等不适应环境对调配人员的健康造成不良影响。生物安全柜在使用前必须持续运行足够长时间，至少30min，并进行消毒。

（二）调配人员应养成良好、规范的调配操作行为

进入工作区域前应先洗手，正确佩戴口罩和无菌手套，更换专用防护服和专用拖鞋。应注

意扣好防护服的领口,头发(包括额前的头发)不得露出防护服。

(三)提前准备好器具

开始进行调配前,调配人员应将调配中所需用的相关器具准备齐全,并在工作区域内有序放置,避免因乱放造成取用时可能造成的损伤。

二、调配中的常规安全防护措施

(一)进行溶配加药时,应按照规定的程序操作

向西林瓶里加液或抽吸时,应注意操作距离和方向,并控制压力,防止压力过大引发西林瓶爆裂而造成伤害。

(二)静脉用药调配中使用手套等防护屏障是减少医护人员职业暴露的最主要措施之一

PIVAS 规定调配人员进行调配时必须佩戴手套的要求不仅有无菌操作方面的意义,也有加强调配人员职业安全防护的考虑。调配人员在调配操作过程中,若手套出现破损应及时更换。废弃手套应置于废弃物容器中。

(三)注意防范锐器伤

锐器伤是指在工作中被针头、手术器械、玻璃制品、医疗仪器设备、医疗废弃物及其他锐利物品刺伤和割伤皮肤而导致被病原微生物感染风险的意外事件。

锐器伤主要为针刺伤,主要原因多为未严格遵守操作程序、技术不熟练、工作时精力不集中等,多发生在以下几个环节:①抽药调配时。②分离使用后的注射器或输液器针头时。③针头回套针帽时。④用过的注射器未及时处理针头。⑤收集一次性医源性用品时。⑥折安瓿后、徒手处理用后的安瓿。⑦传递锐器时注意力未集中。

PIVAS 是集中性大规模输液调配,调配人员频繁使用注射器进行操作,针刺伤的风险十分高。PIVAS 应在岗前培训和相关制度中规范注射器的使用流程和方法,提高调配人员正确使用注射器和处理废弃注射器的能力,纠正导致针刺伤的高危行为。

1. 选择正确掰开安瓿的方法,严格按照弹、消、锯、消、掰的操作程序切割安瓿。应尽量选择在安瓿上标明的断点处用砂轮划痕,然后快速沿划痕施力将安瓿掰开,避免用力不均使断口不齐整。

2. 不得用镊子等物品敲开安瓿。

3. 禁止徒手分离针头和针栓。

4. 禁止徒手处理使用后的安瓿。

5. 禁止将使用后的针头重新套上针帽。

6. 不得随意传递有裸露针头的器具。

7. 若掰开安瓿时出现不规则断裂,抽吸药液时应特别注意,注意手与安瓿断裂处的距离,防止被不规则的断裂处意外刺伤。

三、调配后的常规安全防护措施

(一)正确、妥善处理医疗废弃物,避免锐器伤的发生,提高安全防护能力

处理调配工作完成后的医疗废弃物的环节也是锐器伤的多发环节之一。PIVAS 应制定详细、具体的处理规程,调配人员应严格根据规程妥善进行医疗废弃物的处理,防止在此环节中发生锐器伤等职业损伤。

1. 调配操作结束后,应将医疗废弃物分类,放置于相应医疗废弃物包装物或容器中,封口,按医院规定统一进行后续处理。

2. 医疗废弃物包装物或容器应防渗漏、防锐器穿透或可密闭,有明显的警示标识和警示说明。

3. 盛装前应进行认真检查医疗废弃物包装物或容器,确保无破损、渗漏或其他安全问题。

4. 使用后的调配针头应单独存放,置于耐刺的专用锐器盒中。放置时动作应轻缓,注意排列方向,不得随意丢弃,防止被刺伤。

5. 使用后的调配针管应在分离针栓后集中放入专用的医疗垃圾回收袋中。

6. 盛装的医疗废弃物不得超过包装物或容器的 3/4。盛装完毕后应采取有效方式对包装物或容器进行封口,并确保封口严密。

7. 药师在进行成品审核时,若空安瓿较多造成重叠遮挡时,不得徒手对空安瓿等进行计数和查对,避免空安瓿的掰开口处的玻璃造成锐器伤。应佩戴手套后或使用器具对空安瓿等进行检查。

8. 药师在核对成品无误后,应将传出的空安瓿、空西林瓶或空输液瓶弃置于专用医疗垃圾袋中,必要时可采用双层垃圾袋,并分类盛装。对医疗垃圾袋封口及转运时,应避免徒手在袋体上施力,防止空安瓿裂口部位意外刺出垃圾袋造成对工作人员的刺伤。

(二)发生针刺伤后的处理

一旦发生针刺伤,应立即在伤口旁端轻轻挤压,尽可能挤出损伤处的血液,再用肥皂和大量流动水冲洗污染伤口,再用 75% 乙醇、0.5% 碘酊或其他消毒药消毒伤口。不得局部挤压伤口。

(三)发生玻璃刺伤或扎伤后的处理

一旦发生玻璃刺伤或扎伤,首先应仔细检查伤口,若有碎玻璃留在伤口处,应尽快取出碎玻璃。确认伤口没有碎玻璃等杂物后,按针刺伤的处理方法进行下一步的处理。

(四)提高对化学消毒剂等物质对人员健康造成化学性危害的认识

调配人员或工勤人员每天进行 PIVAS 调配间的环境清洁和消毒工作时,可能接触各种化学消毒剂,如甲醛、戊二醛、碘、含氯消毒剂、环氧乙烷等。应当重视这些消毒剂可能对接触者造成的危害,要求接触者在使用过程中做好防护工作,避免因接触、吸入化学消毒剂造成皮肤刺激、过敏、接触性皮炎、鼻炎、哮喘,甚至中毒或癌变等严重后果。

调配人员或工勤人员应当选择合适的化学消毒剂,并在使用时佩戴口罩、乳胶或橡胶手套等防护用具。盛放消毒剂的容器应可密闭,避免消毒剂挥发,防止溅溢或外溢。使用化学消毒剂进行清洁和消毒工作时应保持调配间内空气净化系统正常工作,降低挥发性较大的化学消毒剂在空气中的浓度,减轻呼吸道的刺激。结束清洁和消毒工作后应立即采用六步洗手法洗手。

(五)尽量避免在紫外线灯照射时的各类操作

如有特殊情况需进入紫外线灯照射区域,应注意自我防护,穿防护服、戴口罩,避免皮肤裸露,尽量减少在紫外灯下的暴露时间。

PIVAS 中一般性职业伤害的风险是多方面的,同时,因集中化调配工作强度大、密度高、时间紧,发生一般性职业伤害的风险的概率也较大。针对此问题,解决的方法重在加强防护。一方面加强职业安全教育,提高各类人员的健康意识;另一方面加强制度规程管理,按照管理制度落实各项防护措施,加大执行力度。

在硬件建设方面,PIVAS 应使用具有安全装置的产品,锐器盒应符合国家标准,方便使用。在条件允许的情况下,还应积极改善工作条件,设计、开发或使用各类先进、安全的医疗器械和设备,加强安全防护,减少一般性职业伤害。

第二节 细胞毒药物的防护管理

细胞毒药物(cytotoxic drug)是指一类可有效杀伤免疫细胞并抑制其增殖,可能在生物学方面具有危害性影响的药物。这类药物多为抗肿瘤药物、抗生素、抗病毒药物、激素类药物、免疫抑制药等。目前主要的细胞毒药物及其分类见表 7-1。细胞毒药物的细胞毒性主要包括生殖系统毒性、致癌、致畸胎或损伤生育,以及低剂量时所致的一系列器官损害。细胞毒药物可以通过皮肤和黏膜、呼吸道、口腔食入等 3 种途径进入人体,使摄入者受到低剂量药物的影响,具有致癌、致畸、骨髓抑制和脏器损害等潜在危险。PIVAS 的工作人员,包括药师和调配人员,其相关工作都可能涉及细胞毒药物,有通过上述 3 种途径摄入细胞毒药物的可能。虽然细胞毒药物对肿瘤有较好的治疗作用,但多数细胞毒药物的选择性较差,在杀伤肿瘤细胞的同时,也会影响人体正常细胞的生长和繁殖,特别是对一些生长旺盛的细胞产生损害,对人体正常的生理功能和健康造成严重影响。20 世纪 80 年代后期,随着对细胞毒药物调配过程中可能造成的危害的认识加深,各国相关机构陆续颁发了使用细胞毒药物的管理规则。因此,对于细胞毒性药物的集中调配工作的管理必须严格、规范和全面,以减轻细胞毒性药物对工作人员身体和健康的危害,做好细胞毒药物调配工作的职业防护。

表 7-1 主要细胞毒药物及其分类

种 类	代表药物				
作用于 DNA 化学结构的药物	多柔比星	表柔比星	吡柔比星	柔红霉素	丝裂霉素
	博来霉素	氮芥	环磷酰胺	塞替派	洛莫司汀
	卡莫司汀	司莫司汀	白消安		
影响核酸合成的药物	阿糖胞苷	吉西他滨	甲氨蝶呤	培美曲塞	卡培他滨
	氟尿嘧啶	替加氟	卡莫氟		
作用于核酸转录的药物	放线菌素 D	平阳霉素			
抑制拓扑异构酶的药物	拓扑替康	依立替康	羟喜树碱		
作用于有丝分裂 M 期干扰微管蛋白合成的药物	紫杉类	长春碱类	高三尖杉酯碱		

一、细胞毒药物对人体健康的影响

细胞毒药物的毒性反应具有剂量依赖性的特点,除了治疗性给药外,频繁接触细胞毒药物也会因蓄积作用产生毒性反应,其对人体健康的影响主要有以下 3 个方面。

(一)对正常细胞的影响

细胞毒药物在杀伤或抑制癌细胞的同时,对机体正常的细胞,特别是对增殖旺盛的上皮细胞、骨髓细胞、消化道黏膜上皮细胞和生殖细胞的损害尤为严重,如氮芥、多柔比星、丝裂霉素、环磷酰胺和铂类等细胞毒药物均有中、重度骨髓抑制的不良反应,主要表现为白细胞下降,还可能影响血小板、红细胞等。长期接触细胞毒药物造成药物蓄积后还可产生致癌作用,发生白血病、恶性淋巴瘤等与细胞毒药物相关的恶性肿瘤。

(二)对生殖系统的影响

PIVAS 内调配人员直接接触细胞毒药物的频率较高。其蓄积作用可能对调配人员的生殖系统产生远期影响,引起生殖细胞减少,还会造成女性不孕、自然流产率增高,胎儿先天畸形等,且有致癌、致畸、致突变的危险。

根据美国 FDA 对妊娠期妇女用药的安全性分类,药品的安全性分为 A、B、C、D、X 五类。其中 C 类药品指在动物的研究中证实对胎儿有不良反应(致畸或使胚胎致死或其他),但在妇女中无对照组或在妇女和动物研究中无可用的资料。药物仅在权衡对胎儿的利大于弊时给予。D 类药品指对人类胎儿的危险有肯定的证据,但尽管有害,对孕妇需肯定其有利,方予应用(如对生命垂危或疾病严重而无法应用较安全的药物或药物无效)。X 类药品指动物或人的研究中已证实可使胎儿异常,或基于人类的经验知其对胎儿有危险,对人或对两者均有害,而且该药物对孕妇的应用,其危险明显地大于任何有益之处。X 类药品禁用于已妊娠或将妊娠的妇女。

几乎所有的抗肿瘤药物都属于 D 类药品。紫杉醇等药物属于 X 类药品,均对妊娠期妇女和胎儿有严重的不良影响。PIVAS 应充分考虑到这些药物在保存和调配的过程中可能对妊娠期妇女造成的危害,尽量避免妊娠期妇女进行细胞毒药物的调配工作。

(三)对健康状态的影响

长期接触细胞毒药物,会导致疲乏、抵抗力下降,易患感冒、心肌炎、脱发、失眠、精力不集中、月经异常症状增加等。某些高敏状态的调配人员在接触某些细胞毒药物后还可能发生过敏反应。

二、PIVAS 工作人员接触细胞毒药物的途径

(一)细胞毒药物调配前准备工作

包括细胞毒药物的拆包装、细胞毒药物自配药瓶或输液袋的破裂或渗漏、掰开细胞毒药物的安瓿时药粉或药液、玻璃碎片飞溅等。

(二)细胞毒药物调配操作过程中的接触

包括调配时注射器针头松脱导致药液外漏、从药瓶或安瓿中抽出针头、从针筒中排出空气、药液稀释时的振荡、药物的气雾和小液滴经呼吸道被吸入、针筒中药物过多可能造成外溢等。细胞毒药物在调配过程中,可形成肉眼看不到的含有毒性微粒的气溶胶或气雾,可通过皮肤、黏膜或呼吸道等被人体吸收,造成潜在细胞毒损害的危险。如果是在开放的环境中进行调配,不仅调配人员受到危害,还会使周围的环境受到污染,威胁到更多人的健康。

PIVAS 中的细胞毒药物调配是在生物安全柜中进行的,生物安全柜可产生负压,防止细胞毒药物的雾滴和微粒外溢。但调配人员如果操作不当,阻挡了生物安全柜的回风口,会造成生物安全柜无法形成负压而不能起到防护作用。

(三)细胞毒药物调配后的丢弃过程

包括清除溢出或溅出的细胞毒药物残液、处置在细胞毒药物调配过程中使用过的材料等。

若未采取相应的防护措施,则这些废弃物上残留的细胞毒药物等可能会污染空气并被操作人员摄入而造成潜在损害。

三、细胞毒药物调配环境的设计

应为细胞毒药物的调配工作设计布局合理、防护周全的工作环境。在正常工作中,经呼吸道吸入细胞毒药物的粉尘是细胞毒药物危害工作人员健康的主要方式。因此,应在不同工作区设置合理科学的送风系统,如拆药区应保证空气的流通,如有条件可设计细胞毒药物专用拆包台,大大减少残留在药品外部包装上的药物粉尘对拆药人员的危害;摆药区应考虑到空气中可能散在的药物粉尘造成的影响,根据实际面积设置多个送风口,增加通风以增加空气流通,减少有毒物质的浓度,降低危害;调配区和成品核对区应据调配区面积和新风机组的功率设置送风口数量,保证室内有足够的新风注入,特别是排气口设在离地面 20～50cm 高的墙体位置为宜。如将排气口设在天花板上有如下缺点:人体呼出的 CO_2 比空气重,自然沉降向下,天花板上的排气口无法将其排出室外;净化气体从屋顶向下层流时,排气口却在排气,部分净化气体在排气口的吸力下形成侧向气流,通过排气口被排出室外,既影响了净化效果,也浪费了资源;垂直层流的净化气体在碰到地板时会产生向上 20～50cm 的折射(但还达不到净化台的高度),如果这时上方有排气口的吸力则可能把这些污染的折射气体提升到操作台的高度,造成调配的药物被污染。

细胞毒药物调配间的一次更衣间、二次更衣间和万级净化间之间的隔离门应使用电动感应器控制,避免由于手的触摸导致潜在的污染。

合理的环境设计是顺利开展细胞毒药物调配工作的前提,对于环境和设备的维护和保养是维持细胞毒药物调配工作的必备条件。如果维护、保养未能跟上,又没有严格的检测制度进行检查和监督,会使实际环境的许多指标偏离规定要求,不能达到细胞毒药物调配和职业防护的要求。应建立洁净设备、设施使用、维护、保养、检修相关的制度和记录,完善监控体系。每月做洁净间内空气培养、操作台细菌培养、工作状态下浮沉菌培养,每年对超净工作台进行风速测定、层流空气微粒监测、层流空气微生物监测等,定期更换高效过滤网,检测送风系统确保其运行正常。

四、细胞毒药物的药品管理

药师应针对细胞毒药物进行强化管理,在细胞毒药物调配前和调配后的环节严格按相关规程进行操作。

调配前应加强细胞毒药物的贮存和拆包装等环节的管理。细胞毒药物应集中专区存放,贮存区应设在人员物品较少流动的区域,并设特殊标识以示区分。存放药品的药架应设计成尽可能减少药品破损的样式。需要冰箱保存的药品应尽量单独存放,以减少污染扩大的风险。细胞毒药物的运送应谨防药品的破损,在调配前应保持包装完整密封。

调配后应加强细胞毒药物调配废弃物的丢弃和处理等环节的管理。药师在成品复核时应遵守操作规程,尽量避免与调配废弃物的接触。处理废弃物时应分类使用专用包装物或容器并注意密闭,避免细胞毒药物调配废弃物的与工作人员的接触和对环境可能造成的污染,降低细胞毒药物对工作人员造成损害的风险。

五、细胞毒药物的拆包防护

黏附在细胞毒药物安瓿或西林瓶外的药物粉尘或微粒在拆包装时可能扩散至工作环境中,由皮肤黏膜或呼吸道进入人体,造成潜在危害。为减少因药物粉尘或微粒的扩散造成的潜在危害风险,细胞毒药物调配前的拆包装应在专用的负压拆包台上进行。拆包台应为一个相对独立无干扰的区域,避免可能发生的环境污染风险。拆包台内部的空气净化系统可使拆包台在工作状态中可以保持台面的相对负压,有效防止细胞毒药物拆包时药物粉尘或微粒的扩散,最大程度避免被人体摄入,对工作人员的健康进行有效防护。

六、细胞毒药物的调配管理

细胞毒药物由于其特殊的药物特性和人体危害性,需要严格细致的防护管理措施,以最大程度避免工作人员与细胞毒药物的接触和细胞毒药物在工作环境中的扩散,减轻细胞毒药物对工作人员身体健康的危害,加强职业防护和环境保护。

调配人员上岗前应进行专门培训,熟悉 PIVAS 调配间环境,特别是掌握生物安全柜的操作方法和操作规程。加强对调配人员的职业安全防护教育,使其充分意识到细胞毒药物对人体的潜在危害,特别是细胞毒药物经呼吸道和皮肤黏膜摄入后在体内长期蓄积后造成的伤害,自觉加强自我防护,严格遵守操作规程。

调配人员进行细胞毒药物的调配应严格遵守无菌技术操作规范:环境要清洁,进行无菌技术操作前 0.5h,须停止清扫地面等工作,避免不必要的人群流动,防止尘埃飞扬,治疗室每日用紫外线照射消毒 1 次;进行无菌操作时,衣帽穿戴要整洁,帽子要把全部头发遮盖,口罩须遮住口鼻,并修剪指甲,洗手;无菌物品与非无菌物品应分别放置,无菌物品不可暴露在空气中,必须存放于无菌包或无菌容器内,无菌物品一经使用后,必须再经无菌处理后方可使用,从无菌容器中取出的物品,虽未使用,也不可放回无菌容器内;无菌包应注明无菌名称,消毒灭菌日期,并按日期先后顺序排放,以便取用,放在固定的地方,无菌包在未被污染的情况下,可保存 7～14d,过期应重新灭菌;取无菌物品时,必须用无菌钳(镊),未经消毒的物品不可触及无菌物或跨越无菌区;进行无菌操作时如器械、用物疑有污染或已被污染,即不可使用,应更换或重新灭菌。

同时,PIVAS 应制定细胞毒药物职业防护的相关制度和操作规程,并将细胞毒药物相关操作规程制度化,并将其纳入质量控制范围,包括操作间的管理制度、出入净化区域的管理制度、净化控制系统的操作程序、生物安全柜的清洁消毒程序、调配细胞毒药物的操作程序、细胞毒药物外溢的防范预案及应急预案和针刺伤的防范预案及应急预案、细胞毒药物调配防护用具佩戴的种类和方法、调配环境的准备、稀释粉剂药品和抽吸水剂药品的操作规程、调配中排气的方法、调配后物品的废弃处置等,使调配人员有章可循,有规可依,提高细胞毒药物调配防护措施的执行率。

七、细胞毒药物调配防护及注意事项

(一)加强细胞毒药物调配人员岗前教育

参与细胞毒药物调配的调配人员不仅要有熟练进行药品调配的能力,更要接受全面细致的专业岗前培训,加强调配细胞毒药物的防护意识,提高调配细胞毒药物的职业防护能力。其培训内容应包括：操作规程和管理制度培训，培养严格执行操作规程、严格执行细胞毒药物调配流程的意识；细胞毒药物知识培训，了解细胞毒药物的基础理论知识、分类和常见调配方法及配伍禁忌等；细胞毒药物调配安全防护培训，树立正确的职业防护理念，培养按相关要求规范执行各项操作、正确使用职业防护用具、正确处理细胞毒药物调配废弃物的能力；个人健康教育培训，进行相关健康指导，鼓励调配人员加强体育锻炼，合理安排饮食，增强机体免疫力。

调配人员进行细胞毒药物调配前应首先确认无传染性疾病、感染性疾病、皮肤病及体表开放性伤口，减少有利于细胞毒药物侵染人体的因素。

(二)加强细胞毒药物调配操作的防护

设有生物安全柜等防护设备齐全的 PIVAS 具有安全调配细胞毒药物的能力，特别是 PIVAS 的设计理念和设备优势使细胞毒药物的调配水平有了很大程度的提升，使细胞毒药物由原先在病区开放环境中的调配转入相对负压的洁净安全的环境中调配，大大减少了细胞毒药物微粒和气雾的扩散，大大减少了细胞毒药物调配过程中对医务人员的伤害。此外，PIVAS 中药师在细胞毒药物调配工作中的审核作用可有效发现和减少不合理用药情况，提高了临床药物治疗的作用和水平。

在 PIVAS 中进行细胞毒药物的调配工作时，调配人员应严格遵守各项相关规程和规范，加强调配细胞毒药物时的职业防护。

1. 调配人员应按照 PIVAS 调配间的操作规程进行调配前的防护准备　包括洗手、穿戴一次性防护服、戴一次性口罩、手套等，必要时可佩戴护目镜。

防护服应为长袖，由非透过性、无絮状物的材料制成，防护服的袖口应卷入手套之中。手套可使用无粉乳胶手套，必要时戴双层手套。有条件的情况下，应尽量选择一次性聚氯乙烯手套。因手套的透过性会随着时间的延长而增大，一般每操作 60 分钟应更换手套。戴手套时应注意未戴手套的手不可触及手套外面，而戴手套的手则不可触及未戴手套的手或另一手套的里面。戴手套后如发现破裂，应立即更换。脱手套时，须将手套口翻转胶下，不可用力强拉手套边缘或手指部分，以免损坏。戴手套之前和脱去手套之后都必须洗手，洗手时长不少于 1min。

2. 使用生物安全柜进行细胞毒药物调配时的安全防护　细胞毒药物的调配必须在垂直层流的生物安全柜中进行，严禁在水平层流台上进行细胞毒药物的调配。生物安全柜通过加压风机将室内的空气经过高效过滤器过滤后送入净化工作台内的工作区域，可达到百级的操作环境，并且可保持气流垂直进出，不会在水平方向对操作者造成影响。生物安全柜应定期进行性能监测，每半年即对生物安全柜空气微粒、沉降菌落计数、送风口和出风口风速、噪声等指标进行监测，定期更换活性炭滤器和过滤网，保证生物安全柜的正常使用。

使用生物安全柜时应保持连续工作状态，确保层流空气的洁净，每次使用前应打开风机使其连续运作至少 30min 以上。生物安全柜的防护玻璃窗开放高度不得超过规定的警戒线，以避免操作区域不能保持负压，造成药物气雾外散，伤害调配人员并污染调配间。生物安全柜应设有报警装置，在防护玻璃窗超过警戒线一定时间后报警，提示注意。

在进行细胞毒药物的调配时，生物安全柜的表面应准备一块一次性防护垫，当防护垫上出现液滴时以及调配操作结束后应及时更换。每天在操作前后，分别用蒸馏水和 75% 的乙醇仔细擦拭工作区域的顶部、两侧及台面，顺序为从上到下，从前到后，从里到外。调配过程中，每完成 1 例患者的加药调配后，应使用 75% 的乙醇消毒台面。

3. **加强细胞毒药物溶配、抽吸和加药时的防护** 细胞毒药物调配前调配人员应仔细检查所有容器和输液袋的完整性及有效期,确保安全。

调配人员抽吸液体细胞毒药物时应先准备好一次性注射器后再掰开安瓿,以减少细胞毒药物在空气中的挥发,避免其对人体的侵入和对环境的污染。

调配人员掰开细胞毒药物的安瓿瓶前应轻弹其颈部,使附着药粉降到瓶底。折断安瓿颈部时要用消毒纱布包住安瓿瓶颈部,将安瓿头部向远离操作者方向倾斜,然后折断。打开安瓿时注意不要对着生物安全柜的高效滤过器。

瓶装的细胞毒药物在稀释及抽取药液时,可在瓶塞上插入一个带有滤过装置的输液器或输血器的排气针头,将溶剂注入瓶内的过程中要保证排气针头在液面以上,以排除瓶内压力,防止压力过大使针栓脱出造成的污染。

进行细胞毒药物的溶解时,应将溶媒沿瓶的内壁缓慢注入瓶底,待药粉浸透后再摇匀以防粉末逸出。对于难溶解的细胞毒药物应使用药物振荡器。

避免因稀释时的振荡、稀释时瓶内压力太大和排气时造成的药液喷洒、外溢,同时也避免因反复抽吸药液导致针头脱落造成药液外漏。

抽取药液时,插入注射器针头,倒转药瓶,把排气针头向瓶内推进一段距离,使排气针保持在液面以上,再抽药液,可以避免因瓶内负压过大造成的抽吸困难。抽取药液时用一次性注射器和较大号的针头,所抽药液以不超过注射器容量的 3/4 为宜。

从安瓿抽取药物时,应倾斜安瓿,将针尖斜面置于接近开口的角上,拉回注射器推杆以抽取溶液。药液抽出后应立即将针头竖直以避免药液外溢。

抽取药液后,在瓶内进行排气或排液后再拔针,不使药液排入空气中,排气时,可用一片无菌干棉球置于针头周围,避免药液外流造成污染。

向输液袋中加入溶解的细胞毒药物药液后,注意避免加药结束后残存药液的外流。若有药液残留并暴露在输液袋的加药口,应及时清除,避免残留药液可能对调配人员和其他工作人员造成的伤害。

调配完毕后,应及时用清水清洗或擦拭操作柜内部及台面。

为防止反射性污染,调配细胞毒药物过程中的所有操作应至少在生物安全柜中距身体15cm 处进行。

调配及操作完毕后应立即脱去手套,不得在未脱手套前接触其他物品。应用肥皂水及流动水彻底洗手。

4. **加强处理细胞毒药物废弃物的安全防护** 细胞毒药物的调配废弃物因可能残存细胞毒药物的液滴等,也具有一定的潜在污染性,PIVAS 工作人员应采用正确科学的措施按一定的处理流程和规范进行安全处理,不仅有利于对周围环境的保护,也是自我职业防护的重要环节之一,不容忽视。

PIVAS 应准备有明确标识的密闭装置的专用容器,以方便、安全地丢弃细胞毒药物调配废弃物。调配细胞毒药物过程中产生的医疗废弃物,应放置在防渗透的专用垃圾袋中弃之于带盖、防渗的专用密闭容器封闭处理,不得随意长时间地暴露于空气中。

调配结束后,针头和针筒应完整丢弃,不得折断、套回针头或压碎针筒,以避免意外针刺伤和尽量减少潜在的意外暴露。

药师对调配好的细胞毒药物进行成品复核后,应将空安瓿、空西林瓶等废弃物丢弃于专用密闭容器中并密封。

收集废弃物的容器或医疗垃圾袋的颜色应不同于常规容器或垃圾袋的颜色,并有明确标识,专用于细胞毒药物废弃物的丢弃。

处理细胞毒药物废弃物的人员应穿戴橡胶手套和防护服,废弃物容器和垃圾袋应特别密封,注明细胞毒废弃物标识,相应容器不得盛装其他类型废弃物。细胞毒废弃物应与其他医疗废弃物分开存放,置于安全处,根据医院统一规定进行无害化处理。

5. 细胞毒药物调配区域和设备使用规程和注意事项

(1)调配区域应尽量避免人员、物流的频繁进出,以尽量不将生物安全柜中的药物微粒带入周围环境。另外,操作过程中还应避免抓头、擦手等下意识的动作,戴着口罩时不应进行不必要的交谈。非调配人员不得进入调配区域。

(2)严格禁止在细胞毒药物调配区域进食、饮水或存放私人物品。

(3)细胞毒药物的调配人员不得佩戴任何首饰和挂件。

(4)使用生物安全柜进行细胞毒药物调配时,各类物品必须严格有序、标准统一地放置于生物安全柜内,物品占地必须控制最小化。生物安全柜内操作时必须在离台外沿 20cm、内沿 8~10cm,并离台面至少 15cm 的区域内进行。任何物体都不能阻挡吸风口,以保证空气流通一致性,维持相对负压。

(5)调配过程中所需物件应合理放置于操作区域内,防止干扰到生物安全柜的层流空气。

(6)在生物安全柜内进行操作时应尽量减少动作幅度,防止气流扰动,影响防护效果。

(7)细胞毒药物的调配人员不得在高效过滤器与无菌器具之间进行干扰层流空气的操作,调配人员的手应置于生物安全柜气流的下游。

(8)打开细胞毒药物安瓿时应尽量对着侧壁方向,不得面对生物安全柜的高效过滤器。

(9)细胞毒药物的调配人员在从西林瓶中抽取液体前,应先确认瓶中药品已完全溶解,在最后调整剂量时应将针筒内所有气泡排出。

(10)细胞毒药物调配完成后,调配人员应检查调配完毕的输液是否存在成品渗漏、溶液中有颗粒或其他不溶性微粒等质量问题。

6. 细胞毒药物意外暴露的控制　细胞毒药物意外暴露通常有皮肤吸收、胃肠道吸收和呼吸道吸入等 3 种类型。若发生意外暴露后出现头痛、呕吐、头晕、皮肤黏膜刺激、皮疹、脱发、咳嗽和眼部刺激等紧急症状,应立即上报并做相应处理和检查、检验,进一步明确诊断和控制病情。若细胞毒药物暴露在衣物上,应立即去除所有被污染的防护服和衣物,并用肥皂和水清洗被污染区域。如果暴露牵涉到眼部,应用大量水或生理盐水反复冲洗至少 5min。一旦发生细胞毒药物的暴露,应立即标明污染的范围,防止其他人再次接触。

7. 细胞毒药物溢出的处理　一旦发生细胞毒药物的溢出后,外溢的细胞毒药物应立即由经过培训的专业人员进行处理,并做好防护措施。处理人员应准备口罩、防溅护目镜、手套、吸水方纱巾、一次性毛巾、镊子、酒精棉球、防渗塑料袋和防刺密闭容器等。

处理工作应首先从污染边界开始,逐渐向污染中心进行,处理后应及时清洗。

药液若溢到或飞溅到桌面或地面上,应用纱布吸附药液,再用肥皂水擦洗,若为粉剂药物散出,应用湿纱布轻轻拭去,防止药粉飞扬污染空气。若药粉扩散较快,空气很快被污染,不得立即在污染环境中进行处理工作,应等待不少于 30min 的时间,待药粉沉降后,再进行处理。

（1）小量溢出的处理：小量溢出是指在生物安全柜以外体积≤5ml或剂量≤5mg的溢出。溢出发生后，应立即将操作人员和溢出物隔离。若操作人员的皮肤或衣服直接接触到药物，必须立即用肥皂和清水清洗被污染的皮肤或衣服。应按以下步骤清除掉溢出的小量药物。

①更换防护服，佩戴面罩，戴双层无粉乳胶手套。

②液体溢出物应用吸收性的织物布块吸去或擦去，固体溢出物用湿的吸收性织物布块擦去。

③擦布、吸收垫子和其他被污染的物品都应丢置于专门放置细胞毒药物的垃圾袋中。

④药物溢出的地方应用清洁剂反复清洗3遍，再用清水清洗。

⑤放有细胞毒药物污染物的垃圾袋应封口，再放入另一个放置细胞毒废弃物的垃圾袋中。所有参加清除溢出物员工的防护衣应丢置在指定垃圾袋中。垃圾袋应封口并放置于细胞毒废弃物专用一次性耐刺容器中，集中后按医院相关规定进行处理。

⑥做好相关记录，包括药物的名称及溢出量、溢出如何发生、处理溢出的过程、暴露于溢出环境中的调配人员或其他人员，以及及时通知相关人员注意药物溢出。

（2）大量溢出的处理：大量溢出是指在生物安全柜以外体积＞5ml或剂量＞5mg的溢出。溢出发生后，应立即将操作人员和溢出物隔离。同时隔离溢出地点并明确标记，以提醒该处有细胞毒药物溢出。若操作人员的皮肤或衣服直接接触到药物，必须立即用肥皂和清水清洗被污染的皮肤。应按以下步骤清除掉溢出的小量药物。

①更换防护服，佩戴面罩，戴双层无粉乳胶手套。

②轻轻将吸收药物的织物布块或防止药物渗漏的垫子覆盖在溢出的液体药物之上，液体药物则必须使用吸收性的织物吸收掉。

③轻轻将湿的吸收垫子或湿毛巾覆盖在粉状药物之上，防止药物进入空气中去，用湿垫子或毛巾将药物除去。

④将所有的被污染的物品放入溢出包中备有的密封的细胞毒废弃物垃圾袋中。

⑤当药物完全被除去后，被污染的地方必须先用清水冲洗，再用清洁剂清洗3遍，清洗范围应由小到大地进行。

⑥必须彻底用清水将清洁剂冲洗干净。

⑦放有细胞毒药物污染物的垃圾袋应封口，再放入另一个放置细胞毒废弃物的垃圾袋中。所有参加清除溢出物员工的防护衣应丢置在指定垃圾袋中。垃圾袋应封口并放置于细胞毒废弃物专用一次性耐刺容器中，集中按医院相关规定处理。

⑧做好相关记录，包括药物名称及溢出量、溢出如何发生、处理溢出的过程、暴露于溢出环境中的员工、患者及其他人员以及通知相关人员注意药物溢出。

（3）生物安全柜内的溢出：在生物安全柜内体积≤150ml的溢出的清除过程如同小量和大量的溢出。当溢出＞150ml时，在清除掉溢出药物和清洗完药物溢出的地方后，应该对整个安全柜的内表面进行另外的清洁，包括各种凹槽之内。

第三节　健康监测和监督

目前，还没有一种可靠重复的方法可用来测量细胞毒药物在工作中被吸收的程度。但尽可能避免与致突变、致畸、致癌物质的接触，并采取适当防护措施，对于细胞毒药物调配工作的职业安全防护是具有肯定、明确的意义的。进行细胞毒性药物集中调配、有效管理,大大减少药物的毒性危害及对环境的污染的同时,加强对工作人员的健康监测和监督也是职业防护非常重要的一个环节。

一、培养健康保护意识

细胞毒性药物对职业人群的危害作用绝大部分是滞后的、潜在的,具有不确定的近期和远期毒性。由于细胞毒药物对调配人员的健康损害有一个长期积累过程,很多调配人员不能从意识上做到主动加强防范,落实防护措施。因此,对调配人员的职业防护教育有十分重要的作用和意义。

调配人员上岗前,PIVAS 应制订防护制度及操作流程和规程,进行系统、充分的健康保护和职业防护等方面的教育。另外,凡参与细胞毒药物调配过程的人员,如药师和工勤人员等,都应与调配人员一起,进行专项内容的培训,如有关安全处理细胞毒药物和相关废弃物的知识,定期进行细胞毒药物安全操作程序的更新培训,介绍细胞毒药物包括毒性数据、溶解性、稳定性、紧急暴露的治疗和化学灭活等安全操作的信息。细胞毒性药物安全防护培训可提高护理人员对细胞毒性药物的认识,尤其对细胞毒性药物的药理相关性知识的掌握。重点加强调配人员对细胞毒性药物知识掌握,如对细胞毒药物的不良反应、防护原则和防护操作规程等知识的宣传和教育,使调配人员充分认识工作过程中可能发生的职业伤害和潜在风险。自觉开展职业健康促进,加强自我健康保护意识,加强严格遵守操作规程的意识,强化调配人员在细胞毒药物调配中执行职业防护行为的依从性,自觉在工作者中做好防护工作。

二、赋予充分知情权

调配人员上岗前,主管人员应充分告知工作性质,对工作区域潜在的细胞毒药物暴露和潜在的细胞毒药物损害身体的风险予以提醒。同时也应将 PIVAS 对细胞毒药物调配的职业防护措施和手段向调配人员告知,并要求配合。

三、进行必要的健康监测

PIVAS 应当建立相关管理制度,对参加细胞毒药物调配工作人员定期组织体检,包括全血检查、肝功能、尿检查及电解质检查。应将基础检查和常规检查结果保存于调配人员的健康档案中,便于回顾和再评估。

调配人员一旦发生细胞毒药物意外暴露后应立即做紧急检查,必要时应进行有针对性的检测。

检查结果异常的人员应进行再次检查,对异常结果进行分析。因意外暴露和常规检查结果有滞后效应,必要时可将检查结果异常的人员暂时调离相应岗位并做预防处理。

调配人员正在妊娠、计划妊娠、正在哺乳的或不宜暴露于细胞毒药物的,应安排在尽量避免接触细胞毒药物的岗位。

调配人员可实行轮岗制进行细胞毒药物的调配,以尽量减少接触细胞毒药物的时间,同 1 名调配人员连续调配细胞毒药物不超过 5d。

细胞毒药物发生意外暴露后,若相关人员出现头痛、头晕、呕吐、皮肤和黏膜刺激、皮疹、脱发、咳嗽、眼部刺激等紧急症状,应进行报告并做相应处理。

第四节　输液成品检查

在 PIVAS 中排药过程中排好的药品经专业调配人员调配完成后即成为输液成品。输液成品由调配间传出后,药师应对输液成品进行检查和复核。

一、输液成品合格性检查

对输液成品的合格性检查主要包括输液袋的完整、无渗漏、输液标签的完整、无污渍和溶媒中是否已加药、是否为当日当批次用药。因输液成品经复核后即被送往病区进行给药,因此在此程序中应仔细检查输液成品的合格性,确保输液成品无折损、裂纹、渗漏的潜在风险,避免药品送至病区后发现漏液、破损、输液标签污浊不清甚至溶媒中未加药等情况。

检查时重点观察以下方面。

1. 所调配药品是否已溶配、抽吸完毕。

2. 输液成品的加药口是否已被开启,用适当的力量挤压输液袋观察加药口是否持续有液体渗出,输液袋表面是否有针刺划痕或针刺点。

3. 输液标签是否粘贴平整,输液标签上各类信息特别是患者姓名、药品名称、剂量和数量是否清晰可见,贴签、加药、核对和调配者的签名是否齐全。

4. 对于全静脉营养液的成品检查,还要特别注意输液夹是否已夹紧,防止输液夹松脱导致全静脉营养液外流,造成药品浪费和患者无法及时用药的情况。

二、输液成品正确性检查

对输液成品的正确性检查主要指核对所用溶媒和排药筐中遗留的调配完的空安瓿、空西林瓶或空输液瓶等是否与输液标签所标识的信息相符。具体检查内容包括核对所用溶媒的种类、规格和剂量是否与输液标签所标识信息相符,空安瓿、空西林瓶或空输液瓶的名称、规格、厂家和数量或用量是否与输液标签所标识信息相符。

检查时特别要注意以下方面。

1. 溶媒的种类和剂量是否相符,避免因排药时输液标签贴错而导致所用溶媒种类与标签不符,以及调配失误导致所用溶媒剂量与标签不符。

2. 检查空安瓿时应注意看清安瓿上所印的药品名称,避免因某些安瓿外形和安瓿上所印文字非常相似而导致混淆误认而发生差错。如 10％氯化钾注射液、10％氯化钙注射液和 10％氯化钠注射液,3 种药品的安瓿上开头都标有 10％,且都为氯盐,检查时应注意区分。另外应注意核对空安瓿的数量,避免误将某些安瓿的断端误当做安瓿体而发生差错。

检查西林瓶时应注意区别同一厂家、包装相似的药品的名称、规格等信息,如注射用小牛血蛋白提取物(黑江世)和注射用骨肽(黑江世)为同一厂家的产品,其西林瓶的大小、瓶盖颜色、西林瓶上标签的大小和颜色等外观十分相似。核对检查时应注意区分,特别注意检查一组输液中有无混入外观相似的不同药品的西林瓶。

3. 核对抗菌药物的空安瓿或空西林瓶时,对于需要做皮试的抗菌药物,还应检查空安瓿或空西林瓶所标示的批号,确保一组输液所用药品为同一批号,避免因批号不同可能导致患者输注后发生过敏反应的风险。

4. 对于非整支、非整瓶用药,应核查标签上药品所用剂量处是否有调配人员的双人签字,以确认调配无误。对于整支、整瓶药品,应注意检查药液是否抽吸干净,防止药液遗留过多造成输液剂量不足,影响临床治疗效果。

5. 对于全静脉营养液的成品检查,应根据输液标签上的药品信息逐一核对,防止因全静脉营养液药品种类和数量较多,空安瓿、空西林瓶或空输液瓶摆放无序而发生加药或复核遗漏或出现多余的情况。

三、输液成品外观检查

对输液成品的外观检查主要包括检查输液成品的颜色、澄明度,观察输液有无变色、浑浊、沉淀、异物等。检查时应确保输液成品无沉淀、异物、浑浊和大量未溶性微粒,溶液澄明度好。

若输液处方合理,药品调配正确,但澄明度较差,有不溶性微粒存在,应重新调配并要求调配时注意充分振荡药液。部分输液因加药时产生大量气泡,如注射用复方甘草酸苷(80mg,京四环)、注射用七叶皂苷钠(8mg,山东绿叶)等,检查时应注意排除气泡的干扰,以防某些异物夹杂在气泡处未被检出。

检查输液成品颜色前可轻轻振摇输液袋,使所加药液均匀混合于溶媒内。

1. 原药液无色透明的,输液成品也应保持无色,如香菇多糖注射液加入 0.9% 氯化钠注射液,康艾注射液加入 0.9% 氯化钠注射液,银杏叶提取物注射液加入 0.9% 氯化钠注射液,托拉塞米注射液加入 0.9% 氯化钠注射液,多种微量元素注射液(Ⅱ)加入复方氨基酸注射液,奥拉西坦注射液加入 0.9% 氯化钠注射液,左卡尼汀注射液加入 0.9% 氯化钠注射液,盐酸纳美芬注射液加入 0.9% 氯化钠注射液,盐酸氨溴索注射液加入 0.9% 氯化钠注射液,单唾酸四己酸神经节苷脂注射液加入 0.9% 氯化钠注射液,牛痘疫苗接种家兔炎症皮肤提取物注射液加入 0.9% 氯化钠注射液,复方甘草酸苷注射液加入 0.9% 氯化钠注射液,丁二磺酸腺苷蛋氨酸注射液加入 0.9% 氯化钠注射液,异甘草酸镁注射液加入 10% 葡萄糖注射液,盐酸法舒地尔加入 0.9% 氯化钠注射液,马来酸桂哌齐特注射液加入 0.9% 氯化钠注射液,醒脑静注射液加入 0.9% 氯化钠注射液,地塞米松磷酸钠注射液加入 5% 葡萄糖注射液,呋塞米注射液加入 0.9% 氯化钠注射液,门冬氨酸钾镁注射液加入 5% 葡萄糖注射液,氯化钾注射液加入 0.9% 氯化钠注射液,葡萄糖酸钙注射液加入 10% 葡萄糖注射液,胎盘多肽注射液加入 0.9% 氯化钠注射液,丙氨酰谷氨酰胺注射液加入复方氨基酸注射液等。

2. 原药液有其他颜色的,输液成品的颜色应与原药液保持同种色系,可略浅,如肾康注射液加入 10% 葡萄糖注射液,消癌平注射液加入 10% 葡萄糖注射液,痰热清注射液加入 0.9% 氯化钠注射液,大株红景天注射液加入 5% 葡萄糖注射液,丹红注射液加入 0.9% 氯化钠注射液,血必净注射液加入 0.9% 氯化钠注射液,复方苦参注射液加入 0.9% 氯化钠注射液,生脉注射液加入 0.9% 氯化钠注射液等。

3. 粉剂药品为白色的,输液成品一般无色,抗菌药物的输液成品可显略微黄色或青绿色,一般单位溶媒内剂量越大,颜色越深,如注射用磺苄西林钠加入 0.9% 氯化钠注射液,注射用头孢哌酮钠舒巴坦钠加入 0.9% 氯化钠注射液,注射用比阿培南加入 0.9% 氯化钠注射液,注射用亚胺培南西司他丁钠加入 0.9% 氯化钠注射液,注射用美罗培南加入 0.9% 氯化钠注射液,注射用头孢吡肟钠加入 0.9% 氯化钠注射液,注射用磷酸肌酸钠加入 0.9% 氯化钠注射液,注射用黄芪多糖加入 0.9% 氯化钠注射液,注射用单唾液酸四己酸神经节苷脂加入 0.9% 氯化钠注射液,注射用小牛血蛋白提取物加入 0.9％氯化钠注射液,注射用还原型谷胱甘肽钠加入 0.9％氯化钠注射液,注射用复方甘草酸苷加入 5％葡萄糖注射液,注射用复合辅酶加入 5％葡萄糖注射液,注射用三磷腺苷二钠辅酶胰岛素加入 5％葡萄糖注射液,注射用骨肽加入 0.9％氯化钠注射液,注射用奥美拉唑加入 0.9％氯化钠注射液,注射用泮托拉唑加入 0.9％氯化钠注射液,注射用埃索镁拉唑加入 0.9％氯化钠注射液,注射用兰索拉唑加入 0.9％氯化钠注射液等。

4. 粉剂药品为其他颜色的,输液成品的颜色应与原粉剂药品保持同种色系,可略浅,如注射用 12 种维生素加入 0.9％氯化钠注射液,注射用红花黄色素加入 0.9％氯化钠注射液,注射用灯盏花素加入 0.9％氯化钠注射液,注射用丹参多酚酸盐加入 5％葡萄糖注射液,注射用维生素 B_2 加入 0.9％氯化钠注射液等。

5. 对于全静脉营养液的成品检查,首先应观察全静脉营养液有无油滴、分层、析出或沉淀等现象,确保全静脉营养液的稳定有效。其次观察全静脉营养液的颜色是否与所加药品的溶液颜色特性相一致,如若标签中不含脂肪乳剂,全静脉营养液应为澄清透亮;若标签中含有注射用 12 种维生素或注射用维生素 B_2 等药品,全静脉营养液应随药量的多少显示不同程度的黄色;若标签中含脂肪乳剂全静脉营养液应显乳白色或乳黄色。另外如全静脉营养液中不含脂肪乳剂,应观察全静脉营养液的澄明度是否合格;如全静脉营养液中含脂肪乳剂,应观察全静脉营养液的乳剂均匀度。

四、细胞毒药物输液成品检查

细胞毒药物输液成品的检查原则和流程同普通药品。需要注意的是,检查细胞毒药物调配后的空安瓿或空西林瓶时应佩戴手套,必要时戴口罩,并尽量减少空安瓿或空西林瓶暴露在空气中的时间。检查完毕后应立即按细胞毒药物调配废弃物的处理规程将空安瓿或空西林瓶进行处理废弃。

第五节　全静脉营养液的调配及质量控制

一、全静脉营养液的加药原则和顺序

全静脉营养液包含多种药物成分,调配过程较为复杂。若加药顺序混乱无规则,极易造成全静脉营养液破乳、全静脉营养液成分发生相互作用导致失效、各成分发生配伍禁忌导致出现浑浊沉淀等不良后果。因此应重视全静脉营养液调配过程中的加药顺序和原则。

(一)全静脉营养液调配过程中的加药原则

1. 氨基酸为两性分子,具有缓冲和调节 pH 的作用,因此,应将电解质如 10％氯化钾注射液、10％氯化钠注射液、10％葡萄糖酸钙注射液、25％硫酸镁注射液等先加入氨基酸注射液中或葡萄糖注射液中。

2. 多种微量元素只能加入氨基酸注射液中,因其呈酸性,若加入葡萄糖注射液中可使葡萄糖脱水形成有色聚合物而变为浅黄色。

3. 丙氨酰谷氨酰胺、门冬氨酸、鸟氨酸、精氨酸和谷氨酰胺等应加入氨基酸注射液中。

4. 水溶性维生素的化学性质不稳定,易受光线、空气影响,而脂肪乳可保护水溶性维生素避免其发生降解。因此应先用脂溶性维生素注射液溶解后加入脂肪乳中。

5. 胰岛素、磷制剂等只能加入葡萄糖注射液中。

（二）全静脉营养液的调配顺序

1. 将不含磷酸盐的电解质和微量元素加入复方氨基酸注射液中，充分混匀，避免局部浓度过高。

2. 将磷酸盐加入葡萄糖注射液中，充分振荡混匀。

3. 将水溶性维生素溶解至脂溶性维生素中，充分混匀后加入脂肪乳剂中，混匀。

4. 将葡萄糖注射液和氨基酸注射液入营养袋混合后，再加入脂肪乳剂，边加边轻轻振摇营养袋，使溶液充分混匀，并注意观察全静脉营养液的稳定情况，混合完毕后注意关闭未接液体的输液器管。

二、全静脉营养液调配的操作规范和注意事项

因全静脉营养液直接由静脉输注入体内，其调配要求格外严格。为保证全静脉营养液的质量和稳定性，应遵守以下调配原则和要求。

1. 调配间的温度应调节在 20～25℃，湿度应调节在 50%～70%，调配间水平层流台和生物安全柜应确保达 100 级。

2. 全静脉营养液的调配应由专业的调配人员进行调配操作，调配人员应接受过专业培训，有调配资质，熟练掌握无菌操作技术。调配过程中，调配人员应穿着清洁的专业防护服，戴口罩和帽子，避免不必要的人员流动。

3. 全静脉营养液的调配应在专业的调配间内无菌的层流台上进行，调配所需使用的各种物品应包括需要调配的输液瓶或安瓿、西林瓶应保持清洁无污染。

4. 应严格按照调配规程进行肠外营养液的调配操作，遵守调配程序，避免调配过程的混乱。

5. 调配过程中应注意观察溶液有无沉淀、变色等问题，脂肪乳剂应尽量最后加入营养袋中。

6. 全静脉营养液调配完毕后应排出营养袋中空气，夹住输液管夹，盖好安全帽。

7. 全静脉营养液调配完成后应尽量立即使用，24h 内输注完毕。不能立即输注的全静脉营养液应置于 4℃ 条件下贮存。

三、全静脉营养液的质量控制

全静脉营养液成分较多，相互作用复杂，且通过静脉直接进入人体。为保证其使用的安全性，对全静脉营养液的质量要求较高。其主要质量要求及特征有以下几个方面。

（一）pH

调配全静脉营养液时，全静脉营养液的 pH 应满足两个要求：一方面应调整在人体血液可缓冲的 pH 范围内，另一方面能够保持全静脉营养液本身的溶液稳定性。全静脉营养液的 pH 应调整在接近人血液正常 pH 或可缓冲的 pH 范围内。人血液正常 pH 在 7.35～7.45，人体正常代谢活动需要在此 pH 范围内进行。从全静脉营养液自身稳定性的角度，如果 pH 偏高，可对多种微量元素注射液（Ⅱ）（安达美）中的铜、铁、锌等离子产生沉降作用，对葡萄糖及氨基酸产生褐变反应；而注射用水溶性维生素（水乐维他）中的维生素 B_1、维生素 B_2、维生素 B_6、维

生素 C 等在 pH 偏高时结构不稳定，易失效；甘油磷酸钠注射液（格利福斯）易产生磷酸盐沉淀；维生素 C 易产生草酸盐沉淀；其他金属离子药物的加入更易发生此现象，如氯化钙、乳酸林格、葡萄糖酸钙、硫酸镁及含铁补血剂等。pH 偏低可降低脂肪乳液的稳定性，降低叶酸等弱酸的溶解度，易析出，还可对注射部位产生刺激，因此全静脉营养液最终 pH 应控制在 5～6。全静脉营养液中含有多种成分，其 pH 可能各不相同，甚至差异较大。在处方制订和调配过程中需综合考虑，恰当调配，使全静脉营养液的最终 pH 在质量要求范围之内。

（二）渗透压

血浆渗透压正常范围为 280～320mmol/L。渗透压高于此值时，可导致细胞内水分渗出造成细胞脱水；渗透压低于此值时，可导致水分进入细胞，严重时造成细胞破裂发生溶血现象。

一般情况下，输入与血浆渗透压差异不大或差异大但输注量小的溶液时，机体可通过一系列调节机制进行调节，维持机体正常生理功能和代谢活动。但如果渗透压差异较大的溶液输注量较大或输注速度较快，可能造成机体调节失代偿，引发严重不良后果。另外，渗透压过高会对血管产生较大刺激，严重时可引起静脉炎、静脉栓塞等。

因此，全静脉营养液的渗透压应调整至尽量接近血浆渗透压正常值。一般成年人中心静脉输注全静脉营养液适宜的渗透压为≤1 200mOsm/L(3 096kPa)，外周静脉输注适宜的最高渗透压应≤900mOsm/L(2 322kPa)。在输注时，等渗或稍高渗的全静脉营养液可经周围静脉输注，渗透压较高的全静脉营养液应从中心静脉进行输注。

长期输注渗透压较高的肠外营养液，可能引发患者体液环境的高渗状态，对患者的病情发展和健康恢复都可能有一定的影响，应引起关注。

（三）微粒异物

全静脉营养液由静脉进行输注，质量要求较高。其混合技术较一般输液的调配方法复杂，若不注意无菌操作，极易被细菌或真菌等污染。因此，全静脉营养液严格要求在无菌条件下进行调配。掰折安瓿或西林瓶瓶盖时动作应迅速准确，减少碎裂物质的产生和溅出。调配时尽量减少人员的走动和物品的流动以减少空气气流扰动，调配完毕后全静脉营养液中不得有肉眼可见的微粒或异物。根据《药典》规定，全静脉营养液中微粒最大不超过 $10\mu m$。

另外，对全静脉营养液中的脂肪乳剂有潜在破坏作用的高价阳离子也可能会造成沉淀。如大量高价的钙磷离子会形成颗粒沉淀，在输注中造成极大的安全风险，并且这种沉淀在全静脉营养液中不容易被发现，需要特别注意。

（四）无菌

全静脉营养液是一种高浓度的全静脉营养液，因富含营养物质，在温度等环境适宜的情况下一旦被污染，极适合细菌等微生物的生长繁殖。被污染的全静脉营养液在临床使用上会给患者带来极大的风险甚至严重后果，因此，调配全静脉营养液时要求严格消毒配液器械，严格执行无菌操作，调配好的全静脉营养液要求无菌。PIVAS 可对全静脉营养液进行留样检测，考察 PIVAS 的工作环境和调配人员操作手法对全静脉营养液的无菌性的综合影响，监测全静脉营养液是否符合无菌的质量要求。

全静脉营养液的微生物学检查方法有 3 种。

1. 直接接种法　该方法取样量少，适用于常规留样检验及发生问题时的自查，但检出率偏低。取 1ml 混合全静脉营养液置于培养基中。需氧菌、厌氧菌培养基 30～35℃培养 7d，真菌培养基置 20～25℃培养 7d，按无菌检查法的规定判断结果。但直接接种，乳剂会使培养基产生浑浊,影响结果判断,且必须进行转种,操作复杂,检验时间长,容易染菌。

2. 薄膜过滤法 取样量大,适用于定期的 TNA 质量监测。吸取 TNA 液 20ml,加至 100ml 生理盐水的三角瓶中,混匀后,以无菌操作加入装有直径 50mm,孔径 ≤(0.45±0.02) μm 的微孔滤膜过滤器内,减压抽干后,用灭菌生理盐水冲洗滤膜 3 次,每次至少 100ml,取出滤膜,分成 5 片,取 3 片分别放在 3 管各 40ml 需氧菌、厌氧菌培养基中,其中 1 管接种金黄色葡萄球菌 1:1×10⁶ 菌液 1ml 做阳性对照,另 1 片放在 40ml 真菌培养基中。取 1 支需氧菌、厌氧菌培养基 30～35℃ 培养 7d,真菌培养基置 20～25℃ 培养 7d,按无菌检查法的规定判断结果。该方法准确性高,但脂肪颗粒容易堵塞薄膜,不易过滤。

3. 改良薄膜过滤法 用途及操作步骤同上,不同的是用已灭菌含 0.5% 吐温-80 的生理盐水稀释 TNA 液,用含 1:1 000 吐温-80 的灭菌生理盐水冲洗滤膜。该方法加入吐温作增溶剂,使溶质分子被胶体粒子包裹或吸附,溶解量增大,不会堵塞微孔滤膜。

(五)无无致过敏物质

全静脉营养液中常加入多种营养物质溶液,调配后要求不能含有可能引起变态反应的异性蛋白,防止患者在输注过程中引发过敏反应危及生命安全。全静脉营养液在输注时患者一旦发生过敏反应,应立即停止输注,采取相应措施解救危急病情。

(六)无热原

全静脉营养液调配完毕后应无热原。因细菌和真菌所产生的热原和内毒素能通过常规的醋酸纤维膜或多聚磺基膜进入人体。因此,在输注全静脉营养液时应选择可有效阻挡热原的带阳电荷的尼龙膜滤器,进一步防止热原的侵入。

(七)剂量准确

全静脉营养液调配完成后复核人员应认真核对药品的规格和数量,特别要对加液量仔细进行核对确认,保证全静脉营养液的剂量准确,与处方医嘱一致,以使全静脉营养液的营养支持疗效得以充分发挥。

全静脉营养液的质量要求高,调配方法较复杂,其调配过程需采用完善的质量管理措施进行监控和规范。PIVAS 应制订一系列标准操作规程和管理制度,如调配人员岗前培训和继续教育制度,调配间和层流台操作规程和管理制度,PIVAS 各工作岗位的责任范围、操作规程和管理制度等。在工作过程中严格执行,根据实际情况及时改进,以保证全静脉营养液的高质量和安全性。

另外,还应实行全静脉营养液的产品质量检测制度,对全静脉营养液定期留样检验,调配用物料如 3L 营养袋、注射器和消毒剂等物料的质量进行定期抽样检验。

四、全静脉营养液稳定性的影响因素

全静脉营养液包含多种物质,如葡萄糖、氨基酸、脂肪乳、电解质、微量元素、维生素和胰岛素等。多种不同理化性质的药物混合至同一输液袋中,药物间的相互作用也多种多样,使得全静脉营养液的稳定性受多种因素的影响。

为保证全静脉营养液的稳定性,药师在调配前排药的过程中应严格对全静脉营养液处方进行审核,调配人员应严格按调配操作规程进行全静脉营养液的调配操作,严格按调配顺序进行药物的溶配,以保证全静脉营养液在贮存和使用期间的性状保持稳定。

(一)全静脉营养液的稳定性特征

全静脉营养液调配过程中和调配完成后应保持以下几项稳定性特征。

1. 全静脉营养液调配过程中和调配完毕后溶液均无沉淀产生。

2. 全静脉营养液中各组分不发生反应,不引起颜色等的设定外的变化。

3. 全静脉营养液中脂肪乳剂的颗粒大小和分布不发生改变。

4. 全静脉营养液中各组分应保持其本身的药理活性,不因某些药物相互作用而失效或出现效价降低。

(二)全静脉营养液稳定性的影响因素

全静脉营养液常常同时包含脂溶性成分和水溶性成分,是一种不稳定体系,其稳定性在调配过程中及调配完毕后均受到多种因素的影响。在调配和使用全静脉营养液时应特别注意对这些影响稳定性的因素的控制,确保全静脉营养液的稳定性和质量,保证安全用药。

1. 贮存温度和时间对全静脉营养液稳定性的影响　温度的升高可增加脂肪微粒运动的增加,造成脂肪乳易发生凝聚。常温(22℃)储存48h后即发生脂肪乳剂破坏,而在4℃贮存者,在1~2个月后才发生破乳现象。温度和光照也会对全静脉营养液中的氨基酸成分造成影响,可能导致某些氨基酸的变色和变质,需要特别引起关注。因此,调配好的全静脉营养液应在室温条件下避光使用,24h内使用完毕。因全静脉营养液中既有水溶性成分,又有脂溶性成分,属于不稳定的胶体溶液、乳浊液混合体系。若需要贮存,应尽量贮存2~8℃冷藏箱内,不得冷冻,严禁加温使用。

2. 药物对全静脉营养液稳定性的影响　全静脉营养液中除了必需的某些营养物质外,在已知药物的相容性,保证全静脉营养液稳定性和药物药理活性的前提下,可将某些治疗性药物加入全静脉营养液中,如胰岛素。但其他治疗性药物如抗菌药物等在全静脉营养液中的稳定性和治疗作用尚未获得广泛研究和充分证实,因此,为确保输入混合全静脉营养液的安全性和有效性,目前主张不在全静脉营养液中添加其他非营养治疗的药物,也不得经同一输液管道将药物与全静脉营养液一起输注。若患者的身体情况较差或不能耐受,不宜进行多通路液体输注,在全静脉营养液的输注过程中需要经由同一输液管输注其他治疗性药物的输液时,应在停止输注全静脉营养液后用0.9%氯化钠注射液冲管后再进行输注。

3. 全静脉营养液中各组分的稳定性

(1)脂肪乳剂的稳定性:脂肪乳是临床中特别是全静脉营养液中最重要的营养物质之一,作为一种较理想的供能静脉制剂,具有等渗、可经静脉输注、能量密度高等特点。脂肪乳粒径一般控制在0.4~1μm,以接近人体液中乳糜微粒的大小,其表面带负电荷,可减少脂肪颗粒凝聚,防止脂肪乳的融合,避免输注后引发血管栓塞的风险。但脂肪乳的稳定性也很容易受到多种因素影响,如全静脉营养液中溶液的pH、电解质、微量元素和其他物质都可能降低颗粒之间的排斥力,导致脂肪乳颗粒凝聚直至破乳。

肉眼可见的脂肪乳失稳定的现象可分为两种:一种是全静脉营养液上表面形成半透明的乳化层。乳化层内聚集着油滴,但油滴由于表面的卵磷脂层还未发生融合,脂肪乳颗粒大小没有明显改变,摇匀以后还能够使用;另一种是当乳化层的油滴密度大,容易发生碰撞融合,油滴的粒径将不断增大直到析出游离的棕黄色脂性油滴,进而发生油水分层。这时的变化是不可逆的,即破乳,此时全静脉营养液严禁继续使用。

现在市售脂肪乳常见的有两种,一种是长链脂肪酸脂肪乳(LCT),一种是中长链脂肪酸脂肪乳(LCT/MCT)。有实验发现,用同样的全静脉营养液处方,同样体积、同样浓度的长链脂肪乳和中长链脂肪乳配成全静脉营养液,中长链脂肪乳配成的全静脉营养液稳定性要强于前者调配出的全静脉营养液。原因可能是中长链脂肪乳产品的脂肪微粒的半径较小的缘故。故经济条件许可的情况下,可优先选用中长链脂肪酸脂肪乳及含有维生素 E 的脂肪乳。

①pH 对脂肪乳剂的影响:实验证明,随着 pH 的降低,ζ 电位将逐渐减小,脂肪乳剂将趋于不稳定。脂肪乳的 pH 随时间延长而降低,pH<5 时,脂肪乳的稳定性就会受到不同程度的破坏。不同脂肪乳剂的乳化成分不同,稳定性也可能发生变化。

酸性物质如葡萄糖的添加可进一步降低全静脉营养液 pH,对脂肪乳剂的稳定性有一定影响。一般市售的葡萄糖输液都属于酸性溶液,《药典》规定葡萄糖溶液的 pH 规定在 3.2~5.5,但厂家不同、批号不同,葡萄糖输液的 pH 存在差异。所以全静脉营养液中葡萄糖输液的来源、浓度及体积将对脂肪乳的稳定性造成影响。

全静脉营养液的处方中应适当控制 50%葡萄糖的用量。因 50%葡萄糖为高渗液,可使脂肪颗粒产生凝聚,使脂肪颗粒间的空隙消失,致使部分脂肪颗粒表层受到破坏,从而使全静脉营养液被破坏。

全静脉营养液中存在的氨基酸可增加其稳定性。氨基酸含有氨基和羧基是两性物质,对溶液的 pH 有一定的缓冲能力。

②阳离子对脂肪乳剂的影响:需要输注全静脉营养液的患者每日所需的常规电解质主要包括钾、钠、氯、钙、镁和磷等。这些电解质主要通过离子的浓度和离子的催化作用影响全静脉营养液的稳定性,其中阳离子因可与脂肪乳剂的表面的负电荷结合,对脂肪乳稳定性的影响更大。阳离子可改变脂肪乳的排斥力,影响其电位。如脂肪乳剂直接与 5%氯化钙混合可致乳剂颗粒的破坏。全静脉营养液中阳离子的浓度越高,脂肪乳越不稳定,而阳离子一般价数越高,对脂肪乳的"破乳"作用越大。

全静脉营养液中,单价阳离子如 Na^+、K^+ 等的浓度应<130mmol/L,二价离子如 Mg^{2+}、Ca^{2+} 等的浓度应<8mmol/L。其中,Na^+<100mmol/L、K^+<50mmol/L、Mg^{2+}<3.4mmol/L、Ca^{2+}<1.7mmol/L。如果离子浓度超过限定值,就有可能造成脂肪乳的破乳,影响全静脉营养液的稳定性。

③微量元素对脂肪乳剂的影响:微量元素和温度、光照等因素均可使脂肪乳发生过氧化,导致氧化应激和中毒。因此,应最大程度减少微量元素对脂肪乳的影响。原则上微量元素应加入复方氨基酸注射液中,不可直接加入葡萄糖注射液中或丙氨酰谷氨酰胺注射液中。调配好的全静脉营养液应避光贮存和使用,或尽量于输注前再添加微量元素,以减少全静脉营养液中过氧化物的产生,造成全静脉营养液营养成分的变质和全静脉营养液质量的不稳定性。

(2)葡萄糖的稳定性:葡萄糖溶液的 pH 一般为 3.2~5.5,偏酸性,在全静脉营养液中会降低脂肪乳的 pH 和全静脉营养液最终的总 pH,造成脂肪乳的不稳定。因此,葡萄糖溶液不得与脂肪乳剂直接混合,而全静脉营养液中葡萄糖的最终浓度应为 0~23%。

(3)氨基酸的稳定性:氨基酸因其结构特点既可带正电荷也可带负电荷,因此,在全静脉营养液中具有缓冲和调节 pH 的作用,可防止脂肪乳剂 pH 的下降和颗粒大小分布的变化。在全静脉营养液的调配过程中可以首先加入。同时要注意氨基酸可能被氧化发生变化的情况,如色氨酸的氧化会造成氨基酸注射液的变色,造成氨基酸注射液的不稳定,并直接影响全静脉营养液的稳定性,可能导致药品不良反应,因此使用前应避光保存或在使用前再拆包装。

(4)电解质的稳定性:全静脉营养液中阳离子达到一定浓度时,可中和脂肪乳表面的负电荷,降低其排斥力,引发脂肪乳发生凝聚,并且阳离子的价数越高,其中和负电荷的能力越强。因此,应控制全静脉营养液中电解质的含量,防止其浓度过高,以保证全静脉营养液的稳定性。

(5)维生素的稳定性:某些维生素本身的化学性质不稳定,如维生素 B_2 遇紫外线会降解,维生素 C 在空气中易氧化,维生素 A 可被容器或输液装置吸附,因此维生素应尽量在全静脉营养液输注前加入。

(6)微量元素的稳定性:目前微量元素在全静脉营养液中的稳定性尚不确定。已知磷酸铁、半胱氨酸铜、降解后不溶的硒元素等可产生沉淀。

(7)钙和磷的稳定性:钙和磷均是人体每天必须摄入的元素,所以全静脉营养液中通常要加入这两种成分。但磷酸氢钙($CaHPO_4$)却是最危险的结晶性沉淀,这种沉淀容易被脂肪乳掩盖,输注后引起导管阻塞、间质性肺炎、呼吸窘迫综合征等,严重时可导致死亡。因此,调配全静脉营养液时应特别注意钙和磷的稳定性,特别是混合初期不可见,随时间推移发生的钙磷沉淀,必要时可选用有机磷制剂。一般来说,应该先加入磷酸根,钙在混合顺序的最后加入,能减少沉淀产生的概率。

高浓度钙和磷、氯化钙、磷盐、低浓度氨基酸和葡萄糖、高浓度脂肪乳剂、全静脉营养液 pH 增高、环境稳定升高、渗透压增加及输注速度过慢等都会增加钙磷沉淀发生的可能。怀疑有沉淀时,可在输注时连接过滤器(含脂肪乳的全静脉营养液采用 $1.2\mu m$ 的滤除气体过滤器,不含脂肪乳的采用 $0.22\mu m$ 的滤除气体过滤器)。

避免产生沉淀的措施。

①注意各种营养成分的配伍:容易产生沉淀的要分开输注,或选用替代品。全静脉营养液中有一定浓度的钙离子存在时,在需要大剂量输入维生素 C 时,维生素 C 应单独输注,尽量不要加入全静脉营养液中;在选用碱化试剂时,可以用醋酸钾或醋酸钠来代替碳酸氢钠。

②注意各种成分的体积和浓度:如果全静脉营养液中容易产生沉淀的物质同时出现,一定要注意各种成分的体积和浓度。不仅仅是最终体积和浓度,还要注意在调配过程中的浓度,例如要严格注意在加入钙离子时全静脉营养液的体积和磷酸根的浓度。

③注意混合顺序:在调配全静脉营养液时应注意混合的顺序,例如为避免产生磷酸氢钙沉淀,在混合时,要先加入磷酸根;混合顺序的最后加入碳酸根。

④注意钙制剂的选择:为避免磷酸氢钙沉淀的生成,选用钙制剂最好选用葡萄糖酸钙;选用磷制剂,也最好选用有机磷制剂。

(8)光照对维生素的影响:全静脉营养液如果使用时暴露在阳关下或强烈光照下,极易引起全静脉营养液脂肪乳剂颗粒的分布改变和颜色的变化。全静脉营养液中维生素 A、维生素 B、维生素 K 等对自然光中紫外线最为敏感,如不避光,在贮存及输注过程中会大量分解丢失。已有实验证明光照可以加速维生素 A、维生素 D_2、维生素 K_1、维生素 B_2、维生素 B_6、维生素 B_1、叶酸的降解,其中维生素 A 最为敏感,其次是维生素 B_2。在光源中,含紫外线的阳光的光降解作用较强,而人工光源作用较弱,所以贮存过程和输注过程尤其要避免阳光的直射。

减少维生素降解的措施有。

①注意排除残存空气。为最大限度地减少维生素 C 及其他还原性维生素的氧化反应,在调配完成以后,要排尽营养袋中残存的空气。

②注意避光。为减少光敏感性维生素的降解,在贮存和输注过程中,要注意避光。

③有条件的话,选用多层的营养袋。

④注意维生素的加入时间。加入了维生素的全静脉营养液在 24h 内必须使用,或在使用前 24h 内再加入维生素。

(9)包装材料:现在较常使用的输液袋是 PVC 材质。实验证明,PVC 袋对维生素 A 和胰岛素有较强的吸附作用。将胰岛素加入 PVC 容器中,3h 内下降为原药浓度的 88%,48h 下降为 65%,但发现 0.9%生理盐水可略微改善这种吸附作用。PVC 输液袋对维生素 A 的吸附性也取决于维生素 A 的酯形式。一般维生素 A 醋酸酯在 PVC 输液袋中的损耗率较大,PVC 袋对维生素 A 棕榈酸酯的吸附不明显。

(任浩洋　谢牧牧　郭晓辉)

第8章 静脉用药集中调配中心
信息化与自动化技术

静脉用药集中调配中心的建设离不开信息化与自动化技术的应用,医疗机构采取静脉药物集中配置的工作模式后,表现出涉及人员多、工作量大、时间紧、要求高的特点,大量的医嘱合理用药审查以及药品的高效率核对,容易导致疲劳,仅靠人力完成相应工作而不产生差错十分困难。因此,静脉用药集中调配中心需要专门的软件系统对 PIVAS 的流程管理进行优化,帮助 PIVAS 工作人员可靠、有序、高效的工作,并降低工作强度。可以说静脉用药集中调配中心对信息化和自动化技术有着高度的依赖性,一旦信息的传输出现错误或设备出现故障,将严重影响静脉用药集中调配中心的工作。

医疗机构在筹建静脉用药集中调配中心的时候,要特别关注信息化以及自动化技术的应用,通过专业的 PIVAS 信息管理系统来防范风险。PIVAS 的硬件建设相对比较容易,而软件建设是长期的,尤其 PIVAS 信息管理系统,代表着 PIVAS 管理的核心理念,将标准作业程序 SOP(standard operation procedure)的管理精髓融入其中,是整个 PIVAS 运行的底层支撑。本章对 PIVAS 软件系统的结构和功能分类进行了描述,并系统介绍了 PIVAS 软件系统从设计、建设、对接和配置、维护与升级的整个流程,以期为医疗机构建设 PIVAS 信息系统提供指导和参考。

第一节 PIVAS 信息系统的需求分析和设计思路

PIVAS 在中国已经开展了近 10 年时间。在这 10 年中,PIVAS 从最初的流程设计摸索、工程技术探求发展到目前流程设计、技术参数框架基本成熟阶段,实现由发展期到成熟期的飞跃。PIVAS 的信息化系统建设也从最初的医院 HIS 系统模块直接改造来满足基本 PIVAS 的需求,逐渐发展成为由专业的 PIVAS 软件系统来管理整个 PIVAS 的运行。专业 PIVAS 软件系统为 PIVAS 量身定制,与 HIS 系统无缝接口,可减少医院自身改造 PIVAS 信息系统的工作量和实现处方安全性审核、与临床科室的无障碍沟通、条形码管理、数据收集分析、临床药学相关工具辅助等功能。专业 PIVAS 软件系统能够帮助医院快速建立符合国家标准规范的静脉配置中心,避免各自医院的理解不同而导致的管理和流程的差异,有利于全行业沟通和交流,而且其采用的自动化新技术使 PIVAS 整体流程更优化、更高效并提升质量安全。

PIVAS 的主要任务是提供静脉药物的配制,与住院药房提供的口服药品或非静脉输注药品的调配一样,作为药品供应的一个重要环节,是为临床提供医嘱或处方的调剂任务,以确保患者用药的准确和及时为目标。与传统的调剂不同,PIVAS 带来的最重要的改变在于增加了药师审方的步骤,它使药师从后台走到前台。医生开好医嘱处方后,先由药师核对检查其用药的合理性,然后再严格按照无菌配置技术配置药物,提供给患者正确的输液、正确的浓度、正确的给药持续时间。为满足 PIVAS 的这些特性,PIVAS 软件系统的功能应该包含药品调剂、配置和合理用药审核两大部分,药品调剂包含库存管理、医嘱处理、排药、复核、贴签、配制等环节。合理用药包括 PASS 等合理用药审查系统及合理用药监测,基于后台专业药学知识库和业务流规则库,对静脉用药信息进行自动的智能化处理,不仅克服了传统上人工审查效率低、易出错的弊端,而且为药物的合理使用提供了一道安全的"防火墙"。随着 PIVAS 的发展,部分医疗机构已经将 PIVAS 作为一个独立的部门来运营管理,今后甚至还可能出现同时为多家医疗机构服务的区域性配置中心。这就要求 PIVAS 软件系统还要具备药品、耗材等采购、入出库等管理功能。图 8-1 列出了一个大型静脉用药集中调配中心 PIVAS 信息系统的结构和主要功能。

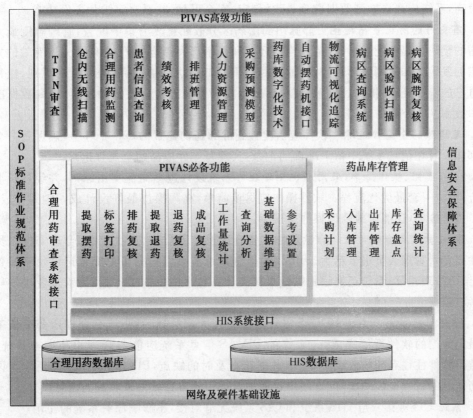

图 8-1 PIVAS 信息系统的结构和功能框架图

医疗机构在选择或建设 PIVAS 信息系统时可以根据自身的特点和需求,从图 8-1 所列的功能中选取相应的功能。在选择时,通常要考虑以下几个因素:①配置的药品种类和配置量:在计算配置量时需要同时计算日平均配置量和峰时最大配置量 2 个指标;②PIVAS 类型:通常可分为独立型和合并型 2 种,前者需要必要药品入出库管理功能;③具体业务流程:各医疗机构静脉药物集中配置的流程基本相同,可分为医嘱提取、医嘱审核、排药准备、配置、审核、发放等几个主要过程,但各医疗机构在具体环节有着不同的设计,在选择或建设 PIVAS 信息系统时应根据本单位的特点,做到信息系统对业务流程的全覆盖;④辅助功能和管理需求:主要包括物料管理、人力资源管理、绩效考核等,虽然这些功能并非配置工作必需,但对提高 PIVAS 的业务和管理水平有着重要作用;⑤与信息系统的接口:PIVAS 系统与 HIS 是一种紧密耦合的关系,PIVAS 信息系统的运行必须要充分考虑到与 HIS 对接简洁和高效率,并要注意避免给 HIS 服务器带来过大的压力;⑥与自动化调剂设备的联用:随着调剂技术的发展,药房越来越多地使用了自动化的调剂设备(如注射剂的自动排药设备等),在选择和设计 PIVAS 信息系统时,应当预先考虑到和这些自动化设备的联用问题。

评价一个 PIVAS 软件系统的优劣需要从多个方面综合考虑。一个优秀的 PIVAS 专业软件系统的应具备以下特点。

1. 系统性能稳定,可靠性高 静脉药物配置对临床十分重要,并且开展静脉药物集中配置业务后就很难再回到病区分散配置的模式,因此,对 PIVAS 信息系统的稳定性和可靠性的要求很高,系统应严格做到数据准确、运行稳定、安全可靠,并要有容错和备份功能。

2. 有良好的防止差错措施 静脉用药由病区分散配置改为集中配置,管理难度最大的就是差错的预防。集中配置后,差错发生的环节和概率都大幅增加了,必须要采取有效的方法严防差错的发生。如应用条形码技术,通过对条码的扫描达到快速、准确的自动识别,让每袋输液有自己的身份证,在排药、退药、配制、病区验收等各环节防止差错的发生,提高数据准确度和工作效率。

3. 无缝隙的全流程追踪 软件应当覆盖到静脉药物配置的每一个环节,确保每一个工作流程都能及时在信息系统中留下准确的记录,实现每一件成品的全流程追踪。

4. 流程优化、操作简单,采用可视化管理 系统设计遵循简捷实用原则,并经过长期的实践磨合,形成一套最优化流程。软件操作应尽量简单,高频操作最好设计成一键式完成,不仅提高了工作效率,还能有效降低操作失误率。

5. 排班管理及绩效考核 静脉药物配置仓内操作人员多、班次复杂,合理安排人员及班次往往要花费管理人员很多精力。PIVAS 信息系统应可以根据历史配置记录预测配置工作量,并给出排班建议,系统还能够根据记录精确计算每个岗位的工作量,为管理者提供科学的绩效考核依据。

6. 合理用药监测 由于 PIVAS 需短时间处理大量医嘱的特点,其合理用药审核工作通常要借助专门的软件系统完成,一个好的 PIVAS 信息系统应能与合理用药审查系统集成。由于监测软件往往有药物收载不全、信息更新不及时的缺点,PIVAS 信息系统还应当设计合理用药监测的自主审核功能,以方便用户增加合理用药审查软件未收载的信息。

7. 系统无缝对接 与 HIS 系统和 CIS 系统无缝对接,不影响原有系统的使用。

8. 功能多样 丰富的统计分析、数据挖掘及决策支持功能,为药学研究提供数据支持。

第二节 PIVAS 信息化系统的建设和实施

静脉药物配置是一个多环节、环环相扣的工作,细节化、流程化管理是 PIVAS 的工作特点,为此信息系统的建设也必须适应上述特点。在系统建设和实施时可以采取自下而上、逐层建设的顺序。①网络及硬件基础设施的规划;②HIS 系统的接口定义;③PIVAS 基础功能选择;④PIVAS 高级功能选择;⑤合理用药系统接口定义;⑥功能调整及测试;⑦信息安全保障体系建立;⑧信息系统的后期维护。

PIVAS 信息化建设涉及药学部门、护理部、医务部和信息科等多个部门,由于不同部门的需求不同,在建设和实施过程中最好由医疗机构安排专人统一领导、协调,以保证整个项目的顺利进行。

　　系统所需要的网络及硬件基础设施包括网络布线、服务器、激光打印机、专业标签打印机、无线条码扫描枪、台式计算机等,高级应用还需要仓内无线扫描终端、无线手持移动终端 EDA、无线接入 AP、液晶电视、针剂摆药机等设备。所需设备的规格、数量主要取决于医疗机构的床位数和配置最大设计容量。表 8-1 给出了不同配液量所需的主要设备数量。

表 8-1　PIVAS 信息系统硬件设备需求

最大设计量	2 000	4 000	6 000
医嘱审核区 PC	2	3	4
排药区 PC	4	5	6
辅助区 PC	2	3	4
激光网络打印机	1	1	1
专业标签打印机	1	2	3
无线条码扫描枪	4	5	6
无线接入 AP	2	3	4
无线手持移动终端 EDA	2	4	6
仓内无线扫描终端	12	24	36
液晶电视	1	2	3
数据库服务器	1	1	1

　　PIVAS 所需的网络端口数量由设备数量确定。在医嘱审核区,至少要比测算的计算机数量多出 3 个接入点,比如医嘱审核区需要计算机 3 台,激光网络打印机 1 台,辅助管理库存计算机 3 台,那么网络布线的接入点最少 10 个,这样才能应对需求的变更,保证有充足的发展空间。在排药区,由于空间比较大,要求每个墙面都要有网络接入点,每个墙面至少每 3 米一个网络接入点,网络总接入点数要比排药区的计算机数量多出 1 倍以上,才能应对位置调整等需求。配制仓也要求每个墙面至少布一个网络接入点。如果需要使用无线网络,在配制仓内的天花板的长方向两端中点,各部署一个无线网络接入点;在库房以及排药区,每 400 平方米的中央区域就需要在天花板或立柱附近增加一个无线网络接入点。

　　表 8-1 所列设备,在规格和型号上应当符合以下要求。

　　1. 台式计算机的配置要求　Pentium Ⅲ 500MHz 或更快的处理器,至少 512M 的内存,硬盘上至少有 500M 的可用空间,MS WIN ME/WIN98/ WIN2000/WIN2003/WIN XP 简体中文版操作系统。

　　2. 激光网络打印机配置要求　支持网络打印、A4 纸盒式进纸,打印精度不能低于 600dpi、建议 1 200dpi,打印速度每分钟不低于 20 页。

　　3. 专业标签打印机配置要求　支持热敏、碳带两种模式,打印精度不低于 200dip,打印速度不低于 200mm/s,支持大卷打印纸。

4. 无线 AP 配置要求　工业化的无线 AP,支持 24h 不间断工作,支持自组网,有效无线距离室内 30m,企业级 802.11a/b/g 协议,支持无需电源的网络布线模式。

5. 服务器配置要求　Pentium Ⅳ 2.8GHz 或更快的处理器(CPU 个数取决于医院规模),至少 2GB 以上的内存,硬盘上至少有 80GB 的可用空间(使用 SCSI 硬盘),CD-ROM 或 DVD-ROM 驱动器,键盘和 Microsoft 鼠标或其他某种兼容指针设备,Super VGA(800×600)或更高分辨率的视频适配器和监视器,MS WINNT4.0/WIN2000Server/WIN2003 简体中文版操作系统,MS SQL Server 2000/Server Pack 3 以上版本的数据库管理系统,MDAC2.5_sp2/MDAC2.6 以上。

6. 无线手持移动终端(EDA)配置要求　支持 Windows Mobile 6.0 系统、支持 WIFI,CPU 主频 500MHz 以上,内存 256M 以上,存储卡空间不低于 1G,支持蓝牙,使用触摸屏、屏幕大小不低于 3.5 英寸,支持二维条码扫描。

7. 仓内无线扫描终端配置要求　支持 WIFI,使用触摸屏、屏幕大小不低于 3.5 英寸,支持一维或二维条码扫描,可灵活部署,不影响原有设备,无需布线。

8. 液晶电视配置要求　液晶数字电视,尺寸在 40 英寸以上,支持电脑信号,分辨率不低于 1 366×768。

在医疗机构中,PIVAS 信息系统并不是独立系统,患者信息和药物信息都来自于医院信息管理系统(hospital information system,HIS),因此 PIVAS 系统需要与 HIS 对接以共享数据。国内医疗机构所使用的 HIS 系统品牌众多,相互之间差异很大。本节以国内广泛使用的“军卫一号”系统为例,介绍 PIVAS 信息系统与 HIS 系统的对接方法。

首先应确定接口原则,一般而言 PIVAS 系统只从 HIS 数据库中读取数据,不修改、不写入任何数据。这种做法的优点是 HIS 系统无需改动,并且对 HIS 系统的影响最小,充分保护了 HIS 的数据安全。HIS 系统管理员为 PIVAS 系统创建单独的访问用户和密码,权限设为只读,并且只能访问限定的数据,不允许访问其他未授权数据。在“军卫一号”系统中,PIVAS 信息系统需要访问的表名包括医嘱表(ORDERS)、摆药表(DRUG_DISPENSE_REC)、摆药类型表(DRUG_DISPENSE_PROPERTY)、患者信息表(PAT_MASTER_INDEX)、在院患者表(PATS_IN_HOSPITAL)、药品库存表(DRUG_STOCK)、药品字典(DRUG_DICT)、科室字典(DEPT_DICT)、药品名称字典(DRUG_NAME_DICT)、预出院患者信息表(PRE_DIS-CHGED_PATS)、床标表(BED_REC)等。

第三节　PIVAS 信息系统的基础功能及实现

PIVAS 信息系统的基础功能是指完成配置业务工作所必需的功能,包括医嘱提取等。

一、医嘱提取

医嘱提取是指解析 HIS 医嘱,并从中提取药物配置相关信息的过程,是 PIVAS 信息系统中的核心模块。所需要提取的信息包括患者信息(姓名、性别、住院号、身份标识、所在病区、床位号等)、药物信息(药物和溶媒名称、剂型、规格、剂量等)、用药信息(用药时间、给药方式等)和附加信息(医嘱类型、开单医师等)。由于 PIVAS 软件系统的设计原则是不改动原有 HIS 程序和使用习惯,医嘱提取过程不需要对病区的医师、护师进行培训,他们在下达和处理医嘱时也不必改变以前的操作习惯。

医嘱提取的具体流程如下。

1. 医生通过原 HIS 医生工作站下达医嘱。

2. 护士通过原 HIS 护士工作站转抄医嘱。

3. 静脉配置中心药师通过原 HIS 医嘱摆药进行药品摆药出库。

4. 静脉配置中心药师通过 PIVAS 软件系统提取医嘱,具体操作如下。

(1)选择科室及对应的 HIS 医嘱摆药时间,按照排班表,填入排药贴签护士、排药核对药师和配置完成后的复核药师姓名。

(2)调用 HIS 接口读取医嘱信息表(ORDERS)及 HIS 医嘱摆药信息表(DRUG_DIS-PENSE_REC)。

(3)根据 HIS 的医嘱的执行计划及摆药信息,自动拆分批次、自动计算每次用量,对于医嘱规格与库存规格不符的情况给予提示,对于剂量不足一支的情况给予提示。

上述流程的第四个步骤需要事先设置一些参数,建议在流程优化后,将这些参数相对固定。在软件设计时,可以将这几个操作设置成"一键"式,选择好科室及摆药时间后,无需再经过人工干预选择,简化了操作流程,同时也避免了由于操作繁杂而造成的失误、遗漏。

医嘱提取模块的实现应注意以下几点。

1. HIS 中的医嘱摆药,原则上不对计算机自动生成的数量进行更改,以避免人工计算数量造成的失误。

2. 医嘱规范是医嘱提取模块的正确运转的前提条件,否则会导致 PIVAS 系统的解析错误。通常在开展 PIVAS 业务前,需要对病区医师和护师进行充分的培训和告知,明确药疗医嘱下达的具体要求,如医嘱应该分组录入,以便软件能正确地匹对药物和溶媒;约定病区的医嘱提交时间;正确设定医嘱类型(长期医嘱或临时医嘱)等。

3. 与病区约定必要的特殊事项,如双休日、节假日的配液安排;配置批次的定义等。

出于药物稳定性和配置排班的考虑,PIVAS 通常采取分批配置的方式,以合理安排配置工作。表 8-2 是某医疗机构对配置批次的约定,通过分批配置和色标管理,较好地解决了配液排班和防止混淆的问题。

表 8-2　某医疗机构对配置批次的约定

批次名称	用药时间	色标	是否配置
00 批	明日 09:00	白色	否
01 批	明日 09:00	蓝色	是
02 批	明日 10:00	绿色	是
03 批	明日 15:00	红色	是
04 批	今日 15:00	黄色	是

二、医嘱审核

医嘱审核的内容分正确性、合理性与完整性 3 方面,主要包括以下内容:形式审查(医嘱内容和格式应符合相关规定),诊断与用药品的相符性,药品品种、规格、给药途径、用法、用量的正确性与适宜性,静脉药物配伍的适宜性、分析药物的相容性与稳定性,溶媒的适宜性,静脉用药与包装材料的适宜性,药物皮试结果和重要不良反应等信息,具体包括以下几项。

1. 溶媒选择,如抗肿瘤药奥沙利铂不能与氯化物包括任何浓度的氯化钠一起使用;大部分中药提取物制剂不适合加入复方氯化钠中。

2. 浓度检查。最高浓度的规定,如依托泊苷注射液稀释后浓度不超过 0.25mg/ml。

3. 给药途径,如某些药品不稳定,只能注射方式给药。

4. 不合理的给药间隔,如青霉素类为时间依赖型抗生素,在达到一定血药浓度情况下,还要有一定的时间维持杀菌效力。常用的青霉素、苯唑西林钠、氯唑西林钠、氟氯西林、氨苄西林、哌拉西林、阿洛西林、美洛西林等,一般均需每 6 小时给药 1 次。

5. 是否存在医嘱重复给药。

6. 医嘱内不合理的配伍禁忌。

7. 特殊用量。儿童、妊娠、哺乳期、年龄、体重、过敏史、术后或老年病人由于肝肾功能减退,选用药物时应考虑其生理、病理特点。

8. 连续用药的多药配伍。检查 01 批和 02 批之间是否存在配伍,而 01 批 9:00 和 03 批 15:00 间隔 6 个小时,尚不明确是否有反应,需要在知识库中积累各种代谢曲线等复杂的数据,建立规则后才能正确识别。

9. 特殊管理药品剂量审查。特殊管理药品(精神、麻醉、医用毒性药品),其处方剂量是否超过每次和每日的常用最大量或极量标准。

上述检查项目很难仅依靠人工来完成,一是对开出医嘱人员的技术要求很高,再者人工审核的速度有限,无法在短时间内处理大量的医嘱信息。实际上绝大多数开展了 PIVAS 业务的医疗机构都采取了计算机软件审查和人工审查相结合的方式,通过专门的合理用药审核软件对医嘱进行筛查,药学人员再对问题医嘱进行进一步的审查。PIVAS 信息系统通过接口调用审查软件,实现医嘱自动审核的功能。以合理用药监测软件 PASS 为例,PASS 提供了详细的接口文件及说明,调用 DIFPassDll. dll,先初始化 DLL,然后调用认证,通过授权以后,就可以调用 PASS 的几乎所有功能,包括按医嘱进行的合理用药审查、审查结果查看、药品说明书查询等。将待审查的医嘱依次传入 PASS,逐个对医嘱进行审查,审查结果将以"蓝色""黄色""红色""黑色""橙色"灯来不同颜色的警示灯来显示,其含义见表 8-3。

表 8-3 PASS 医嘱审查不同警示灯的含义

颜色	含义
蓝灯	PASS 监测未提示相关用药问题
黄灯	危害较低或尚不明确,适度关注
红灯	不推荐或较严重危害,高度关注
黑灯	绝对禁忌、错误或致死性危害,严重关注
橙灯	慎用或有一定危害,较高度关注

对需要关注的警示信息,可在亮灯所在行点击右键,选择"查看审查结果"即可查看详细的警示内容(图 8-2)。

目前市售的合理用药审查软件均不是针对 PIVAS 专门设计的,不能完全满足 PIVAS 对医嘱审核的要求。因此,PIVAS 信息系统还应当增加其他的辅助审查功能,包括专项的审查模块(如对 TPN 的审查)、实用的 PIVAS 辅助工具(剂量换算器、补液量计算器、肝素用量计算器)和可由用户增补的规则库等。下面以某 PIVAS 软件的 TPN 审查为例,对自主审查模块的设计和功能实现作一介绍。

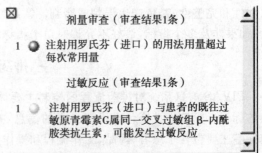

图 8-2　医嘱审查警示内容示例

全胃肠外营养(total parenteral nutrition,TPN)是指通过静脉途径给予适量的蛋白质(氨基酸)、脂肪、糖类、电解质、维生素和微量元素,以达到营养治疗的一种方法。临床上主要用于不能通过胃肠道摄取营养物质的危重患者。由于每个患者病情和身体状况各不相同,TPN 处方是一种个体化处方,对 TPN 处方的审核需要考虑的因素较多,难度也较大。药学人员首先根据参考书、文献资料、临床经验讨论确定了审查的内容和评判标准,软件开发人员再设计合适的界面和程序。图 8-3 是 TPN 审查模块的截图,该模块可以根据患者的病生理状态对处方的总热量、糖脂比、热氮比等进行审查;还可对 TPN 的 pH、离子浓度等进行计算,以保证药物的稳定性;软件还能自动提示 TPN 中不同药物的混合顺序和混合方法。该模块的实现为药学人员审查 TPN 处方和混合操作提供了极大的便利,大大降低了对药师专业知识和经验的要求。

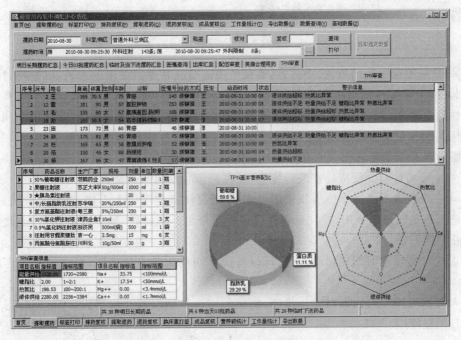

图 8-3　PIVAS 软件 TPN 审查模块截图

在设计和实现自主审查模块时应当注意几个问题:①资料的权威性和完整性:软件审查医嘱的合理性完全基于事先输入的评判规则,在制定审查内容和评判标准时一定要注意资料的权威性和完整性,避免产生误判或错判。②评判规则的稳定性:制定好的评判规则轻易不要改动,如果涉及多个指标,最好不允许对单个指标重新赋值。

三、排药和复核

PIVAS 信息系统对排药流程的控制主要体现在标签上,标签不仅是排药的依据,也是成品的标识。标签设计应包含所有必要的信息,并且易于从成品追溯到各个环节。图 8-4 所示的标签主要包含了患者、药品、工作流程和操作人员等 4 个方面的信息。

图 8-4　PIVAS 标签

PIVAS 标签应字迹清晰、大小适宜,避免使用缩写或其他易混淆的术语,以给药时便于阅读、辨别。由于标签要粘贴在输液袋或瓶上,通常采用单面不干胶纸。标签纸应当选择黏性适中且黏性随温度变化小的纸张,标签纸的正面应耐水,以防止水渍浸润导致字迹模糊和标签易脱落。标签纸的正反面贴纸的颜色应有明显区别,以减少打印和贴签时出现差错。

标签内容有以下要求。

1. 患者的病区　方便按科室进行排药、配置及药品正确运送及护士核对。

2. 床号和患者姓名　字体应该采用黑体,字号要比其他字体大 1 倍,能够非常明显、明确的显示该药品是该患者特用,并且患者姓名必须为全名。因同姓、同名时有发生,因此加用床号来防止使用差错。

3. 批次　按给药时间规律设定,它可以有次序的将药液送到病区,保证护士按序给患者给药。

4. 临时或长期　可以即时安排排药,临时的应该尽快配置并送到病区,长期的则当天排好待次日配置使用。

5. 给药途径　它可提示护士正确用药,如有的药品智能静脉滴注而不能静脉注射,避免错误用药。

6. 储存条件　有的药需要储藏在 2~4℃ 的冰箱中,现用现配。配置前从冰箱中取出放置到对应医嘱排药筐中,传入配制间。有的药液需要避光,对于抗肿瘤的化疗药也需要特殊标示,提示配置或者给药的注意事项,减少差错发生。

7. 所加的药品名称、规格、剂量、数量、单位　溶液以 ml 标示,固体以 g 或 mg 标示。名称必须使用通用名、准确、易辨识。所有数量、规格必须准确。对于不足支药品剂量,用★号特殊标示,药师核对时再次用红笔画线标示,提醒配液人员注意剂量问题。

8. 医师、医师说明　能够让护士清楚的了解医嘱的特殊说明,能够让护士遇到问题及时找到下医嘱的医师进行咨询。

9. 签字　贴签人、核对人、配置人、复核人签字。

10. 给药时间、配液时间、摆药时间　能够清楚的显示整个配液的时间进度,提示护士有计划按药学要求为患者加药,确保有效血药浓度,注意时效时间。

11. 注明第几页或共几页　受标签大小限制和出于阅读方便考虑,单张标签不宜打印太多的药品名称(一般不超过 5 个药品),而某些输液(如 TPN)所用药品较多,可能需要多个标签。在标签上注明第几页或共几页可以方便护士在给药前的查核。

排药复核的目标是保证排药的正确性,防止发生遗漏、病区串混、批次串混的情况发生。由于排药工作量大,需要通过条形码等自动化的辅助手段来帮助药师和配液人员正确而高效的工作。PIVAS 信息系统在排药复核环节的建设时有几个要点:①由于排药时电脑距离排药桌有一定距离,所以建议使用无线条码扫描枪。②排药模块要有复核检查功能,即全部科室排药复核完成后,做一次批量检查,防止排药遗漏(由于工作量大,难免发生虽然扫描,但没有扫描成功的情况或者遗漏)。③复核模块应有声光等报警提示,若成功后该条医嘱变绿色;若扫描失败应该报警声音提示提示扫描人员注意,同时红色错误信息闪烁。

四、退药的处理

临床医师会根据患者的病情随时调整用药,而 PIVAS 的排药工作又需要提前完成,因此会经常遇到退药的情况。根据医嘱调整情况正确处理退药对防止配置差错十分关键,同时退药还涉及患者退费、药品库存数量变化等,必须保证数据的准确性。退药处理和医嘱提取一样都是 PIVAS 信息系统的核心模块,决定着系统数据的正确性和稳定性。退药模块的作用是在约定时间扫描医嘱,查找医嘱改动并据此生产"退药工作单"以供调剂人员退药和重新排药。在设计退药模块时,可以参照以下几个要点。

1. 遵循简单设计原则,采用"一键式"设计,防止操作差错。

2. 每次扫描医嘱退药时应当是全部科室一次提取完成,以防止遗漏科室。

3. 设定退药的默认时间,由于排药有时会提前一天进行,在设计退药程序时应根据医疗机构实际情况设定默认的退药时间,比如设定为 15:00 前提取退药,系统自动设置为当日时间,也就是退当日药,15:00 以后的退药,系统自动设置为退第二日医嘱。

4. 预留充足的退药操作时间。由于退药和重新排药需要一定的操作时间,因此,必须与临床约定退药的提前时间,比如设置成 03 批配液退药必须 13:00 之前提取,每日 15:00~18:00 允许退 00 批+01 批+02 批+03 批配液医嘱,当日 18:00 至次日 7:00 允许退 00 批+01 批+02 批配液医嘱,超过规定时间则无法做退药处理。

5. 预出院的处理。某些医疗机构规定住院患者在约定出院时间的前一日需办理预出院手续,以方便财务结算。在实际工作中,往往会发生患者已作预出院,但未及时停止长期药疗医嘱的情况。为避免产生纠纷,可将预出院之后的用药全部作退药处理,如 9:30 预出院,则 01 批 9:00 用药正常配置,而 02 批及以后的用药将被退药。

根据实际运作经验,PIVAS 工作人员在 24h 内通常要进行 3~4 次退药操作。在退药过程中,花费时间最多的是如何在成百上千个已经排好药的排药筐内找到需要作退药的药筐。为提高效率,可采取以下方法:①将排药筐按病区、批次设置顺序号,分组码放(每组以 7~10 个筐为宜);②退药工作单除了打印患者床号、姓名,药品等信息外,还应排药筐的组号和顺序号,以便工作人员快速找到药筐;③排药筐按批次以不同的颜色区分,以方便查找。在软件设计时,还应设置退药查询功能,方便查询退药处理的历史记录以及补打退药工作单。

退药复核也十分重要,与排药复核的要求一样,退药复核也要求使用条形码技术,并在复核操作时设置明显的颜色和声音的提示。

五、成 品 复 核

成品复核是已经配置的输液在发往病区前的最后一次复核,其技术要求及注意事项与排药及退药复核相似,区别在于成品复核时一般要同时完成成品分拣,以便打包后发往病区。分拣工作需根据混合配液操作的方式来安排,配液量较小时可以采取按病区和逐批配置的方式,每次只配置一个病区的单批输液,配置完成清场后再配置下一个病区的输液。如果配液量较大或配置台较多,可采用多病区同时混合配置方式,即将多个病区同批次的输液按药品分类,相同药品尽量安排到同一个配置台,配置完成后再通过成品复核环节分拣到相应病区,这种配置安排的优点是可以加快配置速度、提高配置效率,并且可以降低配置差错的风险。缺点是对分拣的要求高,如果分拣的准确度和效率不高则可能将已配好的输液发到错误的病区。考虑到分拣的难度和审核区面积的限制,多病区混合配置时,同时配置的病区数量以 3~5 个为宜。

六、查询和统计功能

PIVAS 需要频繁地使用查询和统计功能,查询内容包括患者信息查询、工作环节查询、操作记录查询等,基本的统计功能包括药品消耗统计、工作量统计等。在设计查询和统计功能时,应当达到全面、准确、灵活、便捷的要求,比如对原始 HIS 医嘱查询应当能直观追溯到病区原始医嘱的开立情况,包括内容、起止、暂停等各种操作情况。在查询患者信息时,除了可以查询患者姓名、病区、床号等 PIVAS 配置必需的信息外,还应能直接调用 HIS 的相关记录,方便地查询到患者疾病诊断、实验室检查和检验结果,甚至病历内容,以便于药学人员更好地对医嘱进行审查。查询和统计功能一般由统计入口和限定条件组成,如对于工作量的统计可能需要限定病区、时间段等条件,在设计时应灵活组合,对经常使用的统计查询内容可以集成设计为"单键触发"的形式。查询和统计功能还要求做到很好地溯源,如对输液成品的查询需要精确到每袋配液什么时候开始配置、什么时候送到病区、配置各个环节的操作时间和操作人是谁等。这就要求 PIVAS 信息系统在设计时应当完整记录业务流程中的每一个操作,记录项目除了操作内容、操作人员以外还应记录下操作执行的准确时间。

查询和统计模块还应设置方便的结果输出功能,除了可以直接打印外,对多数查询统计结果还应提供文本、EXCEL 等电子文档输出方式。

七、基础数据维护和参数设置

PIVAS 信息系统在投入使用前需要对一些基础数据进行维护,所维护的数据包括:①科室和病区信息维护,已开展配液工作的临床科室和病区应事先录入 PIVAS 系统,在导入数据时应注意科室和病区名称的统一性和唯一性。统一是要求 PIVAS 信息系统中的科室和病区名称与 HIS 系统中的药品出库去向名称相统一。唯一是指同一病区在 PIVAS 系统中不能有多个名称。在 HIS 系统中,由于药品出库去向可以人工录入,所以在 HIS 的记录中往往会出现同一病区有多个名称的现象,如消化科二病区、消化二、消化二护理单元等。在导入 PIVAS 信息系统时,应指定一个名称作为正名,HIS 系统中的其他名称可以作为按异名处理,通过异名库自动指向正名。②药品属性维护。包括药品的贮存要求信息维护,如某些药物需避光保存、有些需冷藏,PIVAS 信息系统在排药及成品发放等环节可以自动提示"使用深色避光套"、"需冰箱保存"等信息;对于各种糖、脂肪乳、氨基酸、电解质等药品还应维护药品的成分和含量,这样 PIVAS 的 TPN 审查功能才能正确进行医嘱审查。③药品类别维护,如普通药物、高危药物、毒性药物、特殊管理药物等,以满足不同药品的管理要求。④人员信息维护,分配使用者以及权限,确定每个工作人员的职权与责任。

PIVAS 信息系统还要事先对一些参数进行配置,如打印参数的设置、打印机设置(标签设置为标签打印机、工作单设置成激光打印机等)。

第四节　PIVAS 信息系统的高级功能

虽然 PIVAS 仍属于药品调剂的范畴,但其工作性质和业务流程与传统的药房调剂业务有着较大差异,在很多医疗机构 PIVAS 是作为一个独立的部门来运营和管理的。与药房所使用的信息系统一样,PIVAS 信息系统除了要覆盖完整的业务流程以外,还需要有必要的药品管理、人力资源管理、数据分析和决策支持等功能。

一、人力资源管理

PIVAS 工作人员较多,其专业(通常同时包含护理专业和药学专业)、工作任务和工作时间都不相同,这给 PIVAS 的人员培训、考核考评以及薪酬发放等带来了很大困难。PIVAS 信息系统可协理管理者做好人力资源管理,如合理计算统计工作量、提供绩效考核依据等。以绩效考核和排班管理例,简要介绍 PIVAS 信息系统在人力资源管理中的作用。

(一)绩效考核

如何对静脉用药集中调配中心每个职工所承担的工作,应用科学的定性和定量方法,对员工行为的实际效果及其对静脉用药集中调配中心的贡献或价值进行考核和评价,是保障 PIVAS 顺利运行的重要内容。绩效考评的目的是通过考核充分员工的工作积极性、提高员工的工作效率。PIVAS 管理系统通过利用信息化技术,可以实现对每袋输液的全过程追溯,并对不同类型输液的工作量作出量化评估。

准确的工作量统计是绩效考核的基础,输液配置量是最容易获得的工作量指标,但简单地计算输液袋数并不能精确地计算工作量,还应充分考虑到每袋输液所加药物的种类、数量,甚至是输液配置的批次。为了精确计算工作量,除了按照配液组数进行统计外,还可以根据每组液体中包含的药品种类以及每个种类的数量进行加和汇总,如一组配液有三种药和一袋溶媒液体,每种药的数量分别为 1 支、3 支、8 支,那么工作量记为 12,而另外一组配液有一种药,数量是 1 支,那么工作量记为 1。如果需要更精确的评估,则可以对每种药进行评分,比如 A 药品每只配置需要 3s,则记 3 分,那么 A 种药数量为 3 支就得 9 分,可根据工作实际情况逐步细化。

除工作量以外,PIVAS 的绩效考核还应当包括对工作质量和效率的考评,如配液速度、配液准确率等。工作质量和效率评价指标有很多种,管理者可以根据本医疗机构的实际需要来选择,但总体上应当遵循以下几个原则。①客观性:评价指标应当直观可见,方便测量并可精确量化;②公开性:工作考评的指标、标准、评价程序和方法以及评价人都应明确且公开;③差别性:所选取的指标应能有效地反映出工作质量和工作效率的差异,不同人员的考评结果应有明显的差异,这样才会起到有效的激励作用;④及时反馈:绩效考评的目标是调动工作人员的积极性,促进工作质量和效率改善,进而逐步提高员工的素质和技能。因此,考评结果一定要及时反馈给被考评者本人,否则难以起到绩效考评预期的作用。

(二)排班管理

通常 PIVAS 每个工作日要配置 3~4 个批次的输液,加上各个批次的排药,每天需要安排 6~8 个班次。合理调配工作人员需要有一个完善的排班系统,排班可以依据工作岗位和工作时间来安排。软件系统应当能实现下述功能。

1. 自动生产合理的排班方案,一般以周为单位,班次提前排定。

2. 可自定义班次(早班、中班、下午班、连班等)。

3. 合理安排休息日。由于 PIVAS 采取 7 天工作制,并且班次密集,每周的休息日不可能完全安排在周末。软件应能合理安排每个人的休息日,每周的 2 个休息日应尽量相连。因工作需要无法安排 2 个完整的休息日时,可以考虑安排 1 个全天和 2 个半天。

4. 允许换班。软件应当考虑到工作人员因事假或病假等原因而申请换班的情况,允许两人或多人整周或某日的班次互换。

5. 可设定值班人员躲避时间。如当班人员因特殊原因临床调整班次时,系统可以设定值班人员的躲避时间。

对配液人员的班次安排,除了上述 5 项以外,还应做到。

1. 允许设定一周中的某一天,或是每天各班次的最小人数、最大人数,以应对不同时间的配液高峰。

2. 自动生成配液台的分配方案,并可以根据配液人员的资质和工作经验等差异合理调配人员,比如将新手、有工作经验的人员安排在同一个配液台。

二、药品管理功能

PIVAS 所用药品的采购、入出库、盘点、库存管理、查询统计等功能可以使用 HIS 系统的药品管理程序。相对药房而言,PIVAS 所使用的药品种类较少、用量波动也较小,更能够发挥计算机管理的优势。PIVAS 信息系统可以在原 HIS 药品管理功能的基础上,增设一个二级库并对药品采购、入出库等功能进行优化和完善。以与药房分开设计、独立运行的 PIVAS 为例,介绍如下:

(一)药品采购或请领需求预测

对药品采购(请领)种类及数量的预测取决于对历史消耗的深入分析并选择合适的需求预

测模型。在医疗机构药品采购预测方面国内外已经有很多有益的探索,如上下限法、ABC 分类管理、量化决策分析法等。本节将介绍一种比较适合 PIVAS 药品需求预测的 ARIMA 模型的原理及其应用方法。

药品的消耗数据,是按时间顺序排列的一组数据,这样的数据称之为时间序列。时间序列分析就是利用这组数据,应用数理统计方法加以处理,基于任何事物的发展都具有一定惯性(即延续性)的原理来预测未来事物的发展。研究人员对于时间序列预测模型的研究,目前主要有:简单移动平均模型(simple moving averages)、加权移动平均模型(weighted moving averages)、指数平滑模型(expontential smoothing)、回归分析模型(linear regression forecasting)、希斯金(shiskin)时间序列模型(time series analysis)、自回归整合移动平均模型(ARIMA)等。ARIMA 模型(autoregressive integrated moving average model,简记 ARIMA)是由博克思(Box)和詹金斯(Jenkins)于 20 世纪 70 年代初提出的时间序列预测方法,所以又称为 Box-Jenkins 模型、博克思-詹金斯法。ARIMA(p,d,q)模型的数学表达式为:

$$\Phi(B)\nabla^d X_t = \Theta(B)\varepsilon_t$$

其中,X_t 是原始序列,ε_t 是随机扰动白噪声序列,B 是后移算子,$\nabla^d = (1-B)^d$ 是 d 阶差分,p 阶自回归算子为:

$$\Phi(B) = 1 - \phi_1 B - \phi_2 B^2 - \cdots - \phi_p B^p$$

q 阶移动平均算子为:

$$\Theta(B) = 1 - \theta_1 B - \theta_2 B^2 - \cdots - \theta_q B^q$$

ARIMA 模型可以说是目前最精确的统计方法。ARIMA 时间序列法已经广泛应用于经济管理、气象预测、疾病预测等领域,也非常适合库存需求等应用,ARIMA 模型的能够很好地拟合历史数据并可获得较高的短期预测精度,是库房管理汇总的一种精确、科学的采购预测方法。以此作为采购的决策支持,改变了以往药库采购需要采购员、库管员具有长期丰富的工作经验以及采购主观性、随意性较大的采购模式;引入科学合理的数学模型作为理论支撑,减少及避免了药品的断货和积压,提高了工作效率和工作质量;使采购管理数字化,加快医院数字化建设进程,提高了医院的经济效益和管理水平。

由于药品种类繁多,使用频度不同,重要程度不同,并且常随季节变更和流行疾病等各种因素影响,每个药品都有其独特的模型及参数,但构建模型、检验以及根据模型做预测过程很复杂,至少需要 50 个观测值(最好有 100 个观测值),需很大的计算费用,工作量大;同时要求数理统计专业知识高,在选取适宜的 ARIMA 模型时要求有丰富的经验,因此,需要开发一种能够批量进行模型机器发现、参数自动探测及能批量预测的软件系统,通过信息化方法,自动挖掘每一个品种的特性,做到精确控制,以便减轻工作量,降低推广难度。

经验证,ARIMA 采购预测模型的准确率为 90%,可以为采购提供决策支持。一般来说ARIMA 模型的短期预测(小于 5 期)精度很高,尤其适合基于零库存管理理论的医院。

PIVAS 信息系统每周依据住院药房的药品收费明细数据为药品消耗数据,药品消耗数据代表真实的药品消耗,不含药房以及药库人员的主观判断,然后通过 ARIMA 预测软件系统进行下周数量预测,报采购计划到采购中心进行采购,保障静脉配液的库存需求。采购中心将医院在用品种分为 A、B、C 3 类,并实行动态管理,可根据药品的使用情况及管理要求随时调整类别。A 类:由物流直接配送到二级库的品种,主要是用量较大且用量波动较少的品种,约占全部用药金额的 50%;B 类:由物流配送到药库的品种,主要是用量较小且用量波动较少的品种,约占全部用药金额的 30%;C 类:仍按传统供应方式管理的药品,约占全部用药金额的 20%。

(二)入出库及库存管理

PIVAS 药品管理的最佳方式是实现信息化、无纸化、无线化,利用移动手持终端的无线解决方案,将条形码自动识别技术与无线技术整合,实现库存的数字化管理。使用这种方式的优势在于:①降低差错率:通过采集条码自动复核数据,避免上错货位、拿错药、发错药等错误,药品出库时如果存在未核对情况,可以自动报警来防止出库遗漏。②提高工作效率:通过条码扫描等方式做到药品入库、出库的行动核对,大大提高了工作效率。③提高药品管理水平:从手工记账转变为数字记账,方便管理和查询,缩短对药品消耗的反应时间。④降低工作强度:除了利用信息化设备减轻工作人员负荷以外,在排药时软件可以根据药品货位来优化排药人员的行走路线,减少多余的折返行走;在配液时软件可以自动将相同药物或相同溶媒安排给同一个配液人员集中配置,通过这些工作流程优化办法来进一步降低 PIVAS 的工作强度。

1. 货位管理 比较适合 PIVAS 的库存药品管理方法是货位管理,即将药品贮存空间(药品柜、货架、冰箱等)分为一个个虚拟的货位,每个货位的大小可以自由定义。软件系统记录每一个货位的地理信息(货位所在的具体位置)、类别(可根据所放药品分为不同的管理类别)、容量、库存上下限等信息。将药品名称、剂型、规格、生产厂家等信息和货位信息关联后,就可以有效地对库存药品进行管理了。

PIVAS 采用货位管理的优点很多。首先空间利用率高,货位的大小可以根据药品的用量和库存水平灵活定义,对货架等贮存空间的利用效率更高;其次灵活性好,可对根据药品用量、使用频度等灵活分配不同药品的货位号,并能根据用量变化及时调整,这样就可以把最常用、用量最多的药品放到更容易取到的位置,减少排药的时间和工作量;最后盘点、查询等理方便,利用无线手持终端可以很方便地对货位中的药品进行盘点和清查。

2. 药品入库验收 PIVAS 信息系统与药品采购物流系统相结合可以更准确、更快捷地完成药品的入库验收。应用采购物流平台后,药品供应商在发货的同时将药品及单据的电子信息通过 Internet 网络传输到了医院,医院相关人员将电子信息导入 HIS 系统和 PIVAS 信息系统。电子信息的内容除了发票信息、药品信息外,还包含将要送达的药品的物流条码,比如送货 40 件,则电子信息中就应包含 40 个物流条码,每件对应一个条码。在药品送达后,即可按下述流程快速验收入库:

(1)验收人员使用手持无线扫描终端,对每件药品的物流条码进行扫描。

(2)系统自动判断所扫描条码是否在代收药品的电子信息中,如果不在本药房的电子信息中,说明送货有误,拒绝接收;如果提示正确,系统自动保存扫描结果,工作人员可进行下一件药品的扫描。

(3)重复上述第 1、2 步骤,直到所有药品扫描验收完成。

(4)完成后通过点击"验收检查"按钮,检查是否全部待收货药品都已经送达,防止遗漏。

为了保证药品入库验收的完全电子化,医疗机构、药品供应商、药品配送商三者之间需要遵循一个共同的规则以实现药品代码的对接。在信息生成时,要注意药品计量单位的统一,通常药品供应商、配送商以箱(件)等作为计量单位而医疗机构多以盒等为单位来计算数量,三方应事先设定好不同单位的换算关系。在信息传输过程中,建议以医疗机构发起的采购单号作为三方的共同索引,这样在入库验收时应可以很方便地查看采购订单的响应情况。在药品配送之间,为方便验收入库时扫描条码,配送商应当在药品包装箱相交的三面都贴上条形码,如此无论药品如何堆放均能方便地进行条码扫描。

3. **药品盘点**　药品盘点是库存药品管理的重要手段,盘点不仅可用来检查药品实存数量和账面数量是否一致,还可以在盘点的同时对药品贮存条件、药品效期等进行检查。由于药品盘点需要在 HIS 系统写入药品实存数据,因此 PIVAS 的药品盘点原则上应使用 HIS 中的盘点程序。PIVAS 信息系统对药品盘点的改动主要体现在对盘点方法的改进上。以某使用"军卫一号"HIS 系统的医疗机构为例,改进后的盘点流程如下:

从库存管理系统点击"开始盘点",系统自动从 HIS 数据库中将库存药品的数量封存到追踪数据库中,记为 A。

(1)药房盘点人员手拿无线移动手持扫描,按照分组进行盘点,首先扫描货位条码,追踪系统将实时显示该货位的药品的账面数量,盘点人员详细的清点货位数量后,将实际数量录入到无线手持终端中,记为 B,并自动记录下盘点时间。

(2)盘点人员重复第 2 步骤,直到所有的货位都盘点完成。

(3)盘点人员点击"盘点检查",系统自动检索是否还有未盘点的货位,防止遗漏。

(4)盘点人员点击"盘点完成"。由于药房工作的繁忙,经常会发生一边盘点,一边出库的情况,所以要求盘点尽量在 PIVAS 的下午摆药(16:00)之前进行,以减少发生摆药(减库存)但是货位上药品还没有来得及取药的情况。

(5)盈亏处理:盘点完成后,系统自动将生成盘盈盘亏的报表。盘点报表生成的原则是:实际盘点数量+封存与盘点之间的出库数量-盘点前封存的数量,结果为正则是盘亏,结果为负则是盘盈。盈亏处理自动生成报表,在盘点系统中写明盘盈盘亏的原因,然后通过 HIS 系统的入库进行调节,以保证账面数量与实际库存数量相同。

4. **库存药品实时追踪**　PIVAS 药品管理实现数字化后,即可做到对任意药品的实时追踪。对物流过程中产生的信息的综合查询,可跟踪每件药品到达医院后的流通情况,只要扫描物流条码(或者货位条码),在无线手持扫描终端上马上就能知道流通详情,包括:什么时候验收入库的,存放在什么地点,剩余数量多少,每件拆分后的去向等信息。软件系统还可对近效期药品(通常定义为 6 个月)进行报警,以提醒工作人员及时处理。

PIVAS 信息系统的其他高级功能还有药品消耗统计和分析、临床用药分析、合理用药支持和辅助决策等,在系统设计时应预先留出可扩展的余地。

第五节　PIVAS 自动化和信息化技术

近年来自动化与信息化技术被越来越多地应用到医院药房调剂业务中,其中的一些设备和技术也可以用于 PIVAS 的各项业务并发挥重要的作用。本节就药品自动化调剂设备、条形码技术、无线网络技术和可视化管理等适合 PIVAS 业务的自动化设备技术作一介绍。

一、自动化排药设备

排药是 PIVAS 中的一项重点工作,也是工作量最大的任务之一。目前所使用的人工排药方式还有一些局限性:①排药速度较慢,大批量配置时需要多人、同时进行排药工作,这也是多数医疗机构静脉用药配置中心只配置长期医嘱的原因,因为人工排药无法对及时对临时医嘱做出响应;②差错率难以评估,由于人工操作的特点,很难对排药差错率有一个很精确的量化评估,所以在实际工作中,各医疗机构都采取了多人、多环节核对的方法,这种方法虽然保证了排药的准确性,但都增加了人员和时间的投入;③工作时间的局限性,受工作时间的限制,人工排药只能在正常工作时间进行,次日第一批配置的药品需在前一日下午完成排药,排药与配置之间的间隔时间较长,期间出现医嘱发生更改而退药的概率明显增加。一些自动化的排药设备,如注射药物自动调剂设备(俗称针剂摆药机)可以很好地解决这些问题。图 8-5 是一台针剂摆药机的照片,该设备与 PIVAS 信息系统联用可以实现自动化排药。PIVAS 信息系统从 HIS 中提取、解析医嘱,将排药指令发送给针剂摆药机,摆药机可以自动将每袋输液需加入的药品摆放到药筐内,并同时打印排药工作单和标签。部分型号的设备还配有自行小车,可以自动更换摆满药筐的小车,这样就可以在夜间进行排药工作了,大大缩短了排药与配置之间的间隔,减少了退药次数。

图 8-5　针剂自动摆药机

针剂自动摆药机主要由 5 个部分组成。

1. **供筐机**　在传筐轨道上自动码放并运送排药筐,接收分包机分发的药品。

2. **整列摆药机与散列摆药机**　是针剂摆药机的核心组件,用于药品的存储和分发。前者需要事先将药物按顺序排列整齐,主要用于大容量安瓿(5～20ml)的分发;后者形状类似抽屉,可随意放置西林瓶(粉针剂)和小容量安瓿(小针剂)。摆药机能够显示剩余药品信息、对缺药进行提示,可不停机补充药品。

3. **打印机**　整套设备有 3 台打印机和 2 台打签机,打印机用于工作单(药品清单、缺药单等)的打印,打签机用来打印输液标签。

4. **码筐机**　码筐机的作用是通过机械臂将摆好药品的药筐自动排放在手推车上,手推车可自动或手动与机械臂锁定,并在摆满药筐后解锁,以便移走小车并安装空车。

5. **储药盒**　分为整列和散列两种,与摆药机配套使用。储药盒的编号和所贮存的药品需事先确定,并在摆药机中建立起关联以正确地调配药品。储药盒有大、中、小 3 种,以适应不同的储药量,对使用量大的药品还可以使用多个药盒存放同种药品。对药品批号有严格要求的药品也可以按批号放置到不同的药盒中,摆药机可分发完一个批号后再分发另一批号的药品。

针剂摆药机与 HIS 的对接由生产厂商负责,用于 PIVAS 自动排药时仅需细微调整即可。用于药房药品调剂时,针剂摆药机的摆药模式有按病区汇总摆药和按患者摆药 2 种形式,用于 PIVAS 时需增加按医嘱组(即单袋输液所用药品)摆药的模式,另外在打印时还需增加轮流标签打印的功能。使用针剂摆药机排药有很多的优点,①全能:能处理各种外形的注射药品,部分型号还配备冷藏储存单元,可以存放需低温保存的药品;②快速:每小时可完成 300 组医嘱的排药任务;③准确:从 HIS 中直接提取医嘱,由计算机控制完成摆药,准确率高;④安全:全部机械动作都在机器内部完成,减少了人与药品的直接接触,特别适用于化疗药物等对人体有损害的药品调配;⑤灵活:可根据用户需要对摆药机模块(储药单元、摆药单元)进行不同的搭配;⑥方便:设备操作简单、界面友好,与中文 HIS 系统的兼容性好。

二、条形码技术

目前,药品生产企业、经营和配送企业以及医疗机构对同一药品的编码均不相同,给药房调剂业务全面应用条形码技术带来了很大困难。普通药房调剂业务虽然已经使用了条形码技术,但未引起足够的重视,PIVAS 因其工作性质和特点与普通药房调剂不同,对条形码技术的依赖性很高,可以说是 PIVAS 业务不可或缺的一部分。在静脉用药集中调配中心,一维条形码和二维条形码均能得到广泛的应用,特别是二维条形码技术更能满足 PIVAS 的要求。

二维条形码(2-dimensional bar code)是用某种特定的几何图形按一定规律在平面(二维方向上)分布的黑白相间的图形记录数据符号信息的;在代码编制上巧妙地利用构成计算机内部逻辑基础的"0""1"比特流的概念,使用若干个与二进制相对应的几何形体来表示文字数值信息,通过图像输入设备或光电扫描设备自动识读以实现信息自动处理:它具有条形码技术的一些共性:每种码制有其特定的字符集;每个字符占有一定的宽度;具有一定的校验功能等。同时还具有对不同行的信息自动识别功能及处理图形旋转变化等特点。

二维条形码技术是在一维条形码无法满足实际应用需求的前提下产生的。由于受信息容量的限制,一维条形码通常是对物品的标识,而不是对物品的描述。所谓对物品的标识,就是给某物品分配一个代码,代码以条形码的形式标识在物品上,用来标识该物品以便自动扫描设备的识读,代码或一维条形码本身不表示该产品的描述性信息。因此,在通用商品条形码的应用系统中,对商品信息,如生产日期、价格等的描述必须依赖数据库的支持。在没有预先建立商品数据库或不便联网的地方,一维条形码表示汉字和图像信息几乎是不可能的,即使可以表示,也显得十分不便且效率很低。

二维条形码具有以下特点。

1. 高密度编码,信息容量大。可容纳多达 1 850 个大写字母或 2 710 个数字或 1 108 个字节,或 500 多个汉字,比普通一维条形码信息容量约高几十倍。能贮存品种、批号、效期等大容量数据。

2. 容错能力强,具有纠错功能。这使得二维条形码因穿孔、污损等引起局部损坏时,照样可以正确得到识读,损毁面积达 50% 仍可恢复信息。

3. 译码可靠性高。普通一维条形码译码错误率百万分之二,二维条形码误码率不超过千万分之一。

4. 可引入加密措施。保密性、防伪性好。

5. 成本低，易制作，持久耐用，普通激光喷墨（甚至针式）打印机都可打印。

6. 信息采集速度快，是人工录入速度的 20 倍以上。

上述特点使得二维条形码很适合在 PIVAS 中使用，在输液成品离线审核、病区复核等应用中只能依靠二维条研码才能实现。因此，在设计 PIVAS 信息系统时必须考虑到二维条形码的使用，在选购扫描枪、打印机、无线手持终端等设备时也要考虑到使用二维条形码的要求。

三、无线网络技术

几乎 PIVAS 业务的每一个环节都离不开计算机网络的支持，PIVAS 工作区域相对比较集中，有利于布置无线网络，并且投入也较小。以无线手持终端的应用为例（图 8-6），对使用无线网络的优势作一阐述。

在整个 PIVAS 业务中，排药、退药、成品的复核以及药品入库验收、出库和盘点等都需要使用条形码扫描。普通的扫描设备必须与电脑直接相连，便携性和移动性都不好，在这些场合的使用效果均不理想。使用无线手持终端相当于将扫描枪与电脑合而为一，不受连线的限制，不仅方便移动，还能直接从屏幕上进行确认和信息录入工作。

四、可视化管理

准确和高效是对 PIVAS 业务 2 个最重要的要求，实现这个目标必须要有良好的管理手段。在 PIVAS 工作场所将管理要求、提示信息和各种数据以直观生动的图形界面显示，实现管理上的实时化、透明化与可视化，使业务流程更简化、安全、高效，做到"看得见的管理"，这对提高工作效率和降低安全风险有着重要意义。

PIVAS 工作场所可通过对工具、物品等，运用定位、画线、挂标示牌等方法实现管理的可视化，使员工能够及时发现现场发生的问题、异常、浪费现象等，从而能够及时解决或预防存在的问题。许多经验表明，现场管理可视化是实现企业生产成本

图 8-6　无线手持终端

控制、生产质量持续提高、生产管理有序等的主要工程技术。目前已经在众多企业中快速应用，给企业带来了可观的经济效益。现场可视化管理是用眼睛观察的管理，体现了主动性和有意识性。可视化管理的目的：防止人为失误或遗漏，并始终维持正常状态；通过视觉，使问题点和浪费现象容易暴露，事先预防和消除各种隐患和浪费。

可视化管理应遵循以下原则。

1. 视觉化　尽量用图案、符号代替文字，并使用不同的色彩区分不同类别的信息，重要信息应使用与普通信息明显不同的、醒目的颜色，并且标识大小也应与普通信息有所区别。

2. 透明化　需要被看到的信息、位置等都应直观可见，不能有遮隐。

3. 界限化　即标示管理界限，标示正常与异常的定量界限，使之一目了然。

可视管理有助于认定问题，突显出目标与现状之间的差异。换言之，它是一种稳定流程

（维持的功能）及改进流程（改善的功能）的一种工具。现场管理可视化贯穿在进货、存储、出货、交接、盘点物流管理中的各可视化视点中，主要包括物流路径规划与标示、仓库空间规划与标示、物流运作安全规划与标示、药品存储的地图设计、工作进度可视化、工作分工可视化等。在 PIVAS 工作场所，可视化管理可以通过以下方法来实现。

（1）颜色管理：用不同的颜色来区分易混淆的标识，如不同批次的排药框使用不同的颜色，药品标签使用色标来表明不同的管理类别（如需冷藏的药品用蓝色标签、特殊管理药品和红色标签等），重要信息应使用醒目的颜色（如黄黑相间的警戒色）。

（2）标牌管理：每个工作区域都有明显标牌，如"医嘱审核区"、"排药区"等，以及待配区中为每个病区制作一个标牌，划分固定货架存放；在每个病区，制作小挂钩标牌，清楚的告知批次，如 00 批打包、01 批、02 批、03 批；制作"已清场消毒""已配完"等标牌。

（3）画线标识：人流、物流通道和走向用清晰标线标示。

（4）声光管理：在验收、复检等环节可使用灯光和声音起到确认、提醒的作用，例如在排药复核时，如果扫描检测到错误电脑屏幕上的相应记录会闪烁红色，并且播放铃声进行提醒，如果扫描结果正确，则单纯以一个单音表示确定。

（5）看板管理：对于工作流程、工作分工以及注意事项等制作看板，看板应简明清晰，避免仅使用文字，而是辅以图形、图案、符号等可视性元素。

（6）电子看板：用于显示经常变动的信息，在工作区域内可放置两到三台 LCD 显示屏，循环播放通知、排班情况、缺药品种等内容。

第六节　PIVAS 信息系统的安全保障和维护

PIVAS 信息系统产生的数据相当大，一部分需写入 HIS 的数据（如药品入出库信息）存储在 HIS 服务器中，这部分数据通常由信息科负责备份和维护，相当来说数据安全比较有保障。其他不需要写入 HIS 的数据（如配置记录、排班信息等）则存储在 PIVAS 服务器中，相比HIS 服务器而言信息安全保障条件较差，这部分数据的安全值得高度重视。

PIVAS 信息安全保障体系的建立包括服务器、网络和数据 3 个要素，其中服务器的安全保障最为重要。服务器必须安置在符合机房管理规定的正规机房，最好由信息科统一管理。机房内必须是气体灭火装置，不能是喷淋，喷淋会导致服务器断路烧毁，造成不可恢复的灾难性破坏；机房内要有空调、防静电地板，且必须配备大容量 UPS 不间断电源，断电续航不低于2h，防止意外断电对服务器的伤害。

数据库服务器必须做成磁盘阵列，推荐使用 RAID5，至少 3 块硬盘，任何一块硬盘出现故障不影响整个系统的使用。数据库服务器应该做好数据备份工作，建议异机备份，有条件的医疗机构可以设计成成双机热冗余备份，其中任何一台服务器发生问题，不会影响 PIVAS 软件系统的使用。数据库服务器应该建立每天的备份机制，保证每天都有 1 个完整的备份，备份保留时效为 1 周。服务器应每月定期检查，查看服务器是否有异常，及时处理。

网络的布置应充分考虑到因施工、维修损坏网线，因漏水、灰尘而损坏网络设备等意外情况。布置网线时应使用保护套管，集线器等网络设备应注意防水、防尘、防昆虫进入。集线器、HUB、无线路由器等需要使用电源的设备应注意电源供应的稳定性，如可能应尽量选择以太网供电的网络设备。

信息系统是为业务或管理服务的，没有一成不变的业务，也没有一成不变的管理。PIV-AS 工作也一样，需要随着环境和需求的变化随时做出相应的调整。根据经验，信息系统的后期维护占整个生命周期工作量的 70％。PIVAS 信息系统也需要不断地升级、调整以适应业务的发展。为方便信息系统的升级和后期维护，PIVAS 信息系统的开发应当注意几个方面。首先是在设计进就要预先考虑升级、更新的需要，软件最好采用模块化设计以便于维护和扩展；其次是要在信息系统的开发和维护时保留详细、完整的文档和技术资料，以便于以后不同技术人员跟进；最后要选择合适的软件供应商。无论是购买现成软件还是自己设计开发，医疗机构都要选择规模大、信誉好、技术力量雄厚的软件供应商或开发商，在软件开发、调试时最好信息科能全程介入。

（刘皈阳　刘东杰）

第9章 静脉用药集中调配中心(室)突发事件处理

静脉用药是一种侵入性的治疗操作,由于药物直接进入患者的循环系统,任何环节处理不当,都可能会给患者造成不良后果,甚至危及患者生命,因此,加强静脉用药集中调配中心(室)的质量安全防控,保障患者用药安全,杜绝各种差错发生尤为重要。所以必须建立、健全一套组织有序、措施有力的突发事件应急处置方案,在各个突发事件发生后,能及时有效地控制、解决,降低其可能造成的损失及恶劣影响,也是静脉用药集中调配中心(室)的核心任务之一。制定突发事件应急处置方案,对于实际工作具有重要的指导意义。

第一节 输液成品质量问题的处理

合理安全地使用药品是对患者生命健康的保证,而保证静脉用药的安全更是静脉用药集中调配中心(室)工作人员的首要任务和责任。因此,我们要以科学严谨的工作态度,实事求是的工作作风,以及将保证患者用药安全放在首位的高度责任感来投入到静脉用药集中调配中心(室)的各项工作环节中。一旦静脉用药集中调配中心(室)调配发生差错时,要立即采取应急措施,及时解决,防止造成的影响进一步扩大。

一、调配过程中发现差错

排摆药品调配差错 工作过程中如发现药品排摆错误,必须立即汇报组长和科室领导,并通知各岗位工作人员,严密排查所有的工作流程,找出差错发生的环节。

(1)如该差错发生在排摆药、加药混合、核对等过程中,应立即排查所有已调配成品或未调配的药品。对已调配的成品要全部排查,排查出问题的要重新排摆药调配。

(2)如已将调配成品送至临床,要在请示领导后,由经验丰富的工作人员去临床说明情况并追回药品,重新摆药调配。

(3)与此同时,要仔细查对贮药架的药品(药盒),以防有药品混淆。

(4)询问相关工作人员,找出差错原因及责任人,交接班时要全科通报,并再做工作强调。

二、患者或临床医务人员投诉

1. 投诉接待人员应当认真听取投诉人意见,核实相关信息,如实记录投诉人反映的情况,耐心细致地做好解释工作,稳定投诉人情绪,避免矛盾激化。

2. 负责人应立即找病房当事人或患者了解情况,对于涉及医疗质量安全、可能危及患者健康的投诉,应当立即采取积极措施,预防和减少对患者损害的发生;对于涉及收费、价格等应及时查明情况,积极沟通相关部门,协助核查处理。

3. 确认是本科室责任,应立即重新调配药液,保证患者治疗,并向投诉者道歉,取得谅解;如不是静脉用药集中调配中心(室)的责任,应以婉转方式做出解释,消除误会。

4. 如投诉者对处理结果不满意或提出其他赔偿要求,应上报科室主任和医疗行政部门,积极进行协调。

5. 负责人要组织所属人员开展讨论,分析原因,吸取教训。

三、怀疑成品质量问题的处理

在调配或临床治疗过程中,怀疑药品或成品输液等引起不良后果时,应停止使用和紧急封存实物。

1. 在内部发现成品质量出现问题　若发现静脉用药调配成品有质量问题,如出现沉淀、浑浊、变色、分层、有异物等情况,应立即将该药品封存并停止使用,及时交接班通知相关工作人员,并上报科室负责人,尽快处理解决,以免耽误患者用药。

2. 在外部被发现成品质量出现问题　值班人员接到质量问题的反映,应立即上报负责人,于医患双方均在场情况下将实物(应包含与该项操作有关的所有物品如注射器、安瓿、输液器、皮肤消毒用具、头皮针、贴膜等)进行封存。药液标签应完好保存患者姓名、性别、床号、ID号、所在科室、用药时间、药物名称、给药途径、配液人员等信息,并应在封存口处标明发生时间、加盖科室用章及医护和家属双签字。

按医疗管理部门规定药检,并做好相关记录,检验报告不可直接交与患者或家属。

(1)患者尚未用药时:当静脉用药集中调配中心(室)工作人员接到临床护士反馈某差错时,如发现贴错标签、无标签或标签不清晰、输液袋有破损漏液、药品有质量问题或药品送错科室等,应立即汇报负责人,并派人员到临床查看,确认差错后,将发生差错的药品或液体带回静脉用药集中调配中心(室),重新调配,再送回临床。

(2)患者已经用药时:当静脉用药集中调配中心(室)工作人员接到临床护士反馈某差错,如贴错标签、错配药物、药品有质量问题或药品送错科室等并且患者已经用药时,应记下发生差错的详细信息,如用药患者所在科室、床号、姓名、ID、体征和差错原因等,应立即汇报领导,听从领导具体安排及时处理。同时派专人去临床查看确认差错。在与临床护士、患者及家属交谈时应注意方式方法,处理差错时要严格按照法律程序。

发生重大差错或事故时,各相关责任人应暂停工作,积极配合领导调查,处理问题。为保证问题及时、有效地得到解决,各工作人员在差错处理时应注意以下几点。

①各责任人必须如实反映差错发生情况,交代清楚工作过程的每一个细节,以便差错的排查。

②在查清差错发生的原因之前,不可妄下论断,具体事件具体听从领导安排。

③差错调查过程中,工作人员不可存有私心、侥幸心理或任何不端正的想法,拖延问题处理时机,而导致差错影响进一步扩大。

④重大事件应急处理人员必须具有扎实的专业知识与丰富实际技能经验,并且与该事故没有任何关联。

⑤应有专人负责重大事件的登记,经科室同意认可后放于文件柜中,保留3年。

第二节　调配过程中的突发事件处理

一、医疗废物泄露应急处理

静脉用药集中调配中心(室)的所有医疗废弃物都必须放在专门的医疗垃圾袋中并封口,

以防发生泄漏。当静脉用药集中调配中心（室）的医疗废物发生流失、泄漏、扩散等意外事故时，应立即采取医疗废物意外事故应急处置措施防止事故范围进一步扩大。

（一）立即上报

立即向所在科室和上级主管部门、医院感染管理科及领导汇报，并遵循医疗废物管理制度，限制医疗废物对环境的影响。由上级主管部门协助，相关单位组成调查小组处理。

（二）控制污染

确定流失、泄漏、扩散的医疗废物的类别、数量、发生时间、影响范围及严重程度。组织相关人员尽快对发生医疗废物流失、泄漏、扩散的现场进行处理，防止污染范围进一步扩大。对医疗废物污染的区域进行处理时，尽可能封锁污染区域，疏散在场人员，尽量减少对患者、工作人员、其他现场人员及环境的影响。工作人员应当做好自身防护并提供必要的医护措施。

（三）净化消毒

按需要对泄漏物及受污染区域、物品进行净化、消毒、通风等无害化处理，采取适当安全的处置措施，制止其继续溢出。必要时封锁污染区域，以防扩大污染。对污染性废物及污染区域进行消毒时，消毒工作应从污染最轻区向污染最重区域进行，对可能被污染的所有使用过的工具也应当进行消毒处理。

（四）总结教训

发生事故的部门应协助做好调查，查清事故原因，妥善处理事故。事故处理结束后，发生事故的部门应说明事情经过，吸取经验教训，并制定有效的防范措施预防类似事件再次发生。医院应在事故发生 48h 内向上级主管、卫生局、监督所报告。

二、意外伤害及毒性药物泄露应急处理

（一）意外伤害应急处理

当工作人员发生有害性药物意外摄入被伤害时，应立即到相关科室进行紧急处理和治疗，同时上报科室主任。如发生特殊感染，由科室通知医院感染管理科，进行紧急处理。

应急处理办法：如药液溅入眼内或皮肤上，立即用生理盐水冲洗，受污染人员应得到相应的休息和治疗，同时上报并立即调查原因，防止再次发生。

（二）毒性药物泄露应急处理

在毒性药物调配过程中，所有物品均应小心轻放，有序处理，尽量避免溅洒或溢出的发生。要必须做好防范和应急准备，当发生毒性药物泄露时要及时处理。

1. **少量溢出物的处理**　少量溢出是指化疗药物溢出体积≤5ml 或剂量≤5mg。当发生少量溢出时，首先正确评估暴露在有溢出物环境中的每一个人。如果有人的皮肤或衣服直接接触到药物，必须立即用肥皂和清水清洗被污染的皮肤。处理少量药物溢出的操作程序如下。

（1）穿好工作服，戴上 2 层乳胶手套并用 75％乙醇消毒乳胶手套，戴上面罩。如果溢出药物会产生气化，则需要戴上呼吸器。

（2）用小铲子将玻璃碎片拾起并放入锐器盒中；锐器盒、擦布、吸收垫子和其他被污染的物品都应丢置在专门放置细胞毒药物的垃圾袋中。液体用吸收性的织物布吸干并擦去，固体用湿的吸收性的织物布块吸干并擦去。

（3）药物溢出的地方应用清洁剂反复清洗 3 遍，再用清水洗干净。需反复使用的物品必须

在穿戴好个人防护用品的条件下用清洁剂清洗 2 遍,再用清水清洗。

(4)放有细胞毒药物污染物的垃圾袋应封口,再套入另一个细胞毒废物的垃圾袋中,封口并等待处理。所有参加清除溢出物人员的防护工作服应集中丢置在细胞毒废物专用一次性容器中和专用的垃圾袋中,等待处理。

2. 大量溢出物的处理   大量溢出是指细胞毒药物溢出体积>4.5ml 或剂量>5mg。如果有人的皮肤或衣服直接接触到药物,其必须立即脱去被污染的衣服并用肥皂和清水清洗被污染的皮肤。溢出地点应被隔离出来,应用明确的标记提醒该处有药物溢出。大量细胞毒药物的溢出必须由受训人员清除,处理程序如下。

(1)必须穿戴好个人防护用具,包括里层的乳胶手套、鞋套、外层操作手套、眼罩或者防溅眼镜。如果是可能产生气雾或汽化的细胞毒药物溢出,必须佩戴防护面罩。

(2)轻轻将用于吸收药物的织物布块或防止药物扩散的垫子覆盖在溢出的液体药物之上(液体药物必须使用吸收性强的织物吸收掉);轻轻将湿的吸收性垫子或湿毛巾覆盖在粉状药物之上,防止药物进入空气中,然后用湿垫子或毛巾将药物除去。

(3)将所有的被污染的物品放入溢出包中的备有密封细胞毒废物的垃圾袋中。

(4)当药物完全被除去以后,被污染的地方必须先用清水冲洗,再用清洁剂清洗 3 遍,清洗范围应由小到大地进行;清洁剂必须彻底用清水冲洗干净。所有用于清洁药物的物品必须放置在一次性密封的细胞毒废物垃圾袋中。

(5)放有细胞毒药物污染物的垃圾袋应封口,再套入另一个细胞毒废物的垃圾袋中。所有参加清除溢出物的人员的个人防护用具都应丢置在细胞毒废物专用一次性容器中和专用的垃圾袋中,等待处理。

3. 在生物安全柜内溢出的处理   若生物安全柜内药物的溢出体积≤150ml,其清除过程同上小量和大量的溢出。若在生物安全柜内的药物溢出>150ml 时,在清除掉溢出药物和清洗完溢出药物的地方后,还应对整个生物安全柜的内表面进行额外的清洁,以防留下安全隐患。其处理过程如下。

(1)使用工作手套将任何碎玻璃放入位于安全柜内的防刺容器中。

(2)安全柜的内表面,包括各种凹槽之内,都必须用清洁剂彻底的清洗;当溢出的药物在一个小范围或凹槽中时,额外的清洗也是需要的。

(3)如果高效过滤器被溢出的药物污染,则整个安全柜都要封在塑料袋中,直到高效过滤器被更换。

第三节   调配环境和设备设施的突发事件处理

一、调配间污染处理

当静脉用药集中调配中心(室)调配间有污染时,各工作人员应按以下应急方案处理。

(一)上报

发现调配间安全隐患,第一时间报告科室负责人。确认调配间无法调配后,需启动应对措施。

(二)应对措施

负责人通知病区总护士长,组织安排全部药品和液体打包下送。所有下送的药品,药师必须按医嘱逐条仔细认真核对。下送人员由 1 名药师和 1 名配液人员(或工勤人员)组成,携带"配液工作量日统计"明细单,与科室核对完毕后,药师、接收护士双方签字;清点下送筐,统计留下筐的种类及数量,次日领回。当日值班药师通知次日早班药师、配液人员、工勤人员工作时间调整,如果调配间当日不能修复,则员工工作时间按照以下办法执行。

(三)具体工作时间安排

1. **工作时间的调整** 配液人员在 8:45—12:00,14:00—18:00 上班,以按时间要求协助下送;药师改为正常班,8:45—12:00,14:00—18:00 上班,以做摆药、核对及下送;工勤人员 8:45—12:00,14:00—18:00 上班,配合药师做辅助工作。

2. **工作内容的调整** 同一科室 03 批次与当天接收医嘱数据药品一起下送;下送注意事项,收回下送筐,若留下则登记留下筐的种类及数量;在当天长期医嘱单上,必须有病区接收人员(护士)的签字;将当天长期医嘱单交回中心药师。

明日长期医嘱的调配和下送,14:00 开启流水线,必要时可提前启动流水线;药品的摆放,以病区为单位,按批次、床位打包下送。

下送人员均按日常下送成品组分组,每个小组由一名药师和一名配液人员(或一名工勤人员)组成下送。

3. **下送时间** 于 16:00 药师先提取退药,再提取新医嘱。全部退药完毕后,核对完已摆好药品的新医嘱便可开始下送。注意事项:下送时携带打印的当日药品统计单,勿忘携带冰箱药。药品统计单需填写的内容:①药师、病区接收双签字。②填写未收回下送筐种类和数量;若全部收回则写"筐已收回"。③下送液体总组数。

二、信息系统故障应急处理

为确保在计算机信息系统突发故障情况下,能够迅速组织临床领取药品,保证患者按时用药,特制定应急处理方案。

(一)平时准备

调配中心负责向各病区发放临时领药用单据本,由当班药疗护士交接、保管;制定病区联系电话目录(包括应急电话),以便及时联系;组织全体人员学习应急处理流程。

(二)事件分级

根据计算机信息系统发生故障发生范围和程度,将故障事件分为两级。Ⅰ级故障:中心计算机全部信息系统(医嘱摆药系统和处方录入系统)不能正常使用,并持续超出 30min。Ⅱ级故障:中心计算机部分信息系统不能正常使用,并在 30min 内。

(三)应急分工与职责

现场指挥:负责人。负责在计算机信息系统突发故障情况下的工作应急指挥。

联络组:临时指定 2 名同志,负责及时联络病区,说明情况。

摆药组:负责各病区的摆药工作人员,承担应急摆药。

(四)应急处理

发生计算机信息系统故障后,工作人员不能解决问题时,负责人应及时与计算机室联系,了解故障的严重程度与可能持续时间。如果故障能在 30min 内恢复,则向临床说明情况,推迟送药时间。如果故障超出 30min,则立即将情况上报上级领导,同时根据实际情况,分别进入Ⅰ级、Ⅱ级故障应急处理。

(1)Ⅰ级故障:如果预期故障能在 1h 内得到排除,联系临床说明情况。通知领药或下送时间延后约 1h,具体时间等待通知,有急需用药的情况可随时来中心或药房领取。通知其配液下送延后约 1h,有急用配液的情况可随时携带患者医嘱及输液签来药房,由药房进行配液后取走。

如果预期故障不能在 1h 内得到排除,则进行如下处理。

①联络组成员及时与临床联系、协调。通知其领取针剂时在领药单据本上填写当日医嘱所用药品,由中心相关人员进行手工摆药,由药师核对后下送药品。

②临床将领药本或医嘱单送至中心时,负责各病区摆药的工作人员要及时接收并进行摆药。

③核对是否所有科室均已领药,发现有未领药的病区,药师应及时联系了解原因。

④静脉用药调配中心联系临床说明情况,通知其向静脉用药调配中心提供每名患者医嘱及输液签,由静脉用药调配中心负责配液,同时临床需填写领药单据本,以便进行录入计价。

(2)Ⅱ级故障:信息系统发生故障问题,联系临床说明情况。请临床科室在领药单据本上填写所用药品,由中心相关人员进行手工摆药,药师核对后下送药品(领药单据和医嘱单均为1式2份,1份中心留存,1份病区留存,下同)。或通知临床提供每名患者医嘱及输液签,由静脉用药调配中心负责配液,同时临床需填写领药单据本,以便系统恢复后进行录入计价。

(五)故障后恢复

中心负责人、计算机室确认故障已经得到排除。联络组成员与各病区联系,告知计算机信息系统已恢复,可以正常下医嘱到中心;未录入的领药单据及时录入并确认。故障排除后,药师次日进行长期医嘱摆药时,需将摆药时间起点调整为当日上午 9:00。

三、停电应急处理

(一)计划内停电

接到停电通知后,根据其停电时间决定是否影响配药,如果影响则应提前通知病区,做好解释工作,将药品按时间、科别分类包装,送至病区请其自行调配。

(二)计划外停电

如在药物配制过程中停电,应立即与有关部门联系,询问停电原因,短时间内(30min)可恢复时,待供电恢复后可重新开始配药,否则应将未配制的药物按科别包装送至病区,请其自行配制。

(三)停电时长

风机启动 30min 后停电,停电时间在 1h 内,可重新开始工作;停电时间>1h,必须对房间进行清洁消毒后再配液。

(四)停电期间

应加强巡视,同时做好防火防盗准备。

四、火灾应急处理

当调配中心内发生火灾时,所有工作人员应遵循疏散原则,立即做如下处理。

1.迅速通知所有人员进入应急状态,立即拨打消防中心电话"＊＊＊"或院内应急电话,紧急报警,并上报院总值班室。

2.在着火初起阶段,正确使用灭火器尽快将其扑灭,同时切断各电器电源,防止火源进一步扩散。

3.所有人员立即用湿毛巾、湿口罩或湿纱巾捂住口鼻,保护呼吸道,防止窒息。

4.打开消防通道,有秩序地撤离。原则是:"避开火源,就近疏散,统一组织,有条不紊。"

5.在保证人员安全撤离的条件下,尽快撤出易燃易爆物品、贵重物品、设备及科技资料。

6.自救过程中,注意爱护仪器设备,尽量防止破坏。

7.如室内无人,也无易燃易爆物品,不要急于开门,以免火势扩大蔓延。

8.拉下着火部位的电闸(由消防中心或电工室人员操作)。

第四节 其他条件不达标造成工作无法开展的应急处理

当医院营房部门检修或保养营房设备,导致净化间控制条件不达标等,致使静脉用药集中调配工作无法正常进行时,为保证临床患者的药物治疗,制定应急处置方案。

一、应急前分工与准备

1.中心接到营房部门发布的检修保养通知后,应当立即报告负责人,在了解情况后逐级上报,并派专人通知各病区。

2.负责人参加营房部门组织召开的协调会,确定药品供应模式的调整方案,检修保养时间范围内中心不予集中配液,通知病区适当增加大输液计划量,药房提前1天将药品下送后由病区自行配液。

3.负责人在营房检修保养前3天将应急期间的工作分组重新进行安排,确定应急分组人员名单并指定小组负责人。

二、应急药品保障流程

(一)检修保养前1天

1.HIS系统提取医嘱 药师通过医嘱审核区专用电脑提取HIS医嘱,时间范围为昨日9:00至次日16:00。打印汇总医嘱(含大输液)。

2.汇总排药 除当日新增03批需要正常按组次排药外,其他批次只需按病区汇总摆药(不摆大输液),核对后下送病区。

3.打印当日03批标签 药师通过医嘱审核区专用电脑打印当日03批药品的标签。

4.增退药处理 药师按照未停批次医嘱单显示的大输液逐个病区进行退药处理;下午和夜间取消医嘱增退处理。

(二)检修保养期间(除最后1天以外)

1.人员安排 取消早班班次,人员正常8:00到岗。

2.HIS系统提取医嘱 药师通过医嘱审核区电脑提取HIS医嘱,时间范围为昨日9:00至次日16:00。

3.汇总摆药 所有批次均按病区汇总摆药(不摆大输液),核对后下送病区。

(三)检修保养最后 1 天

1. 仍取消早班班次,人员正常 8:00 到岗。

2. 工作流程同正常状态,但对当日 03 批不做新增处理。16:00 和夜间应对次日要开展的 00 批、01 批、02 批、03 批配液进行退药处理。

三、检修保养结束后恢复

药房在确定营房部门检修保养设备结束后,应尽快恢复静脉用药集中调配中心(室)的正常工作。

另外,由于操作台、振荡器等设备设施故障时,应及时向器械维修部门报修;若配液仓有温度、湿度、压力等问题时,应及时向营房部门告知检修,以免影响工作。

(孙 艳 尹 红)

参 考 文 献

[1] 吴永佩,焦雅辉.临床静脉用药调配与使用指南.北京:人民卫生出版社,2010:3-14

[2] 孙世光.闫荟.新编医院药学.北京:军事医学科学出版社,2010:148-153

[3] 刘新春,米文杰,马亚兵.静脉药物调配中心临床服务与疑难精解.北京:人民卫生出版社,2009:1-3, 6-9

[4] 赵志刚,高海春,王爱国.注射剂的临床安全与合理应用.北京:化学工业出版社,2008:37-41.

[5] 郭代红,刘皈阳,孙艳,等.构建肿瘤住院药房的全方位一体化保障系统.中国药师,2008,11(6):712

[6] 孙艳,郭代红,刘皈阳,等.不同信息系统在全方位一体化药房的联合应用.中国药物应用与监测,2008, 5(4):14

[7] 刘新春,马亚兵.静脉药物调配中心的风险控制.中国药师,2007,10(1):86

[8] 刘新春,徐恒,马亚兵.建立医院静脉药物调配中心的意义及其进展.中国药业,2005,14(12):23

[9] 刘新春,高海清.静脉用药集中调配中心与静脉药物治疗.北京:人民卫生出版社,2006

[10] 蔡卫民,袁克俭.北京:静脉用药集中调配中心实用手册.北京:中国医药科技出版社,2004

[11] 国家食品药品监督管理局.中华人民共和国医药行业标准 YY0569-2005.2005

[12] 马亚兵,刘新春,米文杰,等.对医院建立静脉用药集中调配中心设计标准的探讨.中华医院管理杂志, 2006,22(12):812-814

[13] 古丽萍.静脉用药集中调配中心的筹建及运行.解放军药学学报,2007,23(1):77

[14] 全山丛,胡晋红,杨樟卫.静脉用药集中调配中心的筹建思路.药学服务与研究,2005,5(4):354

[15] 林菊芬,杨素清.静脉用药集中调配中心的洁净环境管理.现代中西医结合杂志,2005,14(11):1529

[16] 王飙,王锦宏.静脉用药集中调配中心的生物安全柜及水平层流工作台.上海护理,2006,6(3):70-71

[17] 吴晓燕,任俊辉,孟德胜.浅谈静脉用药集中调配中心水平层流工作台的操作与维护.中国药房,2010, 21(13):1208

[18] 张燕婉,叶珏,时那,等.实验室常用生物安全设备的使用与维护.中国医学装备,2010,7(1):15

[19] 田丽红.我院静脉用药集中调配中心筹建思路及实施要点.药事组织,2007,16(10):49

[20] 卫生部办公厅.静脉用药集中调配质量管理规范.卫办医政发[2010]62号文件

[21] 黄帮华.PVC袋装输液生产应把握的几个重点环节.中国药业,2004,13(8):18-19

[22] 杨泽民,陈吉生,冯瑞智,等.非PVC多层共挤膜输液袋的研制及质量标准.中国药房,2003,14(7): 395-397

[23] 国家药品监督管理局.药品生产质量管理规范.1998

[24] 张良海,张晋萍.静脉药物调配中心常见的问题与对策.药学服务与研究,2006,6(2):159-160

[25] 舒志军,黎介寿.肠外营养液调配及输注时的安全性问题.肠外与肠内营养,2000,7(2):116-118

[26] 宋菲,何绥平.临床使用完全胃肠外营养应注意的问题.中国医院药学杂志,2000,20(11):700-701

[27] 黄俊斌,黄东燕.全静脉营养液处方分析.中国药师,2003,6(9):546-547

[28] 韦曦,陈秀强,骆泽宇,等.全静脉营养液的质量监控.中国药师,2009,12(9):1230-1232

[29] 韦曦,吕超智,杨荔,等.中药注射剂与输液配伍的不溶性微粒变化.柳州医学,2007,20(1):40-44

[30] 姜姗,倪健.中药注射剂不溶性微粒的研究现状与再认识.中国药师,2009,12(10):1465-1468

[31] 吕强,李静,崔嵘,等.中药静脉注射液不溶性微粒研究.中国药房,2002,13(9):556-560

[32] 林晓兰,张维,郭景仙.40种静脉用中药注射剂与常用输液配伍的稳定性分析.临床药物治疗杂志, 2006,4(6):33-36

[33] 黄芳华.从中药注射剂的不良反应浅析中药注射剂研发中的若干问题.世界科学技术中医药现代化,

2004,6(3):9-13

[34] 杨朋彬,徐艳,李喜桂,等.4 种中药注射剂过滤前后对输液微粒影响的实验研究.现代预防医学,2006, 33(12):2431-2433

[35] 黄振伟.临床常用中药注射剂引起的不良反应及预防.中国药事,2010,24(2):200-202

[36] 阎维维.中药注射液不良反应之探讨.中国实用医药,2009,4(20):254-256

[37] 张晶,周富荣,等.中药注射剂质量标准及有关问题评述.中药新药与临床药理,2001,12(2):67-73

[38] 李淑娟.静脉输注中药注射剂的临床体会.实用医技杂志,2007,14(29):4094-4095

[39] 黄爱红.中药注射液配药减少泡沫的技巧.中国医药指南,2009,7(20):108

[40] 李方,张健.临床静脉输注药物使用手册.北京:人民军医出版社,2009

[41] 王建荣.输液治疗护理实践指南与实施细则.北京:人民军医出版社,2010,6

[42] 章海芬,谢逸芬,姜春慧,等.护士职业防护在静脉药物调配中心应用的探讨.解放军护理杂志,2004,21 (7):83

[43] 刘金玲,任俊辉,孟德胜.静脉药物调配中心化疗药物调配注意事项.中国药房,2010,21(13):1210

[44] 林菊芬.静脉药物调配中心细胞毒性药物的职业防护管理.护士进修杂志,2006,21(5):431

[45] 代亚丽,蔡雯.544 名实习护生针刺伤影响因素研究及对策.护理研究,2009,23(2):499-501

[46] 周敏.护生锐器伤的分析与预防对策.中华医院感染学杂志,2009,19(16):2162-2164

[47] 沙永生.静脉化疗药物调配中心护士的自我防护及管理.天津护理,2009,17(4):233-234

[48] 史馨霞.集中调配肠外肠外营养液的体会.实用医技杂志,2007,14(34):4725-4726

[49] 周欣,王秀荣,翟所迪."全合一"静脉肠外营养液与胶体溶液配伍的稳定性研究.中南医学,2008,6(6): 711-714

[50] 林卓慧.肠外营养制剂的调配及安全性研究.实用医技杂志,2008,15(21):2819-2821

[51] 张洁,蒋惠留.细胞毒药物集中调配中必须注意的一些问题.中国药房,2007,18(10):794-796

[52] 张海霞,李欣欣,孙鸿雁.化疗药物在调配和使用过程中对护士的危害及防护.吉林医学,2009,30(14): 1487-1488

附录 A 静脉用药集中调配溶媒选择与配伍禁忌总表

药品名称	5%葡萄糖溶液(GS)	10%葡萄糖溶液(GS)	0.9%氯化钠溶液(NS)	葡萄糖氯化钠溶液(GNS)	乳酸钠	右旋糖酐	氨基酸	注射用水	备注
12种复合维生素	√	√					√		
15%氯化钾注射液	√							√	
阿加曲班注射液			√						对溶媒无特殊要求
阿莫西林钠氟氯西林钠		√	√						
艾迪注射液	√	√	√						
氨茶碱注射液	√	√							
氨基己酸注射液	√		√						不宜与止血血敏混合使用
氨甲苯酸注射液									与青霉素或激尿酶等栓溶剂有配伍禁忌,最高剂量一日不超过0.6g
奥拉西坦注射液	√		√						每次4g/d,可酌情增减用量,入100~250ml溶媒中
奥扎格雷钠注射液	√		√						禁止与含钙的溶液、林格液配伍,以免出现浑浊
巴曲酶注射液		√	√						
斑蝥酸钠维生素 B6 注射液	√		√						5BU加入100ml以上的盐水中
胞磷胆碱注射液	√	√	√						
丙泊酚注射液	√			√					

（续 表）

药品名称	5% 葡萄糖溶液(GS)	10% 葡萄糖溶液(GS)	0.9% 氯化钠溶液(NS)	葡萄糖氯化钠溶液(GNS)	乳酸钠	右旋糖酐	氨基酸	注射用水	备 注
薄芝糖肽注射液	√								每日2支,每支2ml,加入250ml相应溶媒中
长春西汀注射液									30mg/d,加入溶媒500ml中,浓度不得超过0.06mg/ml
重组人白介素-2(^{125}Ala)	√		√						40~80万 U/m²加入0.9%NS 500ml中,滴注时间不少于4h
重组人白介素-2(^{125}Ser)			√	√					30~60万 U/m²加入0.9%NS 500ml中,滴注2~4h,1/d
重酒石酸去甲肾上腺素注射液	√								
重组人粒细胞刺激因子注射液	√		√	×	×	×	×	×	
醋酸奥曲肽注射液	×		√	×					
醋酸去氨加压素注射液	√		√						每次10ml,1/d
大株红景天注射液	√								
丹红注射液	√		√						每次20~40ml,加入5%GS,0.9%NS 100~500ml,静脉滴注
单硝酸异山梨酯注射液	√								
得力生注射液	√		√						将本品40~60ml入500ml 5%GS或0.9%NS,滴速不超过每分钟60滴
地塞米松磷酸钠注射液	√								
多烯磷脂酰胆碱注射液	√	√	×		×				禁止与电解质溶液配伍
多种微量元素注射液（Ⅱ）	√	√	×	×			√		不可直接添加其他药物
二羟丙茶碱注射液	√	√							
法莫替丁注射液	√								

（续 表）

药品名称	5%葡萄糖溶液(GS)	10%葡萄糖溶液(GS)	0.9%氯化钠溶液(NS)	葡萄糖氯化钠溶液(GNS)	乳酸钠	右旋糖酐	氨基酸	注射用水	备注
酚磺乙胺注射液									对溶媒无要求,可与维生素K₁合用,禁与氨基己酸注射液合用,每次0.2~0.75g,2~3/d
呋塞米注射液			√						
氟康唑注射液(大连辉瑞)	√		√		√		√		可溶于20%GS、碳酸氢钠溶液
氟康唑注射液(鲁南贝特)	√		√						每0.2g加入250ml相应溶媒中
复方甘草酸苷	√		√						1/d,每次最大限量200mg
复方苦参注射液			√						250ml 0.9%NS中最多加15ml
甘草酸二铵注射液		√							每250ml 10%GS中最多加150mg
甘露聚糖肽注射液	√		√						对溶媒无要求
甘油磷酸钠注射液	√	√							
更昔洛韦注射液	√		√		√				滴注浓度不能超过10mg/ml
骨瓜提取物注射液	√		√						本品应单独使用
苦碟子注射液	√		√						每次10~40ml,1/d或遵医嘱
汉防己甲素注射液	√								对溶媒无特殊要求,但要避光保存,打开后应立即使用,建议不入营养袋
甲钴胺注射液			√					√	
甲磺酸左氧氟沙星注射液	√		√						成年人0.4g/d,分2次静脉滴注,最大剂量0.6g
金葡素注射液			√						
康艾注射液	√								建议局部注射和肌内注射

（续　表）

药品名称	5%葡萄糖溶液(GS)	10%葡萄糖溶液(GS)	0.9%氯化钠溶液(NS)	葡萄糖氯化钠溶液(GNS)	乳酸钠	右旋糖酐	氨基酸	注射用水	备注
榄香烯注射液	√								要求静脉注射或胸腔腹腔内注射,每次0.4~0.6g
利奈唑胺注射液			√		√				可呈黄色且随着时间延长着加深,但并不影响药物的含量
硫酸阿米卡星注射液	√	√							最高浓度为2.5~5mg/ml
硫酸阿托品注射液	√								可溶于50%GS
硫酸镁注射液	√								可溶于25%GS,禁与钙剂相配伍
硫酸庆大霉素注射液	√		√						可溶于果糖
硫酸异帕米星注射液	√		√						可溶于果糖
氯化钙注射液			√			√			禁与镁剂相配伍
氯化琥珀胆碱注射液	√	√	√						
鹿瓜多肽注射液	√	√	√						8~12ml/d,加入相应溶媒250~500ml中
马来酸桂哌齐特注射液		√	√						每次用4支,溶于10%GS500ml或0.9%NS 500ml,速度为100ml/h
门冬氨酸钾注射液	√	√	√						每次10~20ml,加入相应溶媒500ml中缓慢滴注
门冬氨酸钾镁注射液	√	√	√						500ml液体中最多加入4支
咪达唑仑注射液	√		√		√				可溶于5%果糖
葡醛酸钠注射液	√								对溶媒无要求,每次1~2支,每日1~2次,无最高限量
葡萄糖酸钙注射液		√							禁与氧化剂,枸橼酸盐,可溶性碳酸盐,磷酸盐,维生素B6、辅酶A、硫酸盐和镁盐相配伍,对浓度无特殊要求
前列地尔注射液	√								

（续　表）

药品名称	5%葡萄糖溶液(GS)	10%葡萄糖溶液(GS)	0.9%氯化钠溶液(NS)	葡萄糖氯化钠溶液(GNS)	乳酸钠	右旋糖酐	氨基酸	注射用水	备注
氢化可的松注射液	√		√						若选用盐溶,即加25倍的溶媒;若用糖溶加500ml液体
氢化可的松琥珀酸钠注射液		√	√						
清开灵注射液	√		√						建议肌内注射
人参多糖注射液	√		√						
三磷酸胞苷二钠注射液	√								
三磷酸腺苷二钠氯化镁注射液	√								
蛇毒血凝酶注射液			√						
参附注射液	√	√							每次20~100ml,加入相应溶媒250~500ml中
肾康注射液	√	√							不宜与其他药物在同一容器混合后使用
肾上腺色腙注射液	√								禁与四环素类药物在同一溶液内给药
生脉注射液	√								对溶媒无要求,每次1~2支,每支4ml
胎盘多肽注射液	√								
疲热清注射液	√		√						使用剂量遵医嘱
天麻素注射液	√		√						每次0.6g,1/d,加入相应溶媒250~500ml中
托拉塞米注射液	√		√						
托烷司琼注射液	√		√						可溶于乳酸钠林格注射液,对浓度无要求
脱氧核苷酸钠注射液	√								禁与其他注射液混用,50mg/支,每次1~3支,加入5% GS 250ml中
维生素 B₁ 注射液									与碱性药物碳酸氢钠、枸橼酸钠配伍易引起变质

（续　表）

药品名称	5%葡萄糖溶液(GS)	10%葡萄糖溶液(GS)	0.9%氯化钠溶液(NS)	葡萄糖氯化钠溶液(GNS)	乳酸钠	右旋糖酐	氨基酸	注射用水	备　注
维生素C注射液	√		√						禁与维生素K₁、维生素K₃合用
维生素K₁注射液									与苯妥英钠混合2h后可出现颗粒沉淀，与维生素C、维生素B₁₂、右旋糖酐-40氯化钠注射液混合易浑浊
乌拉地尔注射液	√	√	√						可加入5%果糖或右旋糖酐-40氯化钠注射液
香菇多糖注射液	√		√						每次2ml(1mg)，加入250ml相应溶媒中
香丹注射液	√								每次10~20ml，用5%GS或10%GS 250~500ml稀释后使用
消癌平注射液	√	√	√						对浓度无要求
硝酸甘油注射液	√	√	√						每次最多用量20ml，每日1~2次，或遵医嘱
醒脑静注射液	√		√						禁与其他注射剂配伍使用
血必净注射液			√						每次0.2~0.6g，加入相应溶媒250~500ml静脉滴注，可静脉推注
西咪替丁注射液	√	√	√						每次2~5ml，1~2/d，加入相应溶媒250~500ml中
血栓通注射液	×		√		×		×	×	每次10~30ml，必须加入250ml 0.9%NS中，配制后立即使用
鸦胆子油乳注射液	√	√	√						需新鲜配置，建议打包由病房配
亚叶酸钙注射液	√		√		√				
盐酸氨溴索注射液（格股格瀚DE）	√		√						可溶于果糖注射液
盐酸氨溴索注射液（津药研究院）									

（续 表）

药品名称	5% 葡萄糖溶液(GS)	10% 葡萄糖溶液(GS)	0.9% 氯化钠溶液(NS)	葡萄糖氯化钠溶液(GNS)	乳酸钠	右旋糖酐	氨基酸	注射用水	备注
盐酸昂丹司琼注射液	√				√				可溶于10%甘露醇注射液
盐酸多巴胺注射液	√								
盐酸多巴酚丁胺注射液	√		√						禁与碳酸氢钠等碱性药物混合使用
盐酸法舒地尔注射液	√		√						
盐酸精氨酸注射液	√								每次15~20g,用5%GS 500~1000ml稀释,滴注4h以上
盐酸雷尼替丁注射液	√								
盐酸氯丙嗪注射液	√			√					禁与碱性制剂混合
盐酸纳洛酮注射液	√	√	√						
盐酸纳美芬注射液	√		√						一般为静脉注射、肌内注射或皮下注射
盐酸尼卡地平注射液	√		√		√				禁与呋塞米、氨茶碱、利多卡因、肝素钠、尿激酶、碳酸氢钠、氨甲环酸配伍
盐酸去氧肾上腺素注射液	√		√						
盐酸肾上腺素注射液	√	√	√						
盐酸乌拉地尔注射液(百克顿-DE)	√	√	√						可溶于5%果糖或右旋糖酐-40氯化钠注射液中
盐酸乌拉地尔注射液(无锡华裕)	√	√	√						可溶于5%果糖或右旋糖酐-40氯化钠注射液中
盐酸异丙嗪注射液								√	不宜与氨茶碱混合使用
盐酸异丙肾上腺素注射液	√								
盐酸利多卡因注射液	√								用5%GS配成1~4mg/ml,即100ml中最多加入400mg

（续　表）

药品名称	5%葡萄糖溶液(GS)	10%葡萄糖溶液(GS)	0.9%氯化钠溶液(NS)	葡萄糖氯化钠溶液(GNS)	乳酸钠	右旋糖酐	氨基酸	注射用水	备注
依达拉奉注射液			√						
异甘草酸镁注射液		√	√						每日最大用量4支,每250ml 10%GS中最多加4支
异烟肼注射液	√		√						
银杏叶提取物注射液	√		√			√			可溶于羟乙基淀粉,最终混合比例为1:10,最大量5支/次,2/d
右旋糖酐铁注射液	√		√						100~200mg加入相应溶媒100ml中,总补铁量20mg/kg
蔗糖铁注射液	×	×	√	×	×		×		每100ml0.9%NS最多加入100mg
注射用脂溶性维生素注射液II									可加入脂肪乳注射液500ml配制
注射用阿奇霉素	√		√						最终浓度为1.0~2.0mg/ml,禁与含苯甲醇的稀释液稀释,冰箱内放置会产生沉淀
注射用阿昔洛韦	√		√					√	成年人每日最高剂量30mg/kg,每8小时1次,每8小时不可超过20mg/kg,每100ml不超过700mg
注射用埃索美拉唑钠	×	×	√	×	×	×	×	×	禁与其他药物一起溶,每次20~40mg,1/d,加入100ml0.9%NS中
注射用氨磷汀			√						
注射用奥美拉唑钠(阿斯特拉)									禁止与其他药物同溶,单次剂量不能大于60mg

（续　表）

药品名称	5% 葡萄糖溶液（GS）	10% 葡萄糖溶液（GS）	0.9% 氯化钠溶液（NS）	葡萄糖氯化钠溶液（GNS）	乳酸钠	右旋糖酐	氨基酸	注射用水	备　注
注射用奥美拉唑钠（江苏奥赛康）	√		√						每次 40mg，1～2/d，特殊患者起始剂量可为 60mg，临用前将 10ml 专用溶剂注入冻干粉小瓶内，禁止用其他溶剂溶解
注射用奥硝唑	√	√	√						最大剂量不超过 1.2g/d
注射用比阿培南			√						日最大量 20～30mg/kg，分 4 次静脉滴注，若体重 75kg，最大量 5 支，分 4 次单次用 3 支 1 200mg 加入 500ml 溶液中
注射用丙戊酸钠			√						
注射用促皮质素	√								80～100mg 加入 10%GS 250ml 中静脉滴注
注射用促肝细胞生长素		√	√						用乳酸钠林格液做溶媒，50mg 或 70mg 加入 250ml NS 中，若≤35mg 可加入 100ml NS 中
注射用醋酸卡泊芬净			√						
注射用丹参多酚酸盐	√		√						
注射用单唾液酸四己糖神经节苷脂钠	√		√						
注射用丁二磺酸腺苷蛋氨酸	×							√	可溶于赖氨酸、氢氧化钠溶液中
注射用厄他培南			√					√	每次 40mg，1/d
注射用二丁酰环磷腺苷钙	√								
注射用二乙酰氨乙酸乙二胺	√								每日最大剂量不超过 1.2g，用 5%GS 250～500ml 配制，100ml 内可以加 2 支

（续表）

药品名称	5%葡萄糖溶液（GS）	10%葡萄糖溶液（GS）	0.9%氯化钠溶液（NS）	葡萄糖氯化钠溶液（GNS）	乳酸钠	右旋糖酐	氨基酸	注射用水	备注
注射用夫西地酸钠	√								所有缓冲液必须全部用完，且药品充分溶解后再用0.9%NS或5%GS稀释。禁与含钙剂混合，禁与卡那霉素、庆大霉素、万古霉素、头孢噻吩或阿莫西林（羟苄青霉素）、全血、氨基酸混合
注射用伏立康唑	√		√	√	√				禁止与其他药物在同一通路中使用，稀释后须立即使用
注射用氟氯西林钠	√		√						每次250mg～2g，4/d，加入相应溶媒100～250ml中
注射用辅酶A	√		√						每次50～200U，每日使用计量50～400单位
注射用复合辅酶	√								
注射用骨肽			√				×		禁与碱性药物同时使用
注射用核黄素磷酸酯钠			√						对溶媒无特殊要求；维生素B₂会影响维生素C的疗效，5～30mg/d
注射用红花黄色素	√		√						每次1支，1/d，加入相应溶媒250ml中
注射用还原型谷胱甘肽钠			√					√	禁与维生素B₁₂、维生素K₃、甲萘醌、泛酸钙、乳清酸、抗组胺制剂、磺胺类、四环素类混合使用，可溶于葡萄糖氯化钠溶液
注射用红花黄素	√			√					
注射用甲泼尼龙琥珀酸钠	√			√					
注射用尖吻蝮蛇血凝酶			√					√	仅用于静脉注射，每次2U，用1ml注射用水溶解
注射用拉氧头孢钠	√		√					√	难治性感染4g/d
注射用赖氨匹林								√	
注射用兰索拉唑			√						单独使用30mg/次，2/d，加入相应溶媒100ml溶解

（续 表）

药品名称	5%葡萄糖溶液(GS)	10%葡萄糖溶液(GS)	0.9%氯化钠溶液(NS)	葡萄糖氯化钠溶液(GNS)	乳酸钠	右旋糖酐	氨基酸	注射用水	备注
注射用酒石酸吉他霉素	√								
注射用卡络磺钠			√						
注射用磷酸肌酸钠								√	每次 1g,1~2/d
注射用两性霉素 B	√		×						可溶于甘露醇
注射用硫酸依替米星	√		√						100ml 以上液体可溶解 0.25~0.5g
注射用美罗培南（深圳海滨）	√		√	√					临用前先用灭菌注射用水 5ml 溶解,再稀释于 0.9%NS 或 5%GS 注射液 250ml 中,每次 0.2g,2/d
注射用美罗培南（住友）	√	√	√	√					
注射用门冬氨酸洛美沙星	√		√						通常 1g/d,分 2 次给药。重症可 2g,分 2 次给药,0.5g 溶解在 100ml 以上的 0.9%NS 或 5%GS 中。
注射用尿激酶	√		√						一般用自带溶液溶解
注射用帕尼培南倍他米隆		√	√						对溶媒无要求,8g/d,分 2 次,严重感染每次 3~4g,每 4~6 小时 1 次,日总计量小于 24g
注射用哌库溴铵	√		√						
注射用哌拉西林钠他唑巴坦钠	√		√						
注射用哌拉西林钠三唑巴坦钠		√	√						可溶于 6%的右旋糖酐-40 氯化钠溶液中
注射用喷昔洛韦								√	用适量灭菌注射用水或 0.9%NS 使之溶解,再用 0.9%NS 至少 100ml 稀释
注射用泮托拉唑（百克顿）	√	√	√						1/d,每次 1 支

（续　表）

药品名称	5%葡萄糖溶液(GS)	10%葡萄糖溶液(GS)	0.9%氯化钠溶液(NS)	葡萄糖氯化钠溶液(GNS)	乳酸钠	右旋糖酐	氨基酸	注射用水	备注
注射用泮托拉唑（杭州中美）			√						每次40~80mg,1~2/d,入相应溶媒100~250ml中,禁与其他药物混合
注射用七叶皂苷钠		√	√						与含碱性基团的药物配伍可发生沉淀
注射用乳糖酸红霉素	√		√						用注射用水将粉剂溶开后加入0.9%NS中
注射用三磷酸腺苷辅酶胰岛素	√								
注射用水溶性维生素	√	√	√					√	可溶于脂溶性维生素注射液Ⅱ
注射用血凝酶			√						
注射用生长抑素（海南中和）	√		√						
注射用生长抑素（雪兰诺-CH）	×		√	×	×		×		配制时溶媒应沿着西林瓶内壁缓慢注入,不能震荡
注射用替考拉宁（Gruppo-IT）	√		√	√	√				配制时溶媒应沿着西林瓶内壁缓慢注入,不能震荡
注射用替考拉宁（浙新昌）	√		√	√					配制时溶媒应沿着西林瓶内壁缓慢注入,不能震荡
注射用头孢呋辛钠	√		√					√	可与大多常用的静脉注射用溶剂和电解质溶液配伍
注射用头孢孟多酯钠	√	√	√		√				配制过程中会产生二氧化碳,禁与含钙和镁的溶液配伍
注射用头孢美唑钠	√		√						禁用蒸馏水溶解
注射用头孢米诺钠	√		√						可溶于电解质、灭菌注射用水
注射用头孢哌酮钠舒巴坦钠（2:1）	√		√	√	√			√	应用灭菌注射用水溶解,再用乳酸钠林格注射液稀释
注射用头孢匹胺钠	√	√	√				√	×	可溶于电解质
注射用头孢曲松钠	√	√	√	√				√	可溶于羟乙基淀粉仅限1/d,最大日剂量用4g

（续　表）

药品名称	5%葡萄糖溶液(GS)	10%葡萄糖溶液(GS)	0.9%氯化钠溶液(NS)	葡萄糖氯化钠溶液(GNS)	乳酸钠	右旋糖酐	氨基酸	注射用水	备注
注射用头孢曲松钠他唑巴坦钠	√		√	√	×			√	用盐水可直接溶,用糖溶媒则需用灭菌注射用水或0.9%NS先溶,加入相应溶媒250ml中,2～4g/d,分1～2次使用
注射用头孢西丁钠	√	√	√	√					大剂量使用时,每日总量可达12g
注射用头孢吡肟钠	√	√	√	√			√	√	可溶电解质,禁与头孢菌素类和氨基糖苷类抗生素联用
注射用乌司他丁	√		√	√					禁与碱性液体混合,易引起浑浊或絮状物,对浓度和每日最大量无要求
注射用腺苷钴胺	×		√						禁与盐酸氯丙嗪注射液、维生素C、维生素K混用
注射用硝普钠	√		√						禁与盐酸氯丙嗪注射液、维生素K混用
注射用小牛血去蛋白提取物	√		√	√					
注射用亚胺培南西司他丁钠(默沙东)	√	√	√	√	×				可溶于甘露醇注射液,溶后的液体由黄色变清亮属正常现象,不影响疗效
注射用亚胺培南-西司他丁钠(深海赛)	√	√	√	√	×				可溶于5%和10%甘露醇0.5g加入100ml,重度感染每6小时1g
注射用盐酸丙帕他莫	√		√	√	√				最终浓度为每20mg/ml
注射用盐酸去甲万古霉素	√		√					√	0.8～1.6g/d,分2～3次使用,临用前加入适量注射用水溶解,加入200ml以上相应溶媒溶解,滴注时间宜在1h以上
注射用盐酸头孢吡肟	√	√	√	√					
注射用盐酸头孢甲肟	√	√	√	√					
注射用盐酸头孢替安	√	√	√	√	√		√	×	可溶于电解质,配制过程中产生二氧化碳

（续表）

药品名称	5%葡萄糖溶液(GS)	10%葡萄糖溶液(GS)	0.9%氯化钠溶液(NS)	葡萄糖氯化钠溶液(GNS)	乳酸钠	右旋糖酐	氨基酸	注射用水	备注
注射用盐酸万古霉素	√		√					√	0.5g加入至少100ml0.9%NS或5%GS,配制前先用灭菌注射用水溶解
注射用盐酸甲砜霉素甘氨酸脂	√		√						1g/d分1~2次,或2g/d,分2次,加入相应溶媒50~100ml溶解
注射用吲哚菁绿			√					√	
注射用左亚叶酸钙			√						配合化疗药使用
注射用灯盏花素	√		√						每次20~50mg,1/d,用0.9%NS250ml,5%GS500ml或10%GS500ml溶解
注射用硫酸依替米星	√	√	√						依据感染程度遵医嘱加入相应溶媒100~250ml中
注射用血栓通(冻干)		√			√				每次250~500mg,1/d或遵医嘱,加入相应溶媒250~500ml
注射用盐酸托烷司琼	√		√						每日5mg,1/d,溶于100ml相应溶媒中
左卡尼汀注射液									静脉推注

注:1."√"表示可以配伍;"×"表示禁止配伍;2.最终以说明书为准

（孙 艳 杨 洁）

附录 B 常用注射液药品使用表

药品名称	商品名	规格	适应证	用法用量	不良反应
阿加曲班注射液	达贝	20ml：10mg	用于发病 48h 内的缺血性脑梗死急性期的患者的神经症状、日常活动的改善	开始 2d 内每日 6 支,后 5d 每日 2 支	出血性脑梗死、脑出血、消化道出血、休克、过敏性休克
阿昔洛韦注射液	博士多为	10ml：0.25mg	用于单纯疱疹病毒感染、带状疱疹、免疫缺陷者水痘的治疗	成年人： 重症生殖期疱疹初治：10mg/kg,3/d 免疫缺陷者皮肤黏膜疱疹：5～10mg/kg,3/d 单纯疱疹性脑炎：10mg/kg,3/d 儿童： 重症生殖期疱疹初治,免疫缺陷者皮肤黏膜疱疹：250mg/m²,3/d 单纯疱疹性脑炎：10mg/kg,3/d 免疫缺陷合并水痘：10mg/kg 或 500ng/m²,3/d	注射部位的炎症或静脉炎、皮肤瘙痒或荨麻疹、恶心、呕吐、肝功能异常等；少见急性肾功能不全、血细胞异常；胆固醇、三酰甘油升高等
艾迪注射液		10ml	清热解毒、消瘀散结。用于原发性肝癌、肺癌、直肠癌、恶性淋巴瘤、妇科恶性肿瘤等	静脉滴注：成年人每次 50～100ml,1/d,加入到 0.9%NS 或 5%～10%GS 中稀释,与放、化疗合用时,疗程同步	偶有面红、荨麻疹、发热等,个别有心悸、胸闷、恶心等

（续 表）

药品名称	商品名	规格	适应证	用法用量	不良反应
氨茶碱注射液		2ml：0.25g	用于支气管哮喘、慢性喘息性支气管炎、慢性阻塞性肺病等喘息症状；也可用于心功能不全和心源性哮喘	成年人用量：静脉注射，每次0.125～0.25g，每日2～4支；静脉滴注，每次0.25～0.5g，每日2～4支，用5%～10%GS稀释；注射给药，极量每次0.5g,1g/d 小儿用量：静脉注射，每次按体重2～4mg/kg,用5%～25%GS稀释静脉注射	恶心、呕吐、失眠、易激动、心律失常、发热、失水、惊厥，甚至引起呼吸、心脏停搏致死
氨基己酸注射液		10ml：2g	适用于预防及治疗血纤维蛋白溶解亢进引起的各种出血	一般用静脉滴注最小浓度130μg/ml,15～30min滴完，维持剂量为1g/h	恶心、呕吐腹泻、眩晕、瘙痒、头晕，易发生血栓和心、肝、肾的损害
氨甲苯酸注射液		10ml：0.1g	用于因原发性纤维蛋白溶解过度所引起的出血，包括急性、慢性、局限性或全身性的高纤溶出血	静脉注射或静脉滴注：每次0.1～0.3g,每日不超过0.6g	头痛、头晕、腹部不适，有心肌梗死倾向者慎用
奥拉西坦注射液	欧兰同	5ml：1.0g	用于脑损伤及引起的神经功能缺失、记忆与智力障碍的治疗	静脉滴注：每次4.0g,1/d,用前加入100～250ml的5%GS或0.9%NS 100～250ml的溶媒中	偶见皮肤瘙痒、恶心、精神兴奋、头晕、头痛、睡眠紊乱
斑蝥酸钠维生素B₆注射液		10ml：0.1mg	适用于原发性肝癌、肺癌及白细胞低下症，亦可用于肝炎、肝硬化及乙型肝炎携带者	静脉滴注：1/d,每次10～15ml,0.9%NS或5%～10%GS稀释	尚未见
苯巴比妥钠注射液		1ml：0.1g	用于治疗癫痫，对全身及局部分发作有效，一般在末安英钠、卡马西平、丙戊酸钠无效时选用。也可用于其他疾病引起的惊厥及麻醉前给药	肌内注射：抗惊厥与癫痫持续状态，成年人每次100～200mg,每4～6小时重复1次。麻醉前给药，术前0.5～1h肌内注射100～200mg	常有嗜睡、眩晕、乏力、精神不振等延续效应。偶见皮疹、剥脱性皮炎、关节疼痛等，不宜久用，停药应逐渐减量

（续　表）

药品名称	商品名	规格	适应证	用法用量	不良反应
丙泊酚注射液	得普利麻	20ml：200mg 50ml：500mg	适用于诱导和维持全身麻醉的短效静脉麻醉剂，重症监护下成年患者接受机械通气时的镇静，外科手术及诊断时的清醒镇静	全麻诱导：缓慢静脉推注或静脉滴注未诱导麻醉；全麻维持：持续输液或重复单次注射，都能维持麻醉所需的深度；镇静：持续输注，速率每小时 0.3~4mg/kg	常见血管系统、心脏系统、呼吸系统、胸及纵隔、胃肠系统、神经系统、全身性疾病及给药部位反应
薄芝糖肽注射液		2ml：5mg（多糖）：1mg（多肽）	用于进行性肌营养不良、萎缩性肌强直及前庭功能障碍、高血压等引起的眩晕和自主神经功能紊乱、癫痫、失眠等症。也可用于肿瘤、肝炎等症辅助治疗	肌内注射：每次 2ml,2/d；静脉滴注：4ml/d,250ml 0.9%NS 或 5%GS 稀释。1~3 个月份为 1 个疗程	偶有发热、皮疹
布美他尼注射液		2ml：0.5mg	充血性心力衰竭，肝硬化，肾脏疾病，尤其使用其他利尿药效果不佳时应用本类药物仍有效；高血压；各种原因导致肾脏血流灌注不足；高钙血症及高钾血症；稀释性低钠血症；抗利尿激素分泌过多症等	成年人：治疗水肿性疾病或高血压，静脉或肌内注射起始 0.5~1mg，必要时每隔 2~3h 重复，最大剂量为 10mg/d　小儿：肌内或静脉注射，一次按体重 0.01~0.02mg/kg，必要时每 4~6 小时 1 次	体位性低血压、休克、低钾血症、低钠血症、低钙血症以及少见过敏反应、耳鸣、听觉障碍、高钙血症等
柴胡注射液		2ml	清热解毒。用于治疗感冒、流行性感冒、疟疾等的发热	肌内注射：每次 2~4ml,1~2/d	
长春西丁注射液	润坦	5ml：30mg	改善脑梗死后遗症、脑出血后遗症、脑动脉硬化症等诱发的各种症状	静脉滴注：开始每天 20mg，以后可增到 30mg，加入 0.9%NS 或 5%GS 500ml 中缓滴	神经、消化道、循环、血液、肝肾系统均有不良反应

（续 表）

药品名称	商品名	规格	适应证	用法用量	不良反应
重酒石酸间羟胺注射液		1ml：10mg	防治椎管内阻滞麻醉时发生的急性低血压；用于出血、药物过敏、手术并发症及脑外伤或脑肿瘤合并休克而发生的低血压；心源性休克或败血症引起的低血压	成年人用量：肌内用或皮下注射 2～10mg/次；静脉注射：初量 0.5～5mg，继而静脉药物滴注；静脉注射 15～100mg 加入 5% GS 或 0.9% NS 500ml 中；成年人极量每次 100mg 小儿用量：肌内用或皮下注射，0.1mg/kg，用于严重休克 0.4mg/kg 或 12mg/m²	升压过快可致肺水肿、心律失常、过量表现为抽搐，严重高血压等；静脉药物外溢引起局部血管收缩导致组织坏死等；常用骤停引起低血压
重酒石酸去甲肾上腺素注射液		1ml：2mg 2ml：10mg	治疗急性心肌梗死、体外循环等引起的低血压；对血容量不足所致的休克、低血压或嗜铬细胞瘤切除术后的低血压，也可用于椎管内阻滞时的低血压及心搏骤停复苏后血压维持	成年人常用量：开始以 8～12μg/min 速度滴注，调整滴速以达到血压升到理想水平；维持量为 2～4μg/min 小儿常用量：开始按体重以 0.02～0.1μg/（kg·min）速度滴注，按需要调节滴速	药液外漏可引起局部组织坏死；持久或大量使用时，可使回心血流量减少、外周血管阻力升高、心排血量减少；后果严重：过敏性皮疹等
重组人促红素注射液（CHO 细胞）	利血宝	1 500：1 500U/ 2ml 3 000：3 000U/ 2ml	施行透析时的肾性贫血	给药初期，每次 3 000U，3 次/周，缓慢静脉滴注，症状改善后，每次 1 500U，2～3 次/周	休克、过敏性症状、高血压脑病、心肌梗死、单纯性红细胞再生障碍性贫血以及肝功能损害等
重组人粒细胞刺激因子注射液	立生素	75μg/瓶、100μg/瓶、150μg/瓶、200μg/瓶、250μg/瓶、300μg/瓶	癌症化疗等原因导致中性粒细胞减少症；促进骨髓移植后的中性粒细胞数升高；骨髓发育不良综合征引起的中性粒细胞减少、再生障碍性贫血引起的中性粒细胞减少症、	化疗药物给药结束后 24～48h 皮下或静脉注射本品，1/d。对化疗强度较大或粒细胞下降较明显的患者以 2.5μg/（kg·d）的剂量连续使用 7d 以上至中性粒细胞恢复。如所用化疗药物的剂量较低，估计所造成的骨髓抑制不太严重者，可考虑使用较低剂量预防中性粒	肌肉骨骼系统、消化系统不良反应、少见发热、头痛、乏力及皮疹、碱性磷酸酶（ALP）、乳酸脱氢酶（LDH）升高，极少数人会出现休克、间质性肺炎、成年人呼吸着迫综合征和幼稚细胞增加

（续　表）

药品名称	商品名	规格	适应证	用法用量	不良反应
重组人粒细胞刺激因子注射液			先天性、特发性中性粒细胞减少症，骨髓增生异常综合征伴中性粒细胞减少症、周期性中性粒细胞减少症	细胞减少，至中性粒细胞恢复	
喘可治注射液		2ml	温肾补阳、平喘止咳，主要用于哮证属肾虚挟痰症	肌内注射：成年人，每次4ml，2/d；7岁以上，每次2ml，2/d；7岁以下，每次1ml，2/d	
垂体后叶注射液		1ml：6U 0.5ml：3U	用于肺、支气管出血、消化道出血并用于产科催产及产后收缩子宫、止血等，对腹腔手术后麻醉等亦有疗效，本品尚对尿崩症有减少排尿量的作用	肌内、皮下注射或稀释后静脉注射、引产或催产静脉滴注：每次2.5～5U，用0.9%NS稀释至0.01U/ml，呼吸道及消化道出血每次6～12U；产后出血每次3～6U	
醋酸奥曲肽注射液	善宁	1ml：0.1mg	用于肢端肥大症，缓解与功能性胃肠胰内分泌有关的症状、胃肠胰内分泌肿瘤手术后并发症，预防胰腺手术后特殊手段联合用于肝硬化，与内镜硬化剂等特殊手段联合用于肝硬化所致的食管-胃静脉曲张出血的紧急治疗	肢端肥大症：皮下注射，0.05～0.1mg/8h，胰腺手术并发症，0.1mg，3/d 食管-胃静脉曲张：0.025mg/h，最多5日 肝硬化患者的药物半衰期延长，需改变维持剂量	常见的胃肠道、神经、肝胆疾病、代谢和营养系统紊乱等

（续　表）

药品名称	商品名	规格	适应证	用法用量	不良反应
醋酸去氨加压素注射液		1ml：4μg 1ml：15μg	在介入性治疗或诊断性手术前，使延长的出血时间缩短或恢复正常；对本品试验剂量呈阴性反应的轻度甲型血友病及血管性血友病的患者，用于控制小型手术时的出血，用于治疗中枢性尿崩症；用于测试肾尿液浓缩功能	控制出血或术前预防出血：0.3μg/kg，6～12h给药1～2次；中枢性尿崩症：静脉注射成年人1～4μg，1岁以上儿童，1～2/d，每次0.1～1μg，1岁以下首次0.05μg；肾尿浓缩试验：成年人肌内或皮下注射4mg，1岁以上儿童1～2μg/d，1岁以下0.4μg/d	血压一过性降低及反射性心动过速、色潮红、微痛及恶心、偶见眩晕，个别有过敏症状
达肝素钠注射液	法安明	0.2ml：2 500U 0.2ml：5 000U 0.3ml：7 500U	治疗急性深静脉血栓、肾功能不全者血液透析和血液过滤期间预防在体外循环系统中发生凝血，治疗不稳定性冠状动脉疾病以及预防动脉血栓形成	治疗急性深静脉血栓：每日1次，200U/kg，2/d，100U/kg，皮下注射；预防凝血：血透或血液过滤＜4h，静脉快速推注5 000U，血透或血液过滤＞4h，静脉快速推注30～40U/kg，继以10～15U/kg静脉输注；冠状动脉疾病：皮下注射120U/kg，2/d，最大剂量为10 000U/12h	注射部位皮下血肿和暂时性轻微的血小板减少症，且可逆，罕见皮肤坏死、脱发、过敏反应
大株红景天注射液		5ml	活血化瘀，用于治疗冠心病稳定型劳累型心绞痛	每次10ml，加入250ml 5%GS中，1/d，10日为1疗程	皮疹、瘙痒
丹红注射液		10ml/支	活血化瘀，通脉舒络。用于瘀血闭阻所致的胸痹及中风，中风所致	肌内注射：每次2～4ml，1～2/d；静脉注射：每次4ml，1～2/d，加入20ml溶媒中稀释；静脉滴注，每次20～40ml，加入溶媒稀释，1～2/d	偶有过敏反应，罕见过敏性休克

（续　表）

药品名称	商品名	规格	适应证	用法用量	不良反应
丹参酮ⅡA磺酸钠注射液		2ml：10mg	用于冠心病、心绞痛、心肌梗死的辅助治疗	肌内注射：每次40～80mg，1/d；静脉注射：每次40～80mg，以25%GS 20ml稀释；静脉滴注：每次40～80mg，以5%GS或0.9%NS 250～500ml稀释，1/d	
单唾液酸四己糖神经节苷脂钠注射液	重塑杰	2ml：20mg 5ml：100mg	用于中枢神经系统损伤（脑、脊髓）的缺血及出血性疾病）后的辅助治疗	病变急性期：100mg/d，21日后40mg/d，6周；亚急性或慢性期：100mg/d，21日后40mg/d，疗程视病情或遵医嘱。肌内注射或静脉注射	少数患者出现皮疹样反应，建议停用；有患者出现严重过敏现象的报道
低分子量肝素钙注射液	速碧林	0.2ml：0.3ml；0.4ml：0.6ml；0.8ml：1.0ml	外科手术中用于静脉血栓形成中度或高度危险情况；预防静脉血栓栓塞性疾病；治疗已经形成的深静脉血栓	预防：每日注射1次；治疗：深静脉栓塞：85U/kg，2/d，间隔12h皮下给药；血液透析：血透4h，在透析开始时动脉端端单次65U/kg	罕见嗜酸细胞过多症，超敏反应，血小板减少增多症，常见不同出血，转氨酶升高等
低分子量肝素钠注射液	吉派林	0.3ml/3 000U 0.5ml/5 000U 1.0ml/10 000U 1.0ml/2 500U 2.0ml/5 000U	急性深静脉血栓形成时的抗凝治疗，预防血液透析时血凝块形成，与阿司匹林联合使用，预防不稳定型心绞痛和非Q波心肌梗死的缺血并发症，预防与手术相关的深静脉血栓形成	急性深静脉血栓形成的抗凝治疗：1/d，200U/kg体重，皮下注射；2/d，100U/kg体重，皮下注射；预防血液透析时血凝块形成，血液透析不超过4h，从动脉端注入本品5 000U，血液透析超过4h，每延长1h增加上述剂量的1/4，与阿司匹林联合使用，预防不稳定型心绞痛和非Q波，2/d，最大剂量为10 000U/12h，至少治疗6d	出血，部分注射部位瘀点、瘀斑、轻度血肿或坏死，局部或全身过敏反应，血小板减少症，皮疹，血中某些酶的水平升高

（续表）

药品名称	商品名	规格	适应证	用法用量	不良反应
地塞米松磷酸钠注射液		1ml:1mg 1ml:2mg 1ml:5mg	用于过敏性与自身免疫性炎症性疾病。多用于结缔组织病、活动性风湿病、类风湿关节炎、红斑狼疮、严重皮炎、溃疡性结肠炎、急性白血病等，也用于某些严重感染及中毒、恶性淋巴瘤的综合治疗	一般剂量：静脉注射每次2~20ml，静脉滴注时应以5%GS稀释，可2~6h重复给药至病情稳定，但大剂量连续给药一般不超过72h。还可用于缓解恶性肿瘤所致的脑水肿，首剂静脉推注10mg，随后每6小时肌内注射4mg，一般12~24h患者可有所好转，2~4d后逐渐减量，5~7d停药，对不宜手术的脑肿瘤，首剂50mg，以后每2小时复给药8mg，数天后再减至2mg/d，分2~3次静脉给予	医源性库欣综合征和容貌体态、体重增加、下肢水肿、紫纹、易出血倾向、创伤愈合不良、痤疮、月经紊乱、骨质疏松及骨折、肌无力、胰腺炎、白内障、青光眼、出现精神样症状等
地西泮注射液		2ml:10mg	用于抗癫痫和抗惊厥；静脉注射为治疗癫痫持续状态的首选药，对破伤风轻度阵发性惊厥也有效	基础麻醉或静脉全麻，10~30mg。镇静、催眠或急性乙醇戒断，开始10mg，后每隔3~4小时加5~10mg，24h总量以40~540mg为限。癫痫持续状态和严重频发性癫痫，开始静脉注射10mg，每隔10~15min按需增加。破伤风，静注宜缓慢，2~5mg/min	嗜睡、头晕、乏力等；皮疹、白细胞减少；以及兴奋、多语、睡眠障碍幻觉、长期可产生依赖性和成瘾性，停药后可能发生停药症状
碘海醇注射液	欧乃派克	50ml:17.5g(I) 50ml:15g(I) 100ml:35g(I) 100ml:30g(I)	X线造影对比剂。可用于心血管造影、动脉造影、尿路造影、CT增强检查等	给药剂量取决于检查的种类、病人的年龄、体重、心排血量和全身情况及使用的技术	胃肠道反应、呼吸道和皮肤反应、低血压和心律过缓等
碘化油注射液		含碘480mg/ml；10ml/支	碘缺乏病的治疗；淋巴造影	碘缺乏症治疗：成年人及4岁以上儿童每3年1ml，4岁以下每2年0.5ml，总共不超过3ml，45岁以上最好不用；淋巴造影：单侧造影，5~7ml淋巴内注射，双侧造影，10~14ml	偶见碘过敏反应，可致甲状腺功能亢进，可使稽核病处恶化，偶有发热等

（续　表）

药品名称	商品名	规格	适应证	用法用量	不良反应
碘克沙醇注射液	威视派克	1.35g/50ml 16g/50ml	X射线造影对比剂。用于成年人的心血管造影、脑血管造影、外周动脉造影、腹部血管造影等	给药剂量取决于检查的类型、年龄、体重、心排血量和患者全身情况及使用的技术	轻度的感觉异常、胃肠道反应、过敏反应、碘中毒性腮腺炎等
多烯磷脂胆碱注射液		5ml∶232.5mg	各种类型的肝病，如肝炎、慢性肝炎、肝坏死、肝硬化、肝昏迷；脂肪肝、胆汁阻塞等	静脉滴注：成年人和青少年一般每日缓注1～2安瓿，严重者2～4安瓿 静脉滴注：严重者每天2～4安瓿，如需要可6～8安瓿	极少数患者可能对本品中含的苯甲醇产生过敏反应
多西他赛注射液		0.5ml∶20mg 2.0ml∶80mg	适用于先期化疗失败的晚期或转移性乳腺癌的治疗，以及顺铂化疗失败的晚期或转移性非小细胞肺癌的治疗	静脉滴注：一般每3周75mg/m²滴注1h，用0.9%NS或5%GS稀释，最终浓度不超过0.9mg/ml	过敏反应、皮肤反应、体液潴留、胃肠道反应以及心血管系统的不良反应
多种微量元素注射液（Ⅱ）	安达美	10ml	本品为肠外营养的添加剂。10ml能满足成年人每天对铬、铜、铁、锰、钼、硒、锌、氟和碘等的中等需求。本品液适用于妊娠妇女补充微量元素	成年人推荐剂量为每日1支。在配伍得到保证的前提下用本品10ml加入500ml复方氨基酸注射液或GS中，静脉滴注时间6～8h	
二羟丙茶碱注射液		2ml∶0.25mg	用于支气管哮喘、喘息型支气管炎、慢性阻塞性肺气肿等的缓解喘息症状，心源性肺水肿引起的哮喘	静脉滴注：每次0.25～0.75g，以5%或10%的GS稀释	剂量过大会出现恶心、呕吐、易激动、失眠、心律失常以及发热、呼吸、心搏骤停现象

（续　表）

药品名称	商品名	规格	适应证	用法用量	不良反应
酚磺乙胺注射液		2ml：0.5g 5ml：1g	用于防止各种手术前后的出血，也可用于血小板功能不良、血管脆性增加而引起的出血	肌内、静脉注射和静滴：每次0.25~0.5g，0.5~1.5g/d；预防手术后出血：术前15~30min静脉滴注或肌内注射0.25~0.5g，必要时2h后再注射0.25g	恶心、头痛、皮疹、暂时性低血压、过敏性休克
氟比洛芬酯注射液	凯纷	5ml：50mg	术后癌症的镇痛	成年人静脉给予50mg，缓慢给药1min以上	罕见休克、急性肾衰竭、肾病综合征、胃肠道出血等，常见消化和血液系统、循环、皮肤和血液系统反应、精神和神经
氟康唑注射液	大扶康	10ml：0.1g 50ml：100mg 100ml：200mg	用于念珠菌病、隐球菌病、黏膜念珠菌病、经细胞毒化疗后恶性肿瘤易感者的真菌感染的预防等	念珠菌血症、隐球菌病：第1天400mg，随后每日每次200~400mg；黏膜念珠菌病：50~100mg，1/d，连续7~14天；预防：50~400mg，1/d，或遵医嘱	常见的有消化道反应、神经系统、肝胆系统疾病，罕见血液及淋巴系统、免疫系统、代谢与营养系统疾病
氟尿嘧啶植入剂	中人氟安	0.1g	同氟尿嘧啶，用于食管癌、结、直肠癌、胃癌等	老年晚期患者：0.2g/m²，每10天1次；联合化疗0.5g/m²，3周重复；体表肿瘤或手术中植药，每次0.2~0.5g/m²，皮下给药	胃肠道反应、白细胞、血小板减少、口腔黏膜炎、脱发等；植药部位的不良反应等
氟尿嘧啶注射液		10ml：0.25mg	本品的抗瘤谱较广，主要用于消化道肿瘤或较大剂量氟尿嘧啶治疗绒毛上皮癌。亦常用于治疗乳腺癌、卵巢癌、肺癌、宫颈癌、膀胱癌及皮肤癌等	静脉注射或静脉滴注：单药静脉注射剂量一般为按体重10~20mg/(kg·d)，连用5~10d，每疗程5~7g。静脉滴注时，通常按体表面积300~500mg/(m²·d)，连用3~5d，每次静脉滴注时间不得少于6~8h	恶心、呕吐、食欲减退、神经系统毒性；偶见用药后心肌缺血，可出现心绞痛和心电图的变化

（续 表）

药品名称	商品名	规格	适应证	用法用量	不良反应
氟哌利多注射液		2ml:5mg	用于精神分裂症和躁狂症兴奋状态 有神经安定作用及增强镇痛药的镇痛作用,与芬太尼合用产生特殊麻醉状态称为神经安定镇痛术	用于控制急性精神病的兴奋病及躁动:肌内注射5～10mg/d 用于神经安定镇痛:5mg加入0.1mg枸橼酸芬太尼,在2～3min缓慢静脉注射	锥体外系反应较重且常见口干、视物模糊、乏力、便秘、出汗;可引起血浆中泌乳素浓度增加;可能引起抑郁反应
复方倍他米松注射液	得宝松	1ml	适用于治疗对糖皮质激素敏感的急性和慢性疾病如肌肉骨骼和软组织疾病、变态反应性疾病、皮肤病、胶原病、肿瘤等	全身给药:起始剂量为1～2ml,必要时可重复给药 局部用药:治疗急性三角肌下、肩峰下、鹰嘴下和髌骨前滑膜囊炎时,滑囊内注射本品1～2ml后,数小时内即可缓解症状。在这类疾病的慢性期,可能需要根据患者病情重复给药	水和电解质紊乱,胃肠道、皮肤、神经系统,内分泌系统的功能紊乱,以及血压降低和休克样症状
复方泛影葡胺注射液		20ml:15.2g	用于泌尿系统造影或心脏血管造影、脑血管造影、其他脏器造影和周围血管造影,也可用于冠状动脉造影	血管造影和主动脉造影:40～60ml或1ml/kg;冠状动脉造影:4～10ml/次;脑血管造影:10ml,注射速度每秒不大于5ml	恶心、呕吐、流涎、眩晕、荨麻疹等
复方苦参注射液		5ml	清热利湿、凉血解毒、散结之痛,用于癌肿疼痛、出血	肌内注射:每次2～4ml/d,2/d;静脉滴注:每次12ml/d用0.9%NS 200ml稀释后应用1/d,儿童酌减	无明显反应,局部有轻度刺激
复方樟柳碱注射液		2ml	用于缺血性神经、视网膜、脉络膜病变	患侧颞浅动脉旁皮下注射,1/d,每次2ml,14次为1个疗程	少数有轻度口干

（续表）

药品名称	商品名	规格	适应证	用法用量	不良反应
呋塞米注射液		2ml:20mg	水肿性疾病、高血压、预防急性肾衰竭、高钾血症、高钙血症、稀释性低钠血症、抗利尿激素分泌过多症、急性药物中毒	成年人剂量:水肿性疾病,静脉注射,开始20~40mg;必要时每2小时追加剂量20~80mg;高药高血压危象:静脉注射40~80mg。小儿:水肿性疾病:每次20~80mg。小儿:水肿性疾病:起始2mg/kg静脉注射,必要时每隔2h追加1mg/kg	水、电解质紊乱、过敏反应、视觉模糊、恶心、黄视症、头晕、头痛、食欲缺乏、恶心、呕吐、腹泻腹痛、胰腺炎、肝功能损害
钆喷酸葡胺注射液	马根维显	1ml含钆喷酸二葡甲胺469.01mg	用于诊断,仅供静脉内给药,颅脑和脊髓磁共振成像、全身磁共振成像	一般0.2ml/kg,最大单次剂量成年人为0.6ml/kg,儿童为0.4ml/kg	恶心、呕吐、头晕、头痛、注射部位反应等
甘草酸二铵注射液		10ml:50mg	适用于伴有丙氨酸氨基转移酶升高的急性病毒性肝炎	静脉注射每次150mg,以10% GS 250ml稀释后缓慢滴注,1/d	有消化系统、心脑血管系统等症状
肝素钠注射液		2ml:1000U 2ml:5000U 2ml:12500U	用于防止血栓形成或栓塞性疾病,各种原因引起的弥散性血管内凝血,也用于血液透析、体外循环、导管术、微导管手术等操作中及某些血液标本或器械的抗凝处理	深部皮下注射:首次5000~10000U,以后8000~10000U/8h,或15000~20000U/12h,24h总量为30000~40000U;静脉注射:首次5000~10000U,或每4小时注射100U/kg;静脉滴注:20000~40000U/d,加入氯化钠1000ml中持续静脉滴注;预防:术前2h 5000U皮下注射	主要是自发性出血,偶见过敏反应,血小板减少、脱发、腹泻等
甘油磷酸钠注射液	格利福斯	10ml:2.16g	本品为营养药,适应于成年人肠外营养的磷补充剂和磷缺乏患者	静脉滴注。本品每天用量通常为1支。通过周围静脉给药时,10ml可加入复方氨基酸注射液或5%、10% GS 500ml中,在4~6h缓慢滴注完成	未发现明显不良反应

（续　表）

药品名称	商品名	规格	适应证	用法用量	不良反应
更昔洛韦注射液	诺贝奇	50ml：0.25mg	预防可能发生于有巨细胞病毒感染风险的器官移植受者的巨细胞病毒病，治疗免疫功能缺陷患者发生的巨细胞病毒性视网膜炎	肾功能正常者：初始剂量5mg/kg每12小时1次；维持剂量5mg/kg 1/d滴注1h以上。均恒定速率滴注1h以上，肾功能不全者遵医嘱	全身反应、消化、血液、淋巴、呼吸、神经、泌尿生殖、骨骼肌肉等各种不良反应
骨瓜提取物注射液		10ml：50mg	用于风湿、类风湿、关节炎、腰腿疼痛、骨折创伤	肌内注射：每次10～25mg，1/d；静脉注射：每次50～100mg，加入250mlNS或GS中，1/d	偶见发热或皮疹
鲑鱼降钙素注射液	密盖息	1ml：50IU	适用于骨质疏松症、高钙血症和高钙血症危象、痛性神经营养不良及各期Sudeck病	骨质疏松症：每日50U或隔日100U；Paget氏骨病、痛性神经营养不良：100U/d；以上均皮下或肌内注射；高钙血症：每日5～10U/kg，溶于NS中静脉注射	恶心、呕吐、面部潮红和头晕与剂量有关。多尿和寒战通常会自发性停止
汉防己甲素注射液		2ml：30mg	用于关节痛、神经痛；与小剂量放射合并用于肺癌，亦可用于单纯硅肺Ⅰ期、Ⅱ期、Ⅲ期及各期煤硅肺	抗风湿及镇痛：肌内注射，每次30mg，1/d；用于肿瘤、硅肺：200～300mg/d，用5%GS或0.9%NS稀释后缓慢注射或静脉滴注	治疗量未见不良反应，过量有头晕、恶心、呕吐、寒战等
磺达肝癸钠注射液	安卓	0.5ml：2.5mg	用于进行下肢重大骨科手术中预防静脉血栓栓塞事件的发生，ST段抬高性心肌梗死的治疗	重大骨科手术、不稳定心绞痛：推荐每次2.5mg，1/d，术后皮下注射；ST段抬高心肌梗死的治疗：高心肌梗死推荐每次2.5mg，1/d，首剂静脉内给药，随后剂量通过皮下注射给药	常见术后出血、贫血，少见过敏反应、低钾血症、焦虑、昏睡、呼吸困难、术手伤口感染、水肿以及胆红素血症

（续表）

药品名称	商品名	规格	适应证	用法用量	不良反应
黄体酮注射液	黄体酮注射液	1ml：20mg	用于月经失调，如闭经和功能性子宫出血、黄体功能不足、先兆流产和习惯性流产、经前期紧张综合征的治疗	肌内注射：先兆流产：一般10～20mg；习惯性流产史者：每次10～20mg，每周2～3次；功能性子宫出血：10mg/d，连续5d；经前期紧张综合征：在预计月经期前12天注射10～20mg，连续10d	偶见恶心、头痛、头晕、倦怠感、荨麻疹、乳房胀痛；长期使用出现肝功能异常、水肿、体重增加以及月经减少或闭经等
甲钴胺注射液	弥可保	1ml：0.5mg	用于周围神经炎、因缺乏维生素 B_{12} 引起的巨红细胞性贫血的治疗	周围神经炎：每次0.5mg，1/d，每周3次；巨红细胞贫血：同上，给药约2个月后，作为维持治疗每隔1～3个月可给1安瓿。肌内注射或静脉注射	血压下降、呼吸困难、皮疹、注射部位疼痛、硬结
甲磺酸酚妥拉明注射液	甲磺酸酚妥拉明注射液	1ml：10mg	诊断嗜铬细胞瘤及治疗其所致的高血压；左心室衰竭；治疗去甲肾上腺素药外溢，用于防止皮肤坏死	成年人：酚妥拉明试验：静脉注射5mg；防止皮肤坏死：在每1 000ml含去甲肾上腺素溶液中加入本品10mg 静脉滴注；嗜铬细胞瘤手术：静脉滴注0.5～1mg/min或静脉注射2～5mg；心力衰竭：静脉滴注0.17～0.4mg/min；小儿：酚妥拉明试验：静脉注射每次1mg或0.15mg/kg或3mg/m²；嗜铬细胞瘤手术：静脉注射1mg或0.1mg/kg或3mg/m²	直立性低血压、心动过速、心律失常、鼻塞、恶心、呕吐等；少见晕厥、乏力等
甲磺酸帕珠沙星氯化钠注射液	佳乐同欣	100ml：甲磺酸帕珠沙星0.5g 与氯化钠0.9g	慢性呼吸道疾病继发感染、肾盂肾炎、复杂性膀胱炎、前列腺炎、烧伤创面、外科伤口感染、胆囊炎、肝脓肿、腹腔内脓肿、生殖器官感染	静脉滴注：每次0.5g，2/d，静脉滴注时间为30～60min，疗程为7～14d	胃肠道反应、急性肾衰竭、肝功能异常、粒细胞减少、血小板减少、痉挛、休克和低血糖等

（续 表）

药品名称	商品名	规格	适应证	用法用量	不良反应
甲硫酸新斯的明注射液		1ml：0.5mg 1ml：1mg	抗胆碱酯酶药。手术结束时拮抗非去极化肌肉松弛药的残留肌松作用，用于重症肌无力，手术后功能性肠胀气及尿潴留等	皮下注射或肌内注射，每次 0.25～1mg，3/d，极量：皮下或肌内注射每次 1mg，5mg/d	胃肠道反应，严重时可出现共济失调、惊厥、昏迷、焦虑不安、恐惧甚至心脏停搏
卡铂注射液	波贝	10ml：50mg 10ml：100mg	实体瘤如小细胞癌、卵巢癌、睾丸肿瘤、头颈部癌及恶性淋巴瘤等均有较好的疗效。也可用于其他肿瘤如子宫癌、膀胱癌及非小细胞肺癌等	可单用也可与其他抗癌药物联用。临用时把本品加到 5% GS250～500ml 中静脉滴注。0.3～0.4g/m²，1 次给药，或分 5 次 5 天给药，均 4 周重复给药 1 次，每 2～4 周期为 1 个疗程	血液毒性、胃肠毒性、肾毒性、过敏反应、耳毒性、神经毒性以及轻度肝功能异常等
康艾注射液		10ml	益气扶正，增强机体免疫功能。用于原发性肝癌、肺癌、直肠癌，以及各种原因引起的白细胞下降，慢性乙型肝炎的治疗	缓慢静脉注射或静脉滴注：1～2/d，40～60ml/d，用 5% GS 或 0.9% NS250～500ml 稀释后用。30d 为 1 个疗程或遵医嘱	罕见
榄香烯注射液		20ml：0.1g	合并放、化疗常规方案对肺癌、肝癌、食管癌、鼻咽癌、脑瘤、骨转移癌等恶性肿瘤可以增强疗效，降低放化疗的毒副作用	静脉注射：每次 0.4～0.6g；1/d，2～3 周疗程；用于恶性胸腹水时：200～400mg/m²，抽腹水后，胸腹腔注射，每周 1～2 次或遵医嘱	部分病人用药后有静脉炎、发热、局部疼痛、过敏反应、轻度消化道反应

（续　表）

药品名称	商品名	规格	适应证	用法用量	不良反应
硫酸阿托品注射液		1ml：0.5mg 1ml：1mg 1ml：5mg 5ml：25mg	各种内脏绞痛、全身麻醉前给药，严重盗汗或流涎，迷走神经过度兴奋所致的窦房结阻滞、房室阻滞等缓慢型心律失常，抗休克、解救有机磷酸酯类中毒	皮下肌内或静脉注射：成年人：每次0.3～0.5mg,0.5～3mg,极量每次2mg;儿童：每次0.01～0.02mg/kg,2～3/d。抗心律失常：成年人静脉注射：0.5～1mg,1～2/h给药1次，最大量为2mg;解毒：静脉注射1～2mg,15～30min后再注1mg;抗休克改善循环：成年人：0.02～0.05mg/kg,用50%GS稀释后静脉注射或静脉滴注	剂量呈相关性：0.5mg轻微心律减慢，略有口干少汗;1.0mg心率加速、瞳孔放大;2mg心悸、视物模糊;5mg语言不清、烦躁不安、皮肤干燥发热等;1.0mg呼吸麻痹、昏迷等
硫酸镁注射液	硫酸镁注射液	10ml：2.5g	可作为抗惊厥药。常用于妊娠高血压、降低血压、治疗先兆子痫和子痫，也可用于治疗早产	治疗中重度妊娠高血压症、先兆子痫和子痫：首次剂量为2.5～4g,25%GS20ml稀释后，5min内缓慢注射;治疗妊娠高血压用药剂量和方法相似，首次负荷量为4g,25%GS20ml稀释后，5min内缓慢注射，2g/h	面色潮红、出汗、口干；恶心呕吐、心慌、头晕；心律失常、心脏传导阻滞、低血钙症、高镁血症以及少见呼吸抑制等
硫酸庆大霉素注射液		1ml：4万U 2ml：8万U	用于治疗敏感革兰阴性杆菌所致的感染、治疗腹腔感染及盆腔感染时应与抗厌氧菌药物合用，用于敏感菌所致的中枢神经系统感染	成年人：肌内注射或稀释后静脉滴注：8h 1～1.7mg/kg或80mg/次或每24h 5mg/kg;小儿：肌内注射或稀释后静脉滴注：每12h 2.5mg/kg或1.7mg/kg每8h。鞘内或脑室内给药：成年人：每次4～8mg,小儿：每次1～2mg,1/2～3d;肾功能减退：1/12h	耳毒性症状、肾毒性反应、偶有恶心呕吐、肝功能减退、白细胞减少、粒细胞减少、贫血、低血压等

（续　表）

药品名称	商品名	规格	适应证	用法用量	不良反应
硫酸异帕米星注射液	依克沙	2ml:200mg 2ml:400mg	败血症、外伤、烧伤、手术创伤等的浅表性继发感染、肺炎、肾盂肾炎、膀胱炎、腹膜炎	成年人:400mg/d,分1～2次肌内注射或静脉滴注。1/d给药时,用1h注入;2/d给药时,用0.5～1h注入	休克、急性肾衰竭、第8对脑神经损害以及肝肾功能损害、血细胞异常等
硫酸鱼精蛋白注射液		5ml:50mg 10ml:100mg	抗肝素药。用于因注射肝素过量引起的出血	抗肝素过量,用量与最后1次肝素使用量相当,每次不超过5ml,缓慢静脉注射	可引起心动过缓、胸闷及血压降低、恶心呕吐、面红潮热等
氯化钙注射液		10ml:0.5g 20ml:1g	治疗钙缺乏,急性血钙过低、碱中毒及甲状腺功能低下所致的手足抽搐症,维生素D缺乏症;过敏性疾病;镁中毒时;氟中毒的解救以及心脏复苏时的应用	用于低钙或电解质补充,每次0.5g～1g,稀释后缓慢静脉注射,1～3d重复给药;稀释甲状腺功能亢进术后病人的低钙于NS或右旋糖酐中,0.5～1mg/h;强心剂:0.5～1g,稀释后静脉滴注;高血镁治疗:首次0.5mg,静脉滴注。小儿用量:低钙时25mg/kg,静脉滴注	静脉注射可有全身发热、静脉注射过快可产生恶心、呕吐、心律失常等症
氯化琥珀胆碱注射液		2ml:0.1g	去极化型骨骼肌松弛药。可用于全身麻醉时的气管插管和术中维持肌松	气管插管:1～1.5mg/kg,用0.9%NS稀释到10mg/ml,静脉注射或深部肌内注射;维持肌松:150～300mg/次,溶于500ml的5%～10%GS或1%普鲁卡因注射液中静脉注射	高血钾症、眼内压升高、胃内压升高、恶性高热、术后肌痛以及可能导致肌张力增强
氯化钾注射液		10ml:1g	治疗各种原因引起的低钾血症、预防低钾血症、用于洋地黄中毒引起频发性、多源性室性收缩或快速心律失常	低钾血症:10～15ml加入5%GS500ml中静脉滴注,补钾速度不超过0.75g/h,3～4.5g/d;小儿:0.22g/kg或按体表面积3g/m²计算	静脉滴注时浓度高、速度快静脉内膜有疼痛感、肾功能损者应注意高血钾症

（续 表）

药品名称	商品名	规格	适应证	用法用量	不良反应
鹿瓜多肽注射液		4ml：8mg	用于风湿、类风湿关节炎、强直性脊柱炎、各种类型骨折、创伤修复及腰腿疼痛等	肌内注射：每次2~4ml，4~8ml/d；静脉滴注：8~12ml/d，加入0.9%NS中滴注250~500ml5%GS或0.9%NS中滴注；10~15d为1个疗程或遵医嘱，小儿酌减	皮疹、瘙痒、发热、寒战、恶心等过敏反应，罕见斑丘疹、过敏性休克
马来酸桂哌齐特注射液	克林澳	2ml：80mg	脑血管疾病、心血管疾病及外周血管疾病的治疗	每次4支，1/d，稀释于10GS或NS500ml中，静脉滴注，速度为100ml/h	对血液、消化系统、神经系统、皮肤、肝肾功能均有影响
美司钠注射液	美安	2ml：0.2g 4ml：0.4g	预防环磷酰胺、异环磷酰胺、氯磷酰胺等药物的泌尿道毒性	本品用量为环磷酰胺、异环磷酰胺、氯磷酰胺剂量的20%，静脉注射或静脉滴注，给药时间为0h后段，4h后及8h后时段，共3次	少见静脉刺激及过敏反应，可出现恶心、呕吐、痉挛性腹痛及腹泻等
门冬氨酸钾镁注射液		10ml/支	电解质补充药，用于低钾血症、低钾及洋地黄中毒引起的心律失常、病毒性肝炎、肝硬化和肝性脑病的治疗	静脉滴注：10~20ml/次，1/d，加入5%~10%GS500ml中缓慢滴注	滴注太快易出现恶心、呕吐、血管疼痛等，大剂量可致腹泻，少见心率减慢等
门冬氨酸鸟氨酸注射液	雅博司	10ml：5g	适用于急慢性肝病引发的血氨升高及治疗肝性脑病，适应于治疗肝昏迷早期或肝昏迷期的意识模糊状态	根据病情1~4安瓿/d，严重者加量，每天不超过20安瓿为宜，用前溶媒稀释，每500ml中不超过6支为宜输	偶有恶心，少数病例出现呕吐
咪达唑仑注射液	力月西	1ml：5mg 2ml：2mg 2ml：10mg 5ml：5mg	麻醉前给药、全麻诱导和维持、椎管内麻醉及局部麻醉辅助用药，诊断或治疗性操作时病人镇静，ICU病人镇静	肌内注射：用0.9%NS稀释；静脉给药：用0.9%NS、5%GS或10%GS、5%果糖注射液、林格氏液稀释。麻醉前给药：0.05~0.075mg/kg，肌内注射，在麻醉诱导前20~60min使用；局麻辅助：静脉注射0.03~0.04mg/kg；ICU镇静：先静脉注射2~3mg，继以0.05mg静脉滴注维持	常见嗜睡、镇静过度、头痛、幻觉、共济失调等，少见呼吸抑制、血压下降、呼吸暂停、心搏骤停及血栓性静脉炎

（续 表）

药品名称	商品名	规格	适应证	用法用量	不良反应
尼可刹米注射液		1.5ml：0.375g	用于中枢性呼吸抑制及各种原因引起的呼吸抑制	成年人：每次0.25~0.5g，必要时1~2h重复用药；极量每次1.25g。小儿：<6个月，每次75mg，1~7岁每次0.125~0.175g	面部刺激症、烦躁不安、抽搐、大剂量时有血压升高、心悸、出汗、面部潮红甚至昏迷
尼莫地平注射液	尼膜同	50ml：10mg	预防和治疗动脉瘤性蛛网膜下腔出血后脑血管痉挛引起的缺血性神经损伤	<70公斤或血压不稳初始0.5mg/h，若耐受好，2h增至1mg/h；>70kg，初始1mg/h，若耐受好，2h增至2mg/h	血细胞数量改变、非特异性脑血管症状、心律失常、血管症状、胃肠道症状等
牛痘疫苗致炎兔皮提取物注射液	神经妥乐平	3ml/支	腰痛症、颈肩腕综合征、过敏性鼻炎以及亚急性脊髓视神经病（SMON）后遗症的冷感、疼痛、异常知觉等症状	通常成年人1/d，每次1支；SMON病：1/d，每次2支	循环、消化、神经、肝脏等均有不良反应，严重可见休克
浓氯化钠注射液		10ml：1g	各种原因所致的水中毒及严重低钠血症。本品能迅速提高细胞外液的渗透压，从而使细胞内液的水分移向细胞外。在增加细胞外液容量的同时，可提高高细胞内液的渗透压	当血钠<120mmol/L时，血钠上升速度在0.5mmol/(L·h)，不得超过1.5mmol/(L·h)，或给予3%~5%氯化钠注射液缓慢滴注。一般要求在6h内将血钠浓度提高至120mmol/L以上	输液过多过快，可致水钠潴留，引起水肿，血压升高，心率加快，胸闷，呼吸困难等
破伤风抗毒素		1500U/支	用于预防和治疗破伤风	皮下注射在上臂三角肌处。预防：每次1500~3000U，重者增加用量1~2倍；治疗：一次肌内注射或静脉注射50000~200000U，成年人与儿童用量相同	过敏性休克、血清病

（续 表）

药品名称	商品名	规格	适应证	用法用量	不良反应
葡醛酸钠注射液		2ml：0.133g	急慢性肝炎和肝硬化的辅助治疗，对食物或药物中毒时的保肝及解毒有辅助作用	肌内注射或静脉滴注：每次0.133～0.266g/次；1～2/d	
葡萄糖酸钙注射液		10ml：1g	治疗钙缺乏、急性血钙过低、碱中毒及甲状旁腺功能低下所致的受阻抽搐症、过敏性疾病、镁中毒时的解救、心脏复苏时应用	用10%GS稀释后缓慢注射，每min不超过5ml。成年人低钙血症：每次1g；高镁血症：静脉注射1～2g；氟中毒解救：静脉注射1g，1h后重复。小儿低钙血症：按25mg/kg缓慢静脉注射	静脉注射过快可致心律失常，呕吐恶心，可致高钙血症，持续头痛，口中有金属味，精神错乱，高血压，眼和皮肤对光敏感
前列地尔在注射液	凯时	1ml：5μg 2ml：10μg	治疗慢性动脉闭塞症引起的四肢溃疡及微小血管循环障碍引起的四肢静息疼痛，脏器移植后的抗栓治疗，动脉导管依赖性先天性心脏病以及慢性肝炎的辅助治疗	1/d，1～2ml加入10ml0.9%NS或5%GS缓慢静脉注射，或直接入小壶缓慢静脉滴注	偶见休克，注射部位发红、发硬（罕），循环、消化、精神神经、血液均有不同程度反应
氢化可的松注射液		20ml：100mg	肾上腺皮质功能减退症及垂体功能减退症，也用于过敏性和炎症性疾病，抢救危重中毒性感染	肌内注射：20～40mg/d，静脉滴注：每次100mg，1/d。临用前25倍的0.9%NS或5%GS500ml稀释静脉滴注，同时加维生素C 0.5～1g	库欣综合征面容和体态，精神症状，并发感染以及糖皮质激素停药综合征
清开灵注射液		10ml	清热解毒、化痰通络、醒神开窍。用于热病神昏、中风偏瘫、神志不清、上呼吸道感染、脑血栓形成、脑出血见上述症状者	肌内注射：2～4ml/d，重症静脉滴注，20～40ml/d，以10%GS200ml或0.9%N100ml稀释后使用	偶有过敏反应、消化道反应、偶见输液反应等

（续 表）

药品名称	商品名	规格	适应证	用法用量	不良反应
氢溴酸莨菪碱注射液		1ml：0.3mg	麻醉前给药，震颤麻痹、晕动症、躁狂性精神病、胃肠胆肾平滑肌痉挛、胃酸分泌过多、感染性休克、有机磷农药中毒	皮下或肌内注射：每次 0.3～0.5mg，极量每次 0.5mg，1.5mg/d	常见口干、眩晕，严重时瞳孔散大、皮肤潮红、灼热、兴奋、烦躁、惊厥、心跳加快
曲安奈德注射液		1ml：40mg	用于皮质固醇类药物治疗的疾病，可经关节内注射、囊内注射或关节囊给药	全身用药：成年人和 12 岁以上儿童：初次剂量 60mg，一般 40～80mg 之间；6～12 岁：推荐剂量 40mg。局部用药：小面积 10mg，大面积 40mg	有肾上腺皮质激素类药物可能产生的不良反应
去乙酰毛花苷注射液		2ml：0.4mg	主要用于心力衰竭，也用于控制伴快速心室率的心房颤动、心房扑动、心室率	成年人：5%GS 稀释后缓慢滴注，首剂 0.4～0.6mg，以后每 2～4h 可再给 0.2～0.4mg，总量 1～1.6mg/d；小儿：早产儿、足月新生儿或肾功能减退、心肌炎患儿按体重 0.022mg/kg，2～3 岁，按体重 0.025mg/kg	心律失常、胃纳不佳、恶心呕吐、下腹痛，少见视觉模糊、"黄视"，罕见嗜睡、头痛、皮疹、荨麻疹等
三磷酸腺苷二钠注射液		2ml：20mg	辅酶类药。用于进行性肌萎缩、脑出血后遗症、心功能不全、心肌疾患及肝炎等的辅助治疗	肌内注射或静脉注射：每次 10～20mg，10～40mg/d	咳嗽、胸闷，及智时性呼吸困难、低血压，关节酸痛、下肢疼痛、荨麻疹、发热头晕
蛇毒血凝酶注射液	速乐涓	1ml：1U	用于需要减少流血或出血的各种医疗情况，也可用于预防出血	一般出血：成年人 1～2U，儿童 0.3～0.5U；紧急出血：0.25～0.5U 静脉注射，同时肌内注射 1U。手术前一晚和术前 15min 各肌内注射 1U，术后 3d，每天肌内注射 1U	偶见过敏

（续 表）

药品名称	商品名	规格	适应证	用法用量	不良反应
参附注射液		10ml	回阳救逆，益气固脱。主要用于阳气暴脱所致的脱症，也可用于阳虚所致的惊悸、怔忡、喘咳、胃痛等	肌内注射：每次2～4ml，1～2/d；静脉滴注：每次20～100ml，用5%～10% GS250～500ml稀释后使用；静推：每次5～20ml，5%～10%GS20ml稀释后使用	偶见有心动过速、过敏、头晕头痛、震颤、呼吸困难、恶心、视觉异常、肝功能异常等
肾康注射液		20ml	降逆泄浊，益气活血，通腑利湿。用于慢性肾功能衰竭	静脉滴注：每次100ml，1/d，用10%GS300ml稀释，每分钟20～30滴，疗程4周	偶见发红、疼痛、瘙痒、皮疹等局部刺激症状
疏血通注射液		2ml	活血化瘀，通经活络。用于瘀血阻络所致的缺血性中风病，也适用于急性期脑梗死	静脉滴注：6ml/d，加入5%GS或0.9%NS250～500ml中缓缓滴入	注意询问患者是否是过敏体质，使用过程中要谨慎
缩宫素注射液		1ml：10U	用于引产、催产、产后及流产后因子宫收缩无力而引起的子宫出血；不良反应备胎盘储备功能（催产素激惹试验）	引产或催产：每次2.5～5U，用0.9%NS稀释至每1ml中含有0.01U，控制产后出血：静脉滴注，0.02～0.04U/min，胎盘排除可肌内注射5～10U	偶有恶心、呕吐、心律加快或心律失常。大剂量应用时可引起高血压或水潴留
胎盘多肽注射液		4ml	用于细胞免疫功能降低或失调引起的疾病、术后愈合，病毒性感染引起的疾病及各种原因所致的白细胞减少症	肌内注射或静脉注射：1/d，每次1～2支，10d为1个疗程，或遵医嘱	尚不明确
痰热清注射液		10ml	清热、化痰、解毒。用于风温肺热病痰热阻肺证	常用量：成年人：每次20ml，1/d，加入5%GS或0.9%NS 250～500ml溶媒静脉滴注；儿童：0.3～0.5ml/kg，最多不超过20ml	偶见皮疹、瘙痒

（续　表）

药品名称	商品名	规格	适应证	用法用量	不良反应
托拉塞米注射液	丽泉	2ml：10mg	用于需要迅速利尿或不能口服利尿剂的充血性心衰、肝硬化腹水、肾脏疾病所致的水肿患者	心衰、肝硬化腹水：初始 5～10mg，1/d，缓慢静脉注射，也可用 5%GS 或 NS 稀释后静脉输注；肾脏病所致的水肿：初始每次 20mg，1/d	常见的有头痛、眩晕、疲乏、肌肉痉挛、恶心呕吐、高血糖、高尿酸血症、便秘或腹泻等
脱氧核苷酸钠注射液		2ml：50mg	急慢性肝炎、白细胞减少症、血小板减少症及再生障碍性贫血等的辅助治疗	每次 50～100mg，1/d，可肌内注射，也可加入到 250ml 5%GS 中，缓慢滴注	偶有一过性血压下降
维生素 B₁ 注射液		2ml：50mg / 2ml：100mg	用于维生素 B₁ 缺乏所引起的脚气病 Wernicke 脑病的治疗，以及周围神经炎、消化不良等辅助治疗	肌内注射。成年人重型脚气病：每次 50～100mg，3/d，症状改善后改口服；小儿重型脚气病：10～25mg/d，症状改善后改口服	吞咽困难、皮肤瘙痒、面、唇、眼睑水肿，喘鸣等
维生素 B₆ 注射液		1ml：50mg	用于维生素 B₆ 缺乏的预防和治疗，也可用于妊娠、放射病及抗癌所致的呕吐、脂溢性皮炎等	常量：每次 50～100mg，1/d。用于环丝氨酸中毒的解毒时，每日 300mg 或 300mg 以上；异烟肼中毒解毒时，每 1g 异烟肼给 1g 维生素 B₆ 静脉注射	罕见过敏反应，若每天应用 200mg 维持 30d 以上，可致依赖综合征
维生素 B₁₂ 注射液		1ml：0.25mg / 1ml：0.5mg	主要用于巨幼细胞性贫血，也可用于神经炎的辅助治疗	肌内注射：0.025～0.1mg/d 或隔日 0.05～0.2mg。用于神经炎时，用量可酌增	偶见皮疹、瘙痒、腹泻及过敏性哮喘，罕见过敏性休克
维生素 C 注射液		2ml：0.5g / 5ml：0.5g / 5ml：1g	用于治疗坏血病，也可用于急慢性传染病、紫癜病的辅助治疗、慢性铁中毒，特发性高铁血红蛋白血症以及对此药需加量者	成年人：每次 100～250mg，1～3/d，小儿：100～300mg/d，分次注射、肌内注射或静脉注射	停药后坏血症，偶可引起尿酸盐、草酸盐、半胱氨酸盐结石，头晕、晕厥

（续 表）

药品名称	商品名	规格	适应证	用法用量	不良反应
维生素K₁注射液		1ml：10mg	用于维生素K₁缺乏症引起的出血、香豆素类、水杨酸钠所致的低凝血酶原血症、新生儿出血	低凝血酶原血症，肌内注射或深部皮下，每次10mg，1～2/d，24h总量不超过40mg；预防新生儿出血：分娩前12～24h给母亲2～5mg	偶见过敏反应
乌拉地尔注射液	拉优定	5ml：25mg	高血压危象、重度和极重度高血压、难治性高血压、控制围手术期高血压	缓慢静脉注射10～50mg，监测血压变化，降压效果应在5min内显效，若效果不满意，可重复用药	头痛头晕、恶心呕吐、出汗烦躁、乏力、心律不齐等
西咪替丁注射液		2ml：0.2g	用于消化道溃疡	0.2g用5%GS或0.9%NS250～500ml稀释后静脉滴注，滴速1～4mg/(kg·h)，每次0.2～0.6g，或上述溶液20ml静脉注射，每6h1次，每次0.2g	消化、泌尿、造血、中枢神经、心血管以及内分泌系统均有一定不良反应
吸入用布地奈德混悬液	普米克令舒	2ml：0.5mg 2ml：1ml	治疗支气管哮喘	起始剂量：成年人：每次1～2mg，2/d；儿童：每次0.5～1mg，2/d。维持剂量：成年人：每次0.5～1.0mg，2/d；儿童：每次0.25～0.5mg，2/d	呼吸系统感染、防御机制受损、听力及前庭系统紊乱、血小板出血及血凝素乱等
吸入用复方异丙托溴铵溶液	可必特	2.5ml	适用于需要多种支气管扩张剂联合应用的病人，用于治疗气道阻塞性疾病有关的可逆性支气管痉挛	可通过合适的雾化器或歇正压通气机给药。适用于成年人和12岁以上的青少年	头痛、眩晕、焦虑、心动过速、细颤的心悸、局部刺激等
香菇多糖注射液		2ml：1mg	免疫调节剂，用于恶性肿瘤的辅助治疗	每周2次，每次2ml，加入250ml0.9%NS或5%GS中滴注；或5%GS20ml稀释后静脉注射	罕见休克、偶见皮疹、胸部压迫、恶心呕吐、头晕头痛等
消癌平注射液		20ml/支	清热解毒、化痰软坚，用于食管癌、胃癌、肺癌、肝癌，并可配合放化疗的辅助治疗	肌内注射：每次2～4ml，1～2/d；静脉滴注：用5%或10%GS稀释滴注，每次20～100ml，1/d。或遵医嘱	偶见低热、皮疹、多汗、游走性肌肉关节疼痛等

（续　表）

药品名称	商品名	规格	适应证	用法用量	不良反应
硝酸甘油注射液		1ml：5mg	冠心病心绞痛的治疗及预防，也可用于降低血压或治疗充血性心力衰竭	5%GS或0.9%NS稀释后静脉滴注，初始剂量为5μg/min。降低血压或心力衰竭：每3～5min增加5μg/min，如在20μg/min时无效可以10μg/min递增	头痛、偶见眩晕、虚弱、心悸、恶心、呕吐、晕厥、面红、药疹、剥脱性皮炎和低血压性的表现
硝酸异山梨酯注射液	爱倍	5ml：5mg 10ml：10mg	主要适用于心绞痛和充血性心力衰竭的治疗	静脉滴注：开始剂量30μg/min，观察0.5～1h，如无不良反应可加倍，1/d，10d为1个疗程	在给药初期可能会因血管扩张，出现头痛恶心等症状
醒脑静脉注射液		5ml 10ml	清热解毒、凉血活血、开窍醒脑。用于气血逆乱脑脉瘀阻所致的中风昏迷偏瘫等	肌内注射：每次2～4ml，1～2/d；静脉滴注：每次10～20ml，5%～10%GS或NS250～500ml稀释后滴注	偶见皮疹、恶心、面红、瘙痒等
胸腺五肽注射液		1ml：10mg	本品适应于18岁以上的慢性乙型肝炎患者、原发性或继发性T细胞缺陷病，自身免疫性疾病以及肿瘤的辅助治疗	肌内注射或加入250ml0.9%NS中静脉滴注，每次1支，1～2/d，15～30d为一疗程	个别可见恶心、发热、头晕、胸闷、无力等不良反应，少数患者偶有嗜睡睡眠感
鸦胆子油乳酯注射液		10ml	抗癌药，用于肺癌、肝癌、肺癌脑转移及消化道肿瘤	静脉滴注：每次10～30ml，1/d，9%NS250ml稀释后使用	少数患者用药后有油腻感、恶心、厌食等消化道反应
亚甲蓝注射液		2ml：20mg	对化学物亚硝酸盐、硝酸盐、苯胺等和含有或产生芳香胺的药物引起的高铁血红蛋白血症有效	亚硝酸盐中毒：每次1～2mg/kg；氰化物中毒：每次5～10mg/kg，最大剂量为20mg/kg	恶心、呕吐、胸闷腹痛、头痛、血压下降以及心率增快伴心率失常等

（续 表）

药品名称	商品名	规格	适应证	用法用量	不良反应
亚叶酸钙注射液	同奥	10ml:0.1g 5ml:50mg	用于结直肠癌与胃癌的治疗以及叶酸拮抗药的解毒药；用于急性腹泻、营养不良，用于口炎期或婴儿期引起的巨幼细胞性贫血	用于5-FU合用，每次20～500mg/m²，1/d，连用5d，用NS或GS稀释输注；用作解救药时，肌内注射或静脉注射，按9～15mg/m²，每6h 1次，共12次	偶见皮疹，荨麻疹或哮喘等过敏反应
硫酸阿米卡星注射液		2ml:0.2g	是用于铜绿假单胞菌及部分假单胞菌、大肠埃希菌、变形杆菌属、克雷伯菌属，沙雷菌属、不动杆菌属等敏感革兰阴性杆菌与葡萄球菌属的严重感染	成年人：肌内注射或静脉滴注：单纯尿路感染：2g/12h；全身感染：每12h 7.5mg/kg或每12h 15mg/kg。小儿：首剂量10mg/kg，继而每12h 7.5mg/kg或每24h 15mg/kg	可见听力减退、耳鸣或耳部饱满感，少见眩晕、步履不稳、软弱无力、嗜睡等现象
盐酸艾司洛尔注射液	爱络	2ml:0.2g 10ml:0.1g	用于心房震颤、心房扑动时控制心室率，围术期高血压以及窦性心动过速	用于心房震颤、心房扑动时控制心室率：成年人：每分钟0.5mg/kg，1min后维持量以每分钟0.05mg/kg增加，最大可至每分钟0.3mg/kg；围手术期高血压或心动过速：1mg/kg，30s内静脉注射，继续予0.15mh/kg静脉滴注，最大量为每分钟0.3mg/kg	注射时低血压，停药后持续低血压，无症状性持续低血压等以及恶心、眩晕、嗜睡等
盐酸胺碘酮注射液	可达龙	3ml:0.15g	不宜口服给药时应用本品治疗严重的心律失常	通常初始剂量：24h内给予1 000mg；维持速度为0.15mg/min，浓度为1～6mg/ml	常见心动过缓、心律失常，注射部位炎症等
盐酸氨溴索注射液	伊诺舒	2ml:15mg 4ml:30mg	适用于伴有痰液分泌不正常及排痰功能不良的急性、慢性呼吸疾病、术后肺部并发症的预防性治疗和早产儿及新生儿呼吸窘迫综合征（IRDS）的治疗	成年人及12岁以上儿童：2～3/d，每次15mg，慢速静脉注射，严重者可增至每次30mg；6～12岁：2～3/d，每次7.5mg；2～6岁：3/d，每次7.5mg；2岁以下：2/d，每次7.5mg。均速静脉注射	偶有轻微的胃肠道不良反应

（续　表）

药品名称	商品名	规格	适应证	用法用量	不良反应
盐酸昂丹司琼注射液	欧贝	2ml：4mg 4ml：8mg	止吐药。用于细胞毒性药物放化疗引起的恶心呕吐,预防和治疗手术后的恶心呕吐	化疗所致呕吐:化疗前15min,化疗后4h,8h各静脉注射8mg;预防手术后呕吐:在麻醉时同时静脉输注4mg;术后呕吐:肌内注射或静脉滴注4mg	可见头痛,腹部不适,便秘,口干,皮疹,偶见支气管哮喘或过敏反应,心率不齐等
盐酸苯海拉明注射液		1ml：20mg	急性重症过敏反应,术后引起的呕吐,帕金森病及锥体外系症状,牙科局麻等过敏反应	深部肌内注射:每次20mg,1~2/d	常见中枢神经抑制,恶心呕吐食欲不振;少见急气胸闷,肌张力障碍,粒细胞减少等
盐酸布比卡因注射液		5ml：37.5mg	用于局部浸润麻醉,外周神经阻滞和椎管内阻滞	臂丛神经阻滞:0.25%溶液,20~30ml;骶管阻滞:0.25%溶液,15~30ml;硬膜外间隙组织阻滞:0.25~0.375%	少见头痛,恶心,呕吐,尿潴留,心率减慢等,过量可产生严重的毒性反应
盐酸多巴胺注射液		2ml：20mg	用于心肌梗死,创伤,内毒素等引起的休克综合征,另可用于洋地黄和利尿药无效的心功能不全	20mg加入5%GS200~300ml静脉滴注,开始按75~100μg/min静脉血压情况可加快速度和加大剂量,但最大剂量不超过500μg/min	胸痛,呼吸困难,心悸,心律失常,全身软无力,心搏缓慢,头痛,恶心,呕吐等
盐酸多巴酚丁胺注射液		2ml：20mg	用于器质性心脏病时心肌收缩力下降引起的心力衰竭,包括心脏直视手术后所致的低排血量综合征,作为短期支持治疗	将本品加入5%GS或0.9%NS中稀释,以滴速每分钟2.5~10μg/kg给予	心悸,恶心,头痛,胸痛,气短等
盐酸法舒地尔注射液	川威	2ml：30mg	改善和预防蛛网膜下腔出血术后的脑血管痉挛及引起的脑缺血症状	每次30mg,2~3/d,以50~100ml NS或GS稀释后静脉滴注,每次静脉滴注时间为30min	时有颅内,消化道,肺,鼻等部位出血;偶见低血压,贫血,肝,肾功能异常等

（续　表）

药品名称	商品名	规格	适应证	用法用量	不良反应
盐酸格拉司琼注射液	枢星	3ml：3mg	主要用于防治因化疗、放疗引起的恶心、呕吐，也用于防治手术后恶心、呕吐	3mg用20～50ml5%GS或0.9%NS稀释后静脉注射，于治疗前305min，给药时间应超过5min	常见头痛、倦怠、发热、便秘等
盐酸甲氧氯普胺注射液		1ml/10mg	镇吐药。用于放化疗、手术、颅内损伤、海空作业，以及药物引起的呕吐，急性肠胃炎、胆道疾病引起的恶心、呕吐等各种疾病引起的恶心、呕吐，用于诊断性十二指肠插管前用，有助于顺利插管	肌内或静脉注射。成年人：每次10～20mg，日剂量不超过0.5mg/kg；小儿：6岁以下每次0.1mg/kg，6～14岁每次2.5～5mg。肾功能不全，剂量减半	常见昏睡、烦躁不安、疲急无力、少见乳腺肿痛、恶心、便秘、皮疹、腹泻、睡眠障碍、眩晕、头痛、易激怒等
盐酸精氨酸注射液		20ml：5g	用于肝性脑病，适用于忌钠的患者，也适用于其他原因引起的血氨增高所致的精神症状治疗	临用前，用5%GS 1000ml稀释后应用。静脉滴注：每次15～20g，于4h内滴完	可引起高氯性酸中毒，以及血中尿素、肌酸、肌酐浓度升高
盐酸雷尼替丁注射液		2ml：50mg	抑酸药。消化性溃疡出血、弥漫性胃黏膜变出血、吻合口溃疡出血等，应激状态时并发的急性胃黏膜损害，预防重症疾病应激状态下应激性溃疡大出血的发生等	成年人：上消化道出血：每次50mg，2/d，稀释后缓慢静脉滴注；术前给药：50～100mg缓慢静脉注射60～90min，或5%GS 200ml稀释后缓慢静脉滴注1～2h。小儿：静脉注射：每次1～2mg/kg；每8～12h 1次；静脉滴注：每次2～4mg/kg，24h连续滴注	常见恶心、呕吐、皮疹、便秘、偶见胃刺痛，心动过缓；损伤肝肾功能、性腺功能和中枢神经受损等

（续 表）

药品名称	商品名	规格	适应证	用法用量	不良反应
盐酸利多卡因注射液		2ml：20mg 5ml：0.1g 20ml：0.4g	局麻药利抗心律失常药	表面麻醉：2%～4%溶液不超过100mg，注射给药时一次不超过4.5mg/kg；骶管阻滞用于分娩镇痛：用1%的溶液，以200mg为限；硬脊膜外阻滞：1.5%～2%溶液，250～300mg等。抗心律失常：以5%GS配成1～4mg/ml药液滴注或用输液泵给药	中枢神经系统、心血管系统、呼吸系统等均有不良反应
盐酸利托君注射液		5ml：50mg	预防妊娠20周前的早产	静脉滴注：100mg用500ml溶媒稀释，静脉滴注时应保持左侧姿势，以降低低血压危险	肺水肿、白细胞、粒细胞缺乏症、心率不齐等不良反应
盐酸氯丙嗪注射液		1ml：25mg	对兴奋躁动、幻觉妄想、思维障碍及行为紊乱等阳性症状有较好疗效。用于精神分裂症、躁狂症或其他精神障碍，也用于各种原因引起的吸吐的固性呃逆	精神分裂或躁症：肌内注射：每次25～50mg，2/d；静脉滴注：25～50mg稀释于500ml溶媒中，1/d，每隔1～2d缓慢增加25～50mg，治疗量100～200mg/d。不宜静脉推注	常见口干、上腹不适、食欲缺乏、心悸、直立性低血压；椎体外系反应、迟发性运动障碍；骨髓抑制、癫痫等
盐酸洛贝林注射液		1ml：3mg	各种原因引起的中枢性呼吸抑制，临床上常用于新生儿窒息、一氧化碳、阿片中毒等	静脉注射：成年人：每次3mg；极量：每次6mg，20mg/d；小儿：每次0.3～3mg，必要时每隔30min重复使用；皮下或肌内注射：成年人：每次10mg，极量：每次20mg，50mg/d；小儿：每次1～3mg	恶心、呕吐、呛咳、头痛、心悸等
盐酸罗哌卡因注射液	耐乐品	75mg：10ml 100mg：10ml	外科手术麻醉、急性疼痛控制	外科手术麻醉：5～10mg/ml；对于控制急性疼痛的镇痛用药，则使用较低的浓度和剂量，2mg/ml	常见恶心呕吐、心动过速、眩晕头痛、尿潴留、焦虑等

（续　表）

药品名称	商品名	规格	适应证	用法用量	不良反应
盐酸麻黄碱注射液		1ml：30mg	用于蛛网膜下腔麻醉或硬膜外麻醉引起低血压症及慢性低血压症	皮下或肌内注射。每次15~30mg，3/d；极量：每次60mg，150mg/d	可引起精神兴奋、焦虑失眠、心痛、心悸、心动过速等
盐酸莫西沙星氯化钠注射液	拜复乐	250ml：0.4g与2.0g	18岁以上成年人上、下呼吸道感染、复杂腹腔感染包括混合细菌感染	每次0.4g，1/d	血细胞变化、凝血指标异常、急性过敏反应、头痛头晕等
盐酸纳洛酮注射液	苏诺	1ml：0.4mg 2ml：2mg	用于阿片类药物复合麻醉术后，拮抗该类药物所致的呼吸抑制，促使患者苏醒；用于阿片类药物过量、完全或部分逆转阿片类药物引起的呼吸抑制；用于解救急性乙醇中毒；用于急性阿片类药物过量的诊断	阿片类药物过量：首次静脉注射0.4~2mg，若效果不理想，可间隔2~3min重复注射给药；术后阿片类药物抑制效应：每隔2~3min静脉注射0.1~0.2mg；重度乙醇中毒：0.8~1.2mg，1h后重复给药0.4~0.8mg	偶见低血压、高血压、室性心动过速、呼吸困难、恶心呕吐、出汗、心悸亢进、癫痫发作、神经和精神症状等
盐酸纳美芬注射液	乐萌	1ml：0.1mg	用于完全或部分逆转阿片类药物的作用，包括天然或合成的阿片类药物引起的呼吸抑制	初始剂量0.25μg/kg，2~5min后可增加0.25μg/kg，累积剂量>1.0μg/kg不会增加疗效	心动过速、心律失常、腹泻、口干、嗜睡、神经衰弱等
盐酸尼卡地平注射液	佩尔	2ml：2mg 10ml：10mg	手术时异常高血压的紧急处理、高血压急症	手术时异常高血压的处理：以每分钟2~10μg/kg给药，根据血压调节滴速；高血压急症：以每分钟0.5~6μg/kg给药，根据血压调节滴速	麻痹性肠梗阻、低氧血症、肺水肿、呼吸困难、心绞痛等

（续　表）

药品名称	商品名	规格	适应证	用法用量	不良反应
盐酸尼莫斯汀注射液	宁得朗	25mg	缓解脑肿瘤、消化道癌、恶性淋巴瘤、慢性白血病的自觉症状和体征	5mg溶于1ml注射用水中，静脉或动脉给药，每次2～3mg/kg，停药4～6周；给药每次2mg/kg，隔1周给药，给药2～3周，停药4～6周	少见白细胞减少、血小板减少、恶心呕吐、食欲缺乏；少见骨髓抑制、间质性肺炎等
盐酸普鲁卡因注射液		2ml:40mg	局部麻醉药。用于浸润麻醉、阻滞麻醉、腰椎麻醉、硬膜外麻醉等	浸润麻醉：0.25～0.5%水溶液，<1.5g/h；阻滞麻醉：1%～2%水溶液，<1g/h；硬膜外麻醉：2%水溶液，<0.75g/h	可能有高敏反应和过敏反应，个别会出现高铁血红蛋白症
盐酸普罗帕酮注射液		5ml:35mg 20ml:70mg	用于阵发性室性心动过速、阵发性室上性心动过速及预激综合征伴室上性心动过速、心房扑动或心房颤动的预防	静脉注射：1～1.5mg/kg或70mg加5%GS稀释，10min内缓慢注射，必要时10～20min重复1次。总量不超过210mg	不良反应较少，主要有口干、舌唇麻木、早期还有头痛头晕、恶心呕吐等症状
盐酸去氧肾上腺素注射液		1ml:10mg	用于治疗休克及麻醉时维持血压，也用于控制阵发性室上性心动过速的发作	血管收缩：局麻药中每20ml加本品1ml；升高血压：肌内注射2～5mg，再次给药间隔<10～15min；阵发性室上性过速：初量静脉注射0.5mg，20～30s注入；严重低血压和休克：10mg加入5%GS或0.9%NS 500ml中，静脉滴注	胸部不适或疼痛、眩晕、易激怒、震颤、呼吸困难等；持续头痛或异常心率减慢、呕吐、手胀或手足麻刺痛感
盐酸肾上腺素注射液		1ml:1mg	是用于因支气管痉挛所致的严重呼吸困难，可迅速缓解药物等引起的过敏性休克，以及各种原因引起的心搏骤停进行心肺复苏的抢救药	抢救过敏性休克：皮下注射或肌内注射0.5～1mg，也可用0.9%NS稀释0.5～1mg至10ml缓慢静脉注射；抢救心搏骤停：以0.25～0.5mg用10ml0.9%NS稀释缓慢静脉注射；皮下注射0.25～0.5mg	心悸头痛、血压升高、震颤无力、眩晕、呕吐、四肢发凉，有时有心律失常，用药局部有水肿、充血和炎症

（续 表）

药品名称	商品名	规格	适应证	用法用量	不良反应
盐酸托烷司琼注射液	赛格恩	2ml:2mg	预防和治疗癌症化疗引起的恶心和呕吐及外科手术后恶心和呕吐	成年人:5mg/d,1/d,疗程6d;>2岁以上儿童:0.1g/kg,最高可达5mg	常见头痛头晕、便秘、眩晕、疲劳、胃肠功能紊乱等
盐酸消旋山莨菪碱注射液		1ml:10mg	抗M胆碱药,主要用于解除平滑肌痉挛、胃肠绞痛、胆道痉挛以及急性微循环障碍和有机磷中毒等	常用量:成年人、肌注5~10mg;小儿,0.1~0.2mg/kg,1~2/d。抗休克及有机磷中毒:成人:10~40mg/次;小儿:0.3~2mg/kg	常见口干、面红、视物模糊;少见心跳加快、排尿困难等
盐酸异丙嗪注射液		2ml:50mg	皮肤黏膜过敏、晕动病、麻醉和手术前后的辅助治疗,防治放射病性或药源性恶心、呕吐	成年人:抗过敏 每次25mg,必要时2h后重复;止吐:12.5~25mg;镇静催眠:25~50mg。小儿用量:抗过敏:0.125mg/kg,每4~6h 1次;止吐:3/d,0.25~0.5mg/kg;抗眩晕:0.25~0.5mg/kg,每4~6h 1次	常见嗜睡,少见视物模糊、色盲、头晕目眩、口鼻干燥、耳鸣、及胃肠道不适等
盐酸异丙肾上腺素注射液		2ml:1mg	治疗心源性或感染性休克,治疗完全性房室传导阻滞、心搏骤停	心搏骤停:心腔内注射0.5~1mg;三度房室传导阻滞:0.5~1mg加在5%GS 200~300ml内缓慢静脉滴注	口咽发干、心悸不安、头晕目眩、恶心、多汗乏力等
盐酸罂粟碱注射液	清通	1ml:30mg	用于治疗脑、心及外周血管痉挛所致的缺血、肾、胆道痉挛或胃肠道等内脏痉挛	肌内注射:每次30mg,90~120mg/d;静脉注射:每次30~120mg,1/3h	用后出现黄疸,过量时可出现视物模糊、嗜睡和软弱等
依达拉奉注射液		20ml:30mg	用于改善急性脑梗死所致的神经症状、日常生活能力和功能障碍	每次30mg,临用前用0.9%NS稀释静脉注射,2/d,14d为一疗程	急性肾衰竭、肝功能异常、血小板减少、弥散性血管内凝血等
异甘草酸镁注射液	天晴甘美	10ml:50mg	适用于慢性病毒性肝炎,改善肝功能异常	1/d,每次0.1g,10%GS 250ml稀释后静脉滴注,4周为一疗程	假性醛固酮症以及心悸、眼睑水肿、头晕呕吐等

（续　表）

药品名称	商品名	规格	适应证	用法用量	不良反应
依诺肝素钠注射液	克赛	0.4ml:4 000抗XaU 0.6ml:6 000抗XaU	预防静脉血栓栓塞性疾病，特别是与骨科与普外手术有关的血栓的形成；治疗已形成的深静脉血栓栓塞，伴或不伴有肺栓塞	为成年人用药。预防用血栓:1/d,每次200～4000抗XaU;治疗伴或不伴肺栓塞的深静脉血栓:1/d,每次150抗XaU,或2/d,每次100抗XaU	注射部位瘀点、局部或全身过敏反应，血小板减少症，几个月后可能出现骨质疏松倾向
斯皮仁诺注射液	斯皮仁诺	伊曲康唑:0.25g 氯化钠:0.45g 25ml:100mg	用于疑为真菌感染的中性粒细胞减少伴发热患者的经验性治疗，也可用于曲霉病、念珠球菌病和隐球菌病等	开始2d,2/d,200mg/h,后改为1/d,200mg/h,静脉用药不超过14d	罕见肝中毒,有消化系统紊乱,代谢和营养素乱,肝胆系统功能紊乱等
异烟肼注射液		100mg	与其他抗结核药联合用于各种类型的结核性脑膜炎及各种类型的结核病的治疗分枝杆菌的非结核分枝杆菌治疗	静脉注射或静脉滴注:0.3～0.4g,每日不超过0.3g;5～10mg/kg;结核性脑膜炎:10～15mg/kg,每日不超过0.9g。雾化吸入:每次0.1～0.2g;局部注射:每次50～200mg	肝脏毒性,神经系统毒性,变态反应,血液系统毒性等
银杏叶提取物注射液	金纳多	5ml:17.5mg	脑部、周围血液循环障碍性疾病；耳部、周围血液循环功能不全与急性脑循环障碍、耳部及眼部周围	1～2/d,每次2～4支,必要时每次5支,2/d,溶于0.9%NS、GS、右旋糖酐或羟乙基淀粉中	可见胃肠道不适、头痛、血压下降、过敏反应等
科莫非	科莫非	2ml:100mg	适用于不能口服铁剂治疗的铁缺乏患者	深部肌内注射(铁剂补汁)儿:体重>6kg者:每次25mg,1/d;每次50～100mg,1/1;每次12.5mg,1/d	可产生局部疼痛及色素沉着
蔗糖铁注射液		5ml:100mg	本品适用于口服铁剂不好而需要静脉铁治疗的患者	……ml(20～50mg铁);儿童:20mg铁<体重<14kg……kg(1.5mg/kg)	偶见金属味、头痛、恶心呕吐、腹泻、低血压、肝酶升高、痉挛、呼吸困难、肺炎、咳嗽等

（续　表）

药品名称	商品名	规格	适应证	用法用量	不良反应
脂溶性维生素注射液Ⅱ	维他利匹特	10ml	是肠外营养中维持正常生理需要……成年……素	成年人和11岁以上儿童：每日1支，将本品加入到脂肪乳注射液500ml内，摇匀后输注	常见胃肠道反应、局部注射疼痛、皮疹瘙痒、消化不良、支气管哮喘等
注射用阿奇霉素		0.125g 0.25g 0.5g	……致病菌株所引……感染，包括肺炎……体、流感嗜血杆菌、嗜肺……军团菌和沙眼衣原体、淋……病奈瑟菌等所致感染	用注射用水充分溶解成0.1g/ml，再加入250ml或500ml的0.9%NS或5%GS中，最终浓度为1~2mg/ml，然后静脉滴注	常见消化系统症状，偶见视觉模糊、眩晕、皮炎、瘙痒、脱发、光敏感等
注射用埃索美拉唑钠	耐信	0.5g	作为当口服疗法不适用时，胃食管反流病的替代疗法	不能口服患者：1/d，每次20~40mg；反流性食管炎患者：每次40mg，1/d；对于反流疾病的症状应使用：每次20mg，1/d	过敏较常见，皮疹，等麻疹、斑丘疹常见，偶见过敏性休克
注射用氨苄西林钠			适用于敏感菌所致的呼吸道感染、胃肠道感染、尿路感染、软组织感染、心内膜炎、脑膜炎、败血症等	成年人：肌内注射：2~4g/d，分4次给药；静脉滴注：4~8g/d，分2~4次给药。儿童：肌内注射：每日50~100mg/kg，分2~4次给药；新生儿：每次12.5~25mg/kg	
注射用奥美拉唑钠	洛赛克	40mg	消化性溃疡出血、吻合口溃疡出血、应激状态时并发的急性胃黏膜损害、预防重症疾病应激状态及手术后引起的上消化道出血等，全身麻醉或者处于昏迷状态及衰弱的患者预防胃酸反流所致的吸入性肺炎等	本品溶于100ml 0.9%NS或5%GS中静脉滴注，每次40mg，应在20~30min内滴完或更长时间内滴完，1~2/d	常见头痛、腹泻腹痛、便秘、恶心呕吐，偶见头晕嗜睡、肝酶升高，罕见内分泌、血液系统异常

（续表）

药品名称	商品名	规格	适应证	用法用量	不良反应
注射用奥沙利铂注射液	乐沙定	50mg	与5-氟尿嘧啶和亚叶酸联合应用于治疗转移性结直肠癌、辅助治疗原发肿瘤完全切除后的三期结肠癌	转移性结直肠癌：85mg/m²，静脉滴注，每2周重复1次；辅助治疗：浓度 2.0mg/ml以上 85mg/m²，静脉滴注，每2周重复1次，共12个周期	胃肠道、血液、神经、呼吸、肾脏系统异常等，药物渗漏会出现给药部位疼痛和炎症
注射用奥硝唑	优伦	0.25g	治疗由脆弱拟杆菌、狄氏拟杆菌、卵园拟杆菌、多形拟杆菌、牙眼类杆菌等敏感厌氧菌引起的多种感染性疾病	本品溶于50~100ml的0.9%NS或5%GS，最终浓度为2.5~5mg/ml，静脉滴注。成年人：0.5~1g，0.5g/12h；儿童：每日20~30mg/kg，1/12h	胃肠道反应、头痛及困倦、眩晕、四肢麻木、痉挛和精神错乱、白细胞减少等
注射用丙戊酸钠	德巴金	0.4g	用于治疗癫痫，在成年人和儿童中，当暂时不能服用口服剂型时，用于替代口服剂型	本品溶于0.9%NS中，通常剂量每日20~30mg/kg，持续静脉滴注24h	血液和淋巴系统异常、胃肠、肾脏和泌尿等系统异常
注射用重组人白介素-2	欣吉尔	10万U 20万U 50万U 100万U 150万U	用于肾癌、黑色素瘤、膀胱癌等恶性肿瘤的治疗，用于手术、放化疗后肿瘤患者的治疗，增强机体免疫功能，用于先天或后天免疫缺陷症的治疗以及自身免疫病的治疗	全身给药：皮下注射：60~100万/m²，每周3次，加2ml注射用水溶解；静脉注射：40~80万U/m²，每周3次。局部给药：胸腔注入：100~200万U/m²，每周1~2次；肿瘤病灶注入：不少于每次10万U，隔日1次	发热寒战、恶心呕吐、注射部位红肿、硬结、疼痛，本品大剂量使用时，能引起毛细血管渗漏综合征
注射用促肝细胞生长素		20mg	各种重型病毒性肝炎或发展为重型肝炎趋势的慢性活动性肝炎的治疗	静脉注射：80~100mg加入10%GS250ml中缓慢静脉滴注，1/d	偶见低热和皮疹

（续　表）

药品名称	商品名	规格	适应证	用法用量	不良反应
注射用达卡巴嗪		0.1g	用于黑色素瘤	静脉注射:1/d,2.5～6mg/kg,0.9%NS 10～15ml溶解后,用5%GS稀释250～500ml滴注,4～6周1次;静脉滴注:每次200mg/m²,1/d	消化道反应,骨髓抑制,偶见流感样症状,肝肾功能损害等
注射用丹参多酚酸盐		100mg	活血、化瘀、通脉。用于冠心病稳定性心绞痛	静脉滴注:每次200mg,用5%GS250～500ml溶解后使用,1/d,疗程2周	少见头晕、头昏,头胀痛,偶见头痛,谷丙转氨酶升高等
注射用单唾液酸四己糖神经节苷脂钠	申捷	40mg 100mg	用于治疗血管性或外伤性中枢神经系统损伤,帕金森病	病变急性期:100mg/d,静脉滴注;2～3周改为维持量40～60mg,静脉滴注,首剂500～1000mg,静脉滴注,第2日起,每日200mg,一般18周	少数病人会出现皮疹
注射用低分子肝素钙	立迈青	2500抗XaU 5000抗XaU	本品主要用于预防和治疗深部静脉血栓形成,也可用于血液透析时预防血凝块形成	用1ml注射用水溶解、预防血凝块时用2500U 5000U预防深部静脉血栓用2500U	偶见轻微出血,血小板减少,注射部位轻度坏死和水肿
注射用丁二磺酸腺苷蛋氨酸	思美泰	0.5g	适用于肝硬化前和肝硬化所致的肝内胆汁淤积,妊娠期肝内胆汁淤积	初始剂量:500～1000mg/d,肌内或静脉注射;维持剂量:1000～2000mg/d,口服	偶见引起昼夜节律紊乱
注射用多种维生素(12)	施尼维他	5ml/支	适用于成年人及11岁以上儿童口服营养禁忌,不能或不足,需要通过注射的患者	成年人及11岁以上儿童:每日1支,对营养需求增加的病例,可按每日给药量的2～3倍给药	少见注射部位疼痛,转氨酶升高现象
注射用二丁酰环磷腺苷钙		20mg	本品为蛋白激酶活剂。用于心绞痛、急性心肌梗死的辅助治疗,亦可用于心肌炎、心源性休克、银屑病等	肌内注射:每次20mg,2～3/d;静脉滴注:每次40mg,1/d,以5%GS溶解	量大时有嗜睡、恶心呕吐、皮疹等

（续　表）

药品名称	商品名	规格	适应证	用法用量	不良反应
注射用复方甘草酸苷			治疗慢性肝炎,改善肝功能异常。也可用于治疗湿疹、皮肤炎、荨麻疹	用0.9%NS或5%GS适量溶解后静脉注射,成年人1/d,每次10~40mg。慢性肝病:每次80~120mg,1/d	休克、过敏性休克、假性醛固酮症等
注射用复合辅酶		辅酶A100单位,辅酶I 0.1mg	用于急慢性肝炎、原发性血小板减少性紫癜、化、放疗所引起的白细胞和血小板功能低;对冠状动脉硬化、肾功能不全等引起的少尿、尿毒症等有辅助治疗作用	肌内注射:每次1~2支,用1~2ml0.9NS溶解后注射;静脉滴注:每次1~2支,加入5%GS稀释,1~2/d或隔日1次	静脉注射速度过快可引起短时低血压、眩晕、面部潮红、胸闷、气促
注射用伏立康唑	威凡	200mg	广普三唑类抗真菌药,治疗侵袭性曲霉病,非中性粒细胞减少者的念珠菌血症,对氟康唑耐药的念珠菌严重侵袭型感染等	静脉滴注前先溶解成10mg/ml,再稀释5mg/ml,滴速不超过每小时3mg/kg,每瓶滴注时间须1~2h	视觉障碍、发热皮疹、恶心呕吐、腹泻、头痛、败血症、周围性水肿、胸痛等
注射用氟氯西林钠	伊芬	1.0g	治疗敏感的革兰氏阳性菌引起的皮肤及软组织感染、呼吸道感染及其他感染	成年人:肌内注射:每次250mg,4/d;静脉注射:每次250mg~1g,4/d;2岁以下成年人按成人剂量的1/4给药,2~10岁按成年人剂量的1/2给药	偶见皮疹、氨基转移酶暂时性升高、恶心呕吐、腹痛腹泻等
注射用夫西地酸钠		0.125g 0.5g	主治由各种敏感细菌,尤其是葡萄球菌引起的感染等	成年人:肌内注射:每次500mg,3/d;儿童及婴儿:每日20mg/kg,分3次给药	可能导致血栓性静脉炎和静脉痉挛等
注射用甘露聚糖肽	力尔凡	2.5mg	用于恶性肿瘤放、化疗中改善免疫功能低下的辅助治疗	静脉滴注、肌内注射:每次10~20mg,1/d或隔日1次,1个月为1个疗程	过敏反应、呼吸系统症状和注射部位疼痛

（续　表）

药品名称	商品名	规格	适应证	用法用量	不良反应
注射用骨肽	西若非	50mg	用于增生性骨关节疾病及风湿、类风湿关节炎等，并促进骨折愈合	静脉滴注：每次 50～100mg，1/d，溶于 250ml 0.9%NS 中，15～30d 为 1 疗程；肌内注射：每次 10mg，1/d，20～30d 为 1 疗程	偶有发热、皮疹、血压降低等过敏反应
注射用核黄素磷酸钠		5mg 10mg	核黄素补充剂。用于核黄素缺乏引起的口角炎、唇炎、舌炎、眼结膜炎等治疗	皮下、肌内注射或静脉注射：每次 5～30mg，1/d	偶见过敏反应
注射用磺苄西林钠		1.0g	用于对本品敏感的铜绿假单胞菌，某些变形杆菌属以及对本品敏感菌所致腹腔感染、盆腔感染宜与抗厌氧菌药物联合应用	成年人：一日剂量 8g；重症感染：剂量需增至 20g/d，分 4 次静脉给药。儿童每日 80～300mg/kg，分 4 次给药	常见恶心呕吐、皮疹发热、白细胞或中性粒细胞减少、血清转氨酶一过性增高等
注射用甲氨蝶呤		5mg 0.1g 1g	各类急性白血病、恶性葡萄胎、绒毛膜上皮癌、乳腺癌、头颈部癌、支气管癌、各种软组织肉瘤等	急性白血病：每次 15～30mg，每周 1～2 次；儿童：20～30mg/m²，每周 1 次；恶性葡萄胎、绒毛膜上皮癌：每次 10～20mg，5%或 10%GS500ml 静脉注射，1/d	骨髓抑制、肝肾功能损害、胃肠道反应、皮肤发红、瘙痒等
注射用甲磺酸左氧氟沙星		0.2g	用于敏感细菌所引起的呼吸系统、泌尿系统、生殖系统、皮肤软组织及肠道感染等	用 0.9%NS 或 5%GS100ml 溶解后静脉滴注。成年人：0.4g/d，分 2 次静脉注，极量为 0.6g	可见恶心呕吐、腹部不适、腹泻、食欲不振、腹痛、腹胀等
注射用甲泼尼龙琥珀酸钠	甲强龙	40mg	除非某些内分泌疾病的替代治疗、糖皮质激素仅仅是一种对症治疗的药物，用于抗炎治疗、免疫抑制治疗、休克治疗等	类风湿关节炎：1g/d，用 1d、2d、3d、4d；每个月 1g，用 6 个月；静脉注射；预防肿瘤化疗引起的恶心呕吐，化疗前 1h，化疗时及结束时，分别给予 250mg	体液与电解质紊乱、还影响肌肉骨骼肌系统、胃肠道系统、皮肤、神经系统、免疫系统等

（续 表）

药品名称	商品名	规格	适应证	用法用量	不良反应
注射用尖吻蝮蛇血凝酶	苏灵	1U/瓶	用于外科手术浅表创面渗血的止血	每次2U,每瓶用1ml注射用水稀释,静脉注射;用于手术预防性止血,术前15~20min给药	偶见过敏样反应
注射用拉氧头孢钠	噻吗啉	0.25g	用于敏感菌引起的各种感染、消化系统感染、腹腔内感染、泌尿系统及生殖系统感染症、皮肤及软组织感染、骨关节感染及创伤感染	成年人1~2g/d,分2次;小儿每日40~80mg/kg,分2~4次,并依年龄、体重、症状适当增减。难治性或严重感染时,成年人增加至4g/d,小儿每日150mg/kg,分2~4次给药	不良反应轻微,很少发生过敏性休克,常见荨麻疹、瘙痒、恶心呕吐、腹泻腹痛等
注射用赖氨匹林		0.9g	用于发热及轻、中度疼痛	肌内注射或静脉注射:成年人:0.9~1.8g次,2/d;儿童:每日10~25mg/kg,分2次给药。	胃肠道反应、出血倾向、肝肾损害等
注射用兰索拉唑		30mg	用于口服疗法不适用的伴有出血的十二指肠溃疡	静脉滴注:成年人:每次30mg,用0.9%NS100ml溶解后用,2/d;疗程7d	白细胞减少、转氨酶轻度增高、皮疹等
注射用磷酸肌酸钠		1.0g	心脏手术时加入心肌保护液中保护心肌,缺血状态下的心肌代谢异常	静脉滴注,每次1g,1~2/d,30~45min滴完;保护心肌,在心脏停搏液中的浓度为10mmol/ml	
注射用硫酸长春新碱		1mg	用于治疗急性白血病、霍奇金病、恶性淋巴瘤,也用于乳腺癌、支气管肺癌、软组织肉瘤、神经母细胞瘤等	成年人:静脉注射:每次1~1.4mg/m²,或每次0.02~0.04mg/kg,每周1次;小儿:静脉注射:每次0.05~0.075mg/kg,每周1次	外周神经毒性、骨髓抑制和消化道反应较;注射部位组织坏死、血压改变等
注射用硫酸依替米星	创成	50mg 100mg	用于对其敏感的大肠埃希菌、克雷伯肺炎杆菌、沙雷菌属、枸橼酸杆菌、铜绿假单胞杆菌和葡萄球菌等引起的各种感染	肾功能正常的泌尿系或全身感染:每次0.1~0.15g,2/d或每次0.2~0.3g,1/d;肾功能不正常的患者,不宜使用此药	肝肾功能异常及耳毒性

（续　表）

药品名称	商品名	规格	适应证	用法用量	不良反应
注射用美罗培南	美平	0.25g 0.5g	适用于成年人或单由儿童一或多种敏感的细菌引起的肺炎、尿路感染、妇科感染、腹腔内感染、脑膜炎等	肺炎、尿路感染、妇科感染等：每次 0.5g；获得性肺炎、腹膜炎：每 8 小时 1 次；每 8 小时 1g 1 次；2g、每 8 小时 1 次	皮疹、腹泻、呕吐、肝功能异常、血小板增多、嗜酸粒细胞增多等
注射用门冬氨酸鸟氨酸	瑞甘	2.5g	治疗因急慢性肝病如肝硬化、脂肪肝、肝炎所致的高血氨症，特别适用于因肝脏疾病引起的中枢神经系统症状的解除及肝昏迷的抢救	静脉滴注：急性肝炎：5～10g/d；慢性肝炎或肝硬化：10～20g/d；肝昏迷：第 1 个 6 小时内用 20g，第 2 个 6 小时内分 2 次给药；每次 10g	轻、中度的消化道反应，可能出现恶心呕吐或腹胀等
注射用糜蛋白酶		4 000U	能促进血凝块、脓性分泌物和坏死组织的消化清除，用于眼科手术以松弛睫状韧带、减轻创伤性虹膜睫状体炎；也可用于创口或局部炎症，以减少局部分泌和水肿	肌内注射：每次 4 000U；眼科注入：每次 800U，3min 后用 0.9％NS 冲洗前后房中遗留的药物	偶见过敏性休克，可致注射部位疼痛肿胀、眼痛、眼睑水肿、角膜线状浑浊、玻璃体疝等
注射用萘夫西林钠		1.0g	适用于青霉素耐药的葡萄球菌感染及其他对青霉素敏感的细菌感染	成年人：一般感染：2～6g/d，每次 4～6h；儿童：每日 50～100mg/kg，每次 4～6h，不用于新生儿	可致过敏性休克、皮疹、药物热、呕吐、腹泻等反应
注射用尿激酶		10 万 U 25 万 U	用于血栓栓塞性疾病的溶栓治疗	用前用 0.9％NS 或 5％GS 溶液配制。肺栓塞：初次 4 400U/kg，后以 4 400U/h 的速度连续给药 2h 或 12h；心肌梗死：6 000U/min 冠状动脉内滴注 2h；外周动脉血栓：4 000U/min 注入	常见出血倾向、注射或穿刺局部血肿、心律失常、支气管痉挛、皮疹及发热等

（续　表）

药品名称	商品名	规格	适应证	用法用量	不良反应
注射用帕尼培南倍他米隆	克倍宁	0.25g 0.5g	用于葡萄球菌属、链球菌属、肺炎链球菌属、肠球菌属等所致的败血症、深部皮肤感染、肛周脓肿等各类感染	本品溶解于100ml以上的0.9%NS或5%GS溶液中。成年人:1g/d,分2次给药;儿童:每日30～60mg/kg,分3次给药	罕见休克,偶见皮肤黏膜炎综合征、中毒性表皮坏死症、急性肾衰竭、痉厥等
注射用哌拉西林钠		1.0g	适用于敏感肠杆菌科细菌、铜绿假单胞菌、不动杆菌属所致的败血症、上尿路及复杂性尿路感染、呼吸道感染、盆腔感染等	成年人:中度感染:8g/d,分2次静脉注;严重感染:每次3～4g,4～6小时1次,静脉注射或静脉滴注,一日总量不超过24g	常见荨麻疹、白细胞减少、同质性肺炎、哮喘、恶心呕吐以及过敏性不反应等
注射用哌拉西林钠他唑巴坦钠	特治星	4.5g	用于治疗已经检查出或疑为敏感细菌所致的全身或局部细菌所致的下呼吸道感染、泌尿道感染、妇科感染等	静脉滴注或静脉注射:成年人或12岁以上儿童:每次8h 4.5g;9个月以上,体重不超过40kg儿童:哌拉西林100mg三唑巴坦12.5mg/kg,每8h一次	胃肠道、皮肤和皮下组织、肝胆、血管、代谢和营养系统等的不反应
注射用哌拉西林钠舒巴坦钠（4∶1）		1.25g 2.5g	适用于对哌拉西林耐药对本品敏感的产β-内酰胺酶引起的呼吸系统感染和泌尿系感染	静脉滴注:成年人:每次2.5g,每12h1次,严重时每8h1次,7～14d 1个疗程	胃肠道反应、皮肤瘙痒、局部刺激、功能异常等
注射用泮托拉唑	潘妥洛克	40mg	适用于十二指肠溃疡、胃溃疡、中重度反流性食管炎	静脉注射:每次40mg,1/d,用0.9%NS、5%或10%GS混合输入	偶见头晕头痛、恶心腹泻、便秘、皮疹等症状
注射用七叶皂苷钠		5mg 10mg 15mg	用于脑水肿、创伤或手术所致的肿胀,也可用于静脉回流障碍性疾病	静脉注射或静脉滴注:成年人:每日0.1～0.4mg/kg,溶于10%GS或0.9%NS250ml中静脉滴注,一日极量20mg	可见注射部位局部疼痛、肿胀、偶有过敏症状

（续　表）

药名名称	商品名	规格	适应证	用法用量	不良反应
注射用氢化可的松琥珀酸钠		50mg 0.1g	用于抢救危重病人如中毒性感染、过敏性休克、严重型肾上腺皮质功能减退症等亦可用于预防和治疗移植急性排异反应	肾上腺皮质功能减退、休克等：游离型100mg或琥珀135mg 静脉滴注；最高可至300mg/d；软组织或关节腔注射：每次1～2ml(25mg/ml)；肌内注射：50～100mg/d，分4次	医源性库欣综合征和面容和体态、体重增加、下肢水肿、紫纹、易出血、创口愈合不良、月经紊乱、肌无力萎缩等
注射用青霉素钠		0.48g(80万U)	适用于敏感菌所致的各种感染，如脓肿、菌血症、肺炎和心内膜炎等	成年人：肌内注射：80～200万U/d，分3～4次给药；静脉滴注：200～2 000万U/d，分2～4次给药。小儿：肌内注射：2.5万U/kg，1次/12h；静脉滴注：5～20万U/kg，分2～4次。新生儿：5万U/kg	过敏反应、毒性反应、赫氏反应和治疗矛盾、二重感染等
注射用乳糖酸红霉素		0.25g(25万U)	作为青霉素过敏患者治疗溶血性链球菌、肺炎链球菌、军团菌、肺炎支原体、肺炎衣原体、其他衣原体属感染的替代用药。	静脉滴注：成年人：每次0.5～1.0g，2～3/d，治疗军团菌可增至3～4g/d，成年人一日不超过4g；小儿：每日20～30mg/kg，分2～3次用	胃肠道反应多见，肝毒性少见
注射用三磷酸腺苷二钠氯化镁	艾诺吉	三磷酸腺苷二钠0.1＋氯化镁32mg	用于急性、慢性活动型肝炎、缺血性脑血管病后遗症、脑损伤、心肌炎等病症的辅助治疗	静脉滴注：溶于5%GS250～500中，1/d，每次5mg/kg	滴速过快有降压作用，可引起胸闷、灼热感
注射用鼠神经生长因子	恩经复	18μg/支	用于治疗正己烷中毒性周围神经病	每次1支，用2ml注射用水溶解后肌内注射，1/d，4周为1个疗程	偶见转氨酶升高、头晕、失眠等
注射用水溶性维生素	水乐维他	复方	肠外营养不可缺少的组成部分之一，用以满足成年人和儿童每日对水溶性维生素的生理需要	成年人和体重10kg以上的儿童：每日1瓶；新生儿和体重不满10kg的儿童：每日每kg 1/10瓶	对此药中任何一种成分过敏患者，均可能发生过敏反应

（续　表）

药品名称	商品名	规格	适应证	用法用量	不良反应
注射用顺铂（冻干型）		10mg 20mg	为治疗多种实体瘤的一线用药	一般剂量：按体表面积每次 20mg/m²，1/d，连用 5d，或每次 30mg/m²，连用 3d，并需适水化利尿；大剂量：每次 80～120mg/m²，静脉滴注，3～4 周 1 次，最大剂量不应超过 120mg/m²，以 100mg/m² 为宜	消化道反应，肾毒性，神经毒性，骨髓抑制，过敏反应及肝功能异常、心脏功能异常等
注射用丝裂霉素		2mg	主要适用于胃癌、肺癌、乳腺癌，也适用于肝癌、胰腺癌、结直肠癌、食管癌、卵巢癌及胸腔内积液	静脉注射：每次 6～8mg，每周 1 次，也可每次 10～20mg，每 6～8 周重复治疗；腔内注射：每次 6～8mg；联合化疗：FAM 主要于胃肠道肿瘤	骨髓抑制，恶心呕吐，对局部组织有较强刺激作用，间质性肺炎，心脏毒性
注射用替考拉宁	他格适	200mg	用于严重的革兰阳性菌感染，包括不能用青霉素类、头孢菌素类其他抗生素者	骨科手术预防感染：麻醉诱导期单剂量静脉注射 400mg；皮肤和软组织感染，泌尿道感染：第 1 天静脉注射或肌内注射 200mg，维持量静脉注射 400mg，呼吸系统、泌尿系统：维持量静脉注射 200mg，1/d	局部红斑、疼痛，支气管痉挛，中毒性表皮溶解坏死，恶心呕吐以及肝肾功能损伤等
注射用头孢美唑钠	毕立枢	0.5g	适用于治疗对头孢美唑钠敏感的金黄色葡萄球菌、大肠埃希菌、肺炎克雷伯菌、变形杆菌属、摩氏摩根菌等引起的感染	成年人：1～2g/d，分 2 次静脉注射或静脉滴注；小儿：每日 25～100mg/kg，分 2～4 次给药	休克，过敏反应中毒性表皮坏死症，肝肾功能损伤等
注射用头孢孟多酯钠		0.5g 1.0g 2.0g	适用于敏感菌引起的肺部感染、尿路感染、胆道感染，皮肤软组织感染、骨和关节感染以及败血症、腹腔感染等	成年人：4～8h 0.5～1.0g；皮肤及其软组织无并发症感染：6h 0.5g；无并发症泌尿道感染：8h 0.5g；严重泌尿道感染，重症感染：4～6h 1g。婴幼儿：剂量每日 50～100mg/kg，每隔 4～8h 给药 1 次	假膜性结肠炎，恶心呕吐，斑丘疹状红疹，荨麻疹，嗜酸性粒细胞增多，中性粒细胞减少，肌酐清除率降低

（续　表）

药品名称	商品名	规格	适应证	用法用量	不良反应
注射用头孢哌酮钠舒巴坦	舒普深	1.5g	上、下呼吸道、泌尿道感染、腹膜炎、胆管炎和其他腹腔内感染、败血症、脑膜炎、皮肤和软组织感染、骨骼和关节感染等	成年人:推荐剂量每次1.5～3g,12h 1次;严重感染或难治性感染,可每日剂量加到12g。用0.9%NS、5%GS溶解或灭菌注射用水溶解	恶心呕吐、斑丘疹、荨麻疹、中性粒细胞减少、嗜酸性粒细胞增多、血小板减少等
注射用头孢匹胺钠		1.0g	用于由金黄色葡萄球菌、链球菌属、厌氧球菌属、厌氧链球菌属、大肠埃希菌、柠檬酸杆菌属所致的败血症、烧伤、咽喉炎、急性支气管炎、扁桃体炎等感染	静脉注射或静脉滴注:成年人:1～2g/d,分2次静脉注射或静脉滴注;难治性或严重感染时,根据不同症状可增至4g/d,分2～3次静脉滴注。儿童:每日30～80mg/kg,分2～3次静脉滴注	过敏性休克、急性肾衰竭、假膜性结肠炎、间质性肺炎、肺嗜酸细胞浸润综合征等
注射用头孢曲松钠	罗氏芬	1.0g 0.5g 0.25g	对罗氏芬敏感的致病菌引起的感染,如脓毒血症、脑膜炎、腹膜炎、骨、关节、软组织、皮肤及伤口感染、免疫机制低下病人之感染、肾脏及泌尿道感染等	成年人及12岁以上儿童:每次1～2g,1/d;危重病例:可增至4g,1/d。14d以下新生儿:每日20～50mg/kg,不超过50mg/kg;15天至12岁儿童:每日20～80mg/kg	胃肠道不适、嗜酸细胞增多、白细胞减少、溶血性贫血、血小板减少、皮炎、过敏性皮疹、瘙痒、荨麻疹等
注射用头孢松钠他唑巴坦钠		1.0g 2.0g	下呼吸道感染、急性细菌性中耳炎、皮肤及皮肤软组织感染、尿路感染、盆腔感染、细菌性败血症、骨和关节感染(或)关节感染	成年人及12岁以上儿童、体重>50kg儿童均使用成年人剂量:每日2.0～4.0g,分1～2次给药;12岁以下儿童,每日40mg/kg,分1～2次给药	上腹不适、恶心呕吐、腹泻、皮肤瘙痒、斑丘疹、荨麻疹、中性粒细胞减少等
注射用头孢替安		0.25g	用于敏感的葡萄球菌属、链球菌属、肺炎球菌、流感嗜血杆菌、大肠埃希菌、克雷伯菌属等所致的感染	成年人:每日0.5～2g,分2～4次给药;小儿:每日40～80mg/kg,分3～4次静脉注射	休克、过敏反应、肝肾毒性、恶心呕吐、腹痛腹泻等

（续 表）

药品名称	商品名	规格	适应证	用法用量	不良反应
注射用头孢西丁钠		0.5g 1.0g 2.0g	上呼吸道感染、泌尿道感染、腹膜炎包括并发症的淋病、盆腔炎及其他腹腔内感染、败血症、妇科感染、骨、关节软组织感染、心内膜炎	成年人：每次1~2g，6~8h 1次；3个月以上小儿不宜使用；3个月以上儿童：每次13.3~26.7mg/kg，6h 1次；其他外科手术前1~1.5h，2g 静脉注射，之后24h以内，每6h用药1次，每次1g	局部血栓性静脉炎、疼痛硬结、疼痛、偶见皮疹、等麻疹、高血压、重症肌无力等
注射用头孢唑林钠		1.0g	适用于治疗敏感细菌所致的中耳炎、支气管炎、肺炎等呼吸道感染、尿路感染、皮肤软组织感染、骨和关节感染、败血症、感染性心内膜炎。也可作为外科手术的预防用药	成年人：每次0.5~1g，2~4/d，严重感染可增加至6g/d，分2~4次静脉给予；儿童：每日50~100mg/kg，分2~3次静推、静脉滴注或肌内注射	肌内注射区疼痛、药疹、嗜酸粒细胞增高、血清氨基转移酶、碱性磷酸酶升高、白念珠菌二重感染等
注射用托拉塞米	泽通	10mg 20mg	用于需要迅速利尿或不能口服利尿的充血性心衰、肝硬化腹水、肾脏疾病所致的水肿患者	心衰和肝硬化腹水：初始剂量5mg或10mg，1/d，也可用溶媒稀释静脉输注，极量为40mg；肾脏病所致的水肿：初始剂量20mg，1/d，极量100mg	常见头痛、眩晕、疲乏、肌肉痉挛、恶心呕吐、高血糖、高尿酸症、便秘、腹泻等
注射用维库溴铵	万可松	4mg/支	用于辅助全身麻醉，多用于气管插管及维持手术中骨骼肌松弛	插管剂量：0.08~0.1mg/kg；维持剂量，0.02~0.03mg/kg	神经肌肉阻滞作用延长、过敏反应、组胺释放与类组胺反应
注射用乌司他丁	天普洛安	5万U 10万U	急性胰腺炎、慢性复发性胰腺炎、急性循环衰竭的抢救辅助药	初期每次100 000U溶于500ml 5%GS或NS静脉滴注，1~3/d，每次静脉滴注1~2h	有血液系统、消化系统异常、注射部位发红、瘙痒感

（续　表）

药品名称	商品名	规格	适应证	用法用量	不良反应
注射用腺苷钴胺		1.5mg	用于巨幼红细胞贫血、营养不良性贫血、多发性神经炎、三叉神经痛、坐骨神经痛等。也可用于营养性神经疾患以及放射线和药物引起的白细胞减少症	肌内注射：每次0.5~1.5mg，1/d	尚未见有不良反应报道
注射用小牛血去蛋白提取物	新欧瑞	200mg	用于改善供血不足、颅脑外伤引起的神经功能缺损	脑中风及脑外伤：每次0.8~1.2g，溶于250ml5%GS或0.9%NS中，2/d，2周为1疗程	过敏反应极为罕见
注射用硝普钠		50mg	用于高血压急症、急性心力衰竭，急性心肌梗死或瓣膜关闭不全的急性心力衰竭	1支溶于5ml5%GS，再稀释于50~1 000ml 5%GS中。成年人：0.5μg/(kg·min)；小儿：1.4μg/(kg·min)	恶心呕吐、精神不安、肌肉痉挛、反跳性血压升高等
注射用胸腺肽α1	日达仙	1.6mg	治疗慢性乙型肝炎，亦作为免疫损害者的疫苗增强剂	每次1.6mg，每周2次。慢性乙型肝炎。作为免疫损害者的疫苗增强剂给药4周	部分患者可能有注射部位不适
注射用胸腺五肽		10mg	适合用于恶性肿瘤病人因放疗化疗所致的免疫功能低下	肌内注射或皮下注射，每天可用到50mg	个别有恶心、发热、头晕、胸闷、无力等
注射用血凝酶	立芷雪	1.0kU/瓶	用于需减少流血或止血的各种医疗情况的出血或出血性疾病	静脉注射、肌内注射或局部使用。儿童：每次0.3~0.5kU；成年人：每次1~2kU；外科手术：术前1h，肌内注射1kU	偶见过敏反应
注射用血栓通		150ml	活血祛瘀、通脉活络。用于中风偏瘫、瘀血阻络、胸痹心痛及视网膜中央静脉阻塞症	静脉注射：每次150ml0.9%NS30~40ml稀释，1~2/d；静脉滴注：每次250~500ml用10%GS250~500ml稀释，1/d；肌内注射：每次150ml，注射用水稀释至40mg/ml，1~2/d	

（续 表）

药品名称	商品名	规格	适应证	用法用量	不良反应
注射用亚胺培南西司他丁	泰能	亚胺培南 500mg 西司他丁 500mg	适用于敏感菌所致的各种感染,特别适用于多种病原体所致需氧和厌氧菌引起的混合感染。以及在病原菌未确定前的早期治疗	肾功能正常的成年病人:1~2g/d,分 3~4 次滴注;血液透析:静脉滴注,每 12h 间隔 1 次;儿童剂量:体重>40kg,按成年人剂量;体重>40kg,6h 15mg/kg。每天最高剂量不超过 4g 50mg/kg·d	局部红斑、疼痛和硬结、血栓性静脉炎、皮疹、瘙痒、荨麻疹、多形性红斑等
注射用盐酸吡柔比星		10mg 20mg	治疗乳腺癌、恶性淋巴瘤、急性白血病、膀胱癌、肾盂输尿管癌、卵巢癌、子宫内膜癌、头颈部癌、胃癌	用 5%GS 或注射用水溶解。静脉注射:每次 25~40mg/m²;动脉给药:每次 7~20mg/m²,5~7 次;膀胱给药:每次 15~30mg/m²,稀释为 500~1 000µg/ml,注入膀胱腔内保留 0.5h,每周 1 次,连续 4~8 次	骨髓抑制、心脏毒性、脱发、胃肠道反应及肝肾功能异常等
注射用盐酸表柔比星	艾达生	10mg	治疗恶性淋巴瘤、乳腺癌、软组织肉瘤、食管癌、肝癌、胰腺癌、黑色素瘤、肺癌、结肠直肠癌、卵巢癌、白血病等	成年人:每次 60~120mg/m²,辅助治疗腋下淋巴结阳性的乳腺癌患者联合化疗时,起始剂量推荐为 100~120mg/m²;高剂量用于治疗肺腺癌和乳腺癌,推荐剂量为最高可达 135mg/m²,起始剂量推荐 120mg/m²,3~4 周 1 次	心脏毒性、骨髓抑制、高尿酸血症、脱发、荨麻疹、发热、寒战、关节痛、腹泻等
注射用盐酸丙帕他莫		1g	用于临床急需静脉给药治疗疼痛或高度发热或其他给药不适合的情况,用于中度疼痛的治疗,尤其术后疼痛	成年人及 15 岁以上儿童:静脉注射:每次 1~2g,2~4/d,给药间隔不得低于 4h,日剂量不超过 8g,临用前 0.9%NS 或所附专用溶媒酸钠完全溶解	头晕、红斑或荨麻疹等过敏反应、血小板减少、白细胞减少、贫血、低血压等
注射用盐酸博来霉素	BLEOCIN	15mg/瓶	皮肤癌、头颈部癌、肺癌、食管癌、恶性淋巴瘤、子宫颈癌、神经胶质瘤、甲状腺癌	肌内或皮下注射:成年 15~30mg 用 5ml 溶媒溶解;动脉注射:5~30mg,神丸式动脉内注射;注射频率:通常每周 2 次,或根据病情可每 1/d 或注射频率 1 次	间质性肺炎、休克以及皮肤、消化、肝脏、泌尿、血液等系统不良反应

（续　表）

药品名称	商品名	规格	适应证	用法用量	不良反应
注射用盐酸地尔硫卓	合贝爽	10mg 50mg	室上性心动过速、手术时异常高血压的急救处置、高血压急症、不稳定型心绞痛	室上性心动过速：10mg/3min；手术时异常高血压的急救处置：10mg/min；高血压急症：每分钟 5～15ug/kg，不稳定型心绞痛：每分钟 1～5μg/kg	完全性房室传导阻滞、严重心动过缓、心搏停止、充血性心力衰竭、其他不良反应
注射用盐酸丁卡因		50mg	用于硬膜外阻滞、蛛网膜下腔阻滞、神经传导阻滞、黏膜表面麻醉	用 0.9%NS 或灭菌注射用水溶解使用，常用 0.1～0.3%溶液，最高浓度 0.3%，极量为 100mg	毒性反应、变态反应、皮疹、等麻疹等
注射用盐酸甲砜霉素甘氨酸酯	普施捷	0.5g 1.0g	用于敏感菌如流感嗜血杆菌、大肠埃希菌、沙门菌属等所致的呼吸道、尿路、肠道等的感染	1g/d，分 1～2 次注射；肌内注射：每次 500mg，用 0.9%NS3～5ml 溶解后使用；静脉注射：每次 1g，用 0.9%NS20ml 溶解后使用；静脉滴注：每次 1g，用 0.9%NS 或 5%GS50～100ml 溶解后使用	造血系统毒性反应、消化道反应及肝功能损害、中枢神经系统反应等
注射用盐酸尼莫司汀		25mg	脑肿瘤、消化道癌、肺癌、恶性淋巴瘤、慢性白血病等	每 5mg 溶于注射用水 1ml，供静脉或动脉给药。每次 2～3mg/kg，其后据血象暂停给药，再每次给药，或每次 2mg/kg，据血象暂停药 4～6 周，再给药，2～3 次后，据血象暂停药 4～6 周，再给药，直到临床满意的效果	骨髓抑制、间质性肺炎及肺纤维症、恶心、呕吐、腹泻、全身乏力感、发热、头痛、眩晕、痉挛、脱发、低蛋白血症等
注射用盐酸去甲万古霉素		0.4g 0.8g	限用于耐甲氧苯青霉素的金黄色葡萄球菌所致的系统感染和难辨梭状芽孢杆菌所致的肠道感染和系统感染等	临用前加注射用水溶解。成年人：0.8～1.6g/d，分 2～3 次静脉滴注；小儿：每日 16～24mg/kg，分 2 次静脉滴注	耳鸣、听力减退、肾功能损害、白细胞降低等

（续　表）

药品名称	商品名	规格	适应证	用法用量	不良反应
注射用盐酸头孢吡肟	马斯平	0.5g 1.0g	用于治疗成年人和 2 月龄至 16 岁以上儿童或体重为 40kg 以上儿童；每次 1～2g，12h 1 次，静脉滴注，疗程 7～10d。轻中度尿路感染：每次 0.5～1g；重度尿路感染：每次 2g，12h1 次；严重感染并危急生命时：8h 2g	腹泻、皮疹、局部注射反应以及恶心呕吐、过敏、瘙痒、发热、感觉异常和头痛等
注射用盐酸头孢甲肟	雷特迈星	0.5g	适用于头孢甲肟所敏的链球菌属、肺炎链球菌、消化链球菌属、大肠链球菌属等引起的肺炎、支气管炎、支气管扩张合并感染、肾盂肾炎、膀胱炎、前庭大腺炎、胆囊炎、肝脓肿、腹膜炎以及烧伤、手术创伤的继发感染、败血症等	成年人：轻度感染：1～2g/d，分 2 次静脉滴注；中、重度感染：可增至 4g/d，分 2～4 次静脉滴注。小儿：轻度感染：每日 40～80mg/kg，分 3～4 次静脉滴注；中、重度感染：可增至每日 160mg/kg，分 3～4 次静脉滴注；脑脊膜炎：可增至每日 200mg/kg，分 3～4 次给药	严重不良反应：休克、急性肾功能不全、粒细胞减少、无粒细胞症、呼吸困难以及贫血、血小板减少、嗜酸性细胞增多、腹泻、恶心呕吐等
注射用盐酸头孢替安	萨兰欣	2.0g	用于对本品名的葡萄球菌属、链球菌属、肺炎球菌属、流感杆菌、克雷伯菌属等引起的败血症、脑脊膜炎或烧伤、术后感染、脑脊膜炎等	成年人：0.5～2g/d，分 2～4 次；小儿：每日 40～80mg/kg，分 3～4 次，静脉注射。成年人败血症：一日量可增至 4g；小儿败血症、脑脊膜炎等重症和难治性感染：一日量可增至 160mg/kg	休克、过敏性反应、急性肾衰竭、红细胞减少、粒细胞减少、血小板减少、严重结肠炎、恶心呕吐、腹泻等

（续 表）

药品名称	商品名	规格	适应证	用法用量	不良反应
注射用盐酸万古霉素	稳可信	500mg/瓶	用于耐甲氧西林金黄色葡萄球菌及其他细菌所致的败血症、感染性心内膜炎、骨髓炎、关节炎、手术创伤等浅表性继发感染、肺、脓肿、胸/脑膜炎等	通常 2g/d,分每 6h500mg 每 12h1g。老人：每 12h 500mg 或每 24h 1g；新生儿：每次 10～15mg/kg；出生 1 周内的：每 12h 1 次,1 周～1 个月的：每 8h 1 次	休克、过敏样症状、急性肾功能不全、多种血细胞减少、皮肤黏膜综合症、中毒性表皮坏死症、脱落性皮炎等
注射用吲哚菁绿		25mg	用于诊断肝硬变化、肝纤维化、韧性肝炎、职业和药物中毒性肝病等各种肝脏疾病、了解肝脏损害程度及储备功能等	测定血中滞留率或血浆消失率；是用注射用水稀释成 5mg/ml,静脉注射；测定肝血流量取 25mg 用尽量少的注射用水溶解,再用 0.9%NS 稀释成 2.5～5.0mg/ml,静脉注射	可引起休克、过敏样症状以及恶心呕吐、发热等
注射用因卡膦酸二钠	菌痛	10mg	恶性肿瘤引起的骨转移疼痛	0.9%NS 溶解后稀释于 500～1 000mlNS 中,静脉滴注 2～4h,一般一次用量不超过 10mg,65 岁以上推荐 5mg	常见发热、偶见血压降低、意识障碍、急性肾功能不全、低血钙等
注射用左亚叶酸钙		50mg	与 5-氟尿嘧啶合用,用于治疗胃癌和结直肠癌等	左亚叶酸钙 100ml 溶于 0.9% NS100ml 中,静脉滴注 1h,之后给予以 5～氟尿嘧啶静脉滴注 4～6h	剧烈腹泻,严重肠炎、骨髓抑制、休克、急性肾功能不全、间质性肺炎等
左卡尼丁注射液	可益能	5ml：1g 5ml：2g	适用于慢性肾衰长期血透病人因继发肉碱缺乏症产生的一系列并发症,临床表现如心肌病、骨骼肌病、高脂血症等	每次推荐 10～20mg/kg,溶于 5～10ml 注射用水中每次 2～3min 静脉推注	一过性恶心呕吐、身上有特殊气味、可诱发癫痫或使癫痫加重

注：以上各药最终以说明书为准

（杨 洁 辛海莉 王丽华）